高等院校精品课程系列教材

汇编语言

第2版
郑晓薇 编著

$\mathcal{A}$ssembly Language

Second Edition

机械工业出版社
China Machine Press

图书在版编目（CIP）数据

汇编语言/郑晓薇编著．—2 版．—北京：机械工业出版社，2013.12（2023.11 重印）
（高等院校精品课程系列教材）
ISBN 978-7-111-44450-3

Ⅰ．汇… Ⅱ．郑… Ⅲ．汇编语言-程序设计-高等学校-教材 Ⅳ.TP313

中国版本图书馆 CIP 数据核字（2013）第 247812 号

版权所有·侵权必究
封底无防伪标均为盗版

汇编语言是计算机专业的重要专业基础课程，也是电子、通信及自动控制等相关专业计算机技术课程的内容。本书以 80X86 系列微型计算机为基础，以 MASM5.0 为汇编上机实验环境，重点介绍 Intel 8086 指令系统。本书中实验练习贯穿始终，在各章中布置了实验任务模块，并在第 10 章专门安排了综合性、设计性实验内容，通过多层次的实验训练来加强读者对各章内容的学习理解、融会贯通。

全书结构清晰，内容丰富，例题多样，练习和习题针对性强，可以作为计算机专业汇编语言课程的教材（含实验），或者作为其他专业相关课程的参考书和自学教材。

机械工业出版社（北京市西城区百万庄大街 22 号　邮政编码　100037）
责任编辑：吴　怡
北京捷迅佳彩印刷有限公司印刷
2023 年 11 月第 2 版第 10 次印刷
185mm×260mm · 18 印张
标准书号：ISBN 978-7-111- 44450-3
定　　价：59.00 元

客服电话：(010) 88361066　68326294

前言

汇编语言是计算机专业的重要专业基础课程,也是电子、通信及自动控制等相关专业计算机技术课程的内容。通过汇编语言的学习,可以使学生具有在 CPU 的寄存器级上进行控制和操作的能力,获得直接对计算机硬件底层编程的经验,从而对计算机系统有更深刻的认识。这样,在学习操作系统、微机原理、嵌入式技术等课程时,思路会更开阔,基础会更扎实,看待问题会站在更深的层面,许多问题就会迎刃而解。

本书以 80X86 系列微型计算机为基础,以 MASM5.0 为汇编上机实验环境,重点介绍 Intel 8086 指令系统。本书的写作特点如下:

1) 采用实例[⊖]驱动教学的方法,讲解汇编语言的基本概念和实用程序设计技术。每章的最后一节都给出一个实例,对本章的学习内容加以归纳,得出一个有特色的论点。在各章中则以丰富的示例[⊜]为依托展开教学和学习,示例的选择由浅入深,最后归结到实例上。在编写思路上,将指令系统分散到相关章节,指令的学习融会在示例、实例中,避免所有指令集中在一章中介绍产生记不住、消化不了的现象。本书中每个示例、实例都以在 DEBUG 下的运行过程形式出现,给读者一个直观的印象,便于教师的讲解、学生的自学。各章节的示例具有延续性,使学习过程具有连贯性,相关知识不断充实加深。

2) 启发式设问引导教学。汇编语言难学的原因有多种,包括指令系统的繁杂、难记,涉及机器硬件层面,要从机器的角度以二进制和十六进制的思维考虑问题,许多工作必须一条指令一条指令地构成和执行,不像高级语言用一条语句就能解决问题,等等。因此作者从启发式教学的角度,在每章的开始部分构造了设问内容,使读者在学习本章内容之前,先想到一些问题、提出一些问题,然后带着问题学习,收到事半功倍的效果。

3) 构造学习框架。对于学习一门技术而言,模仿是快速掌握技能的一个捷径。只有对一件事物有了解、获得了初步的技能,才能对该事物产生兴趣、激发出热情,从而变为自觉地学习,进一步产生创作欲望。作者在编写结构上提出一个学习框架,对每一个示例题目,按照分析题意、设计思路、程序框图、程序代码、运行结果显示和结果分析的框架结构编写。对示例程序的分析以 DEBUG 下的操作和运行结果为依据,使读者有样板可学,有结果可见,有章可循,有分析可依。同时在每个知识点上增加了练习部分,采用边学习边练习的方式。在每章内容之后都有习题和测验题,书后附有参考答案,以加强读者对相关概念的学习与吸收。

4) 实验训练贯穿始终。汇编语言是一门理论与实践相结合的课程,只有在大量的编程训练下,才能很好地掌握基础理论与编程技巧。因此本书特别强调动手训练,在前

⊖ 实例是一节内容,是对该章的总结性归纳的举例(大型的、可涵盖多个示例)。

⊜ 示例是从第 3 章开始的各种指令及程序设计的举例。

9章中采用边讲解理论边练习的方式，同时在每章中安排了实验任务模块，以期通过多层次的实验训练来加强学生对各章内容的学习理解、融会贯通。在第10章专门安排了综合性设计性实验内容，使学生在学习的后期能够自己设计一个较大型的综合性、设计性实验，也是对汇编语言的学习做一个总结和检验。

全书共分10章。第1章基础知识，重点介绍数的正确表示。第2章计算机基本原理，主要强调CPU的寄存器和存储单元的概念和使用，实验内容是用DEBUG观察寄存器和存储器。第3章指令系统与寻址方式，重点是数据的寻址方式，实验内容为DEBUG下汇编指令的输入与执行。第4章汇编语言程序设计，以一个公式计算程序的设计为例，给出汇编语言程序的设计过程、伪指令的作用和基本的汇编指令。第5章分支程序设计，穿插了用位操作指令设计分支程序；深入分析了转移特征，给出了系统启动和程序加载过程。第6章循环程序设计，同时加入了串处理的概念和用法。第7章子程序设计，重点介绍子程序的调用和返回、参数传递，实例中提出了模块化结构概念。第8章宏汇编及多模块技术，加入了结构伪操作、重复汇编和条件汇编，实例为多个代码段下的多模块设计。第9章中断程序设计，给出了中断的绝大部分概念，对系统中断作了较深入的分析，详细讲解如何定制中断。第10章综合实验，在介绍端口概念的同时，以读取CMOS时钟为例讲解了I/O接口实验。在第2版中，增加了图形绘制和动画效果的编程思路和方法，以及磁盘文件的读写功能等内容，最后给出了8个综合性、设计性实验题目和要求。

本书结构清晰，语言精练，例题精彩，习题针对性强，非常适合初学者阅读。每章配有测验题，并在附录中给出答案。作者还提供了完整的教辅及教学网站（http：//wlkc.lnnu.edu.cn/hbyy）。所有程序都经过运行验证，习题和测验附有答案。与本书配套的多媒体PPT课件，书中的例题程序及习题、测验和答案等教辅材料也可在www.hzbook.com上下载。

本书是作者在多年讲授汇编语言课程过程中教学经验的积累，是对汇编语言课程进行教学改革的成果。在教材编写过程中，得到了相关老师和学生的帮助，也参考了其他同行的教材，作者在此表示感谢。还要感谢机械工业出版社的编辑们，是他们的大力支持使得本书第2版顺利出版。书中难免有错误和不当之处，敬请读者指正。

郑晓薇

教学建议

教学内容	学习要点及教学要求	课时安排	
		计算机类本科专业	非计算机类本科专业
第1章 基础知识	• 了解汇编语言基本概念。 • 二进制、十六进制、十进制的相互转换，十六进制的加减乘运算必须熟练掌握。 • 补码表示、补码运算、符号位扩展是汇编指令的基础，要求熟练掌握。 • 理解 BCD 码、ASCII 码的含义和作用。 • 数的正确表示。理解机器中保存的二进制数的含义。	2~4	4
第2章 计算机基本原理	• 理解冯·诺依曼计算机的结构和基本特点。 • 理解汇编语言与微型计算机系统的相互关系。了解微处理器的结构。 • 寄存器的概念和用法在汇编语言中十分重要，要求重点掌握 8086 CPU 的寄存器类型及作用。理解标志寄存器中标志位的含义和用法。 • 内存是非常重要的学习内容，重点掌握物理地址和逻辑地址的概念及转换，存储单元的属性，存储器分段概念。 • 初步掌握调试工具 DEBUG 的使用。上机实验任务为 DEBUG 常用命令的用法（可与第3章实验放在一起做）。	4~6	4~6
第3章 指令系统与寻址方式	• 理解汇编指令的格式和属性。 • 了解 8086 指令系统的分类。 • 理解寻址的含义，掌握操作数与寻址的关系。 • 熟练掌握立即寻址方式、寄存器寻址方式、存储器寻址方式的特点及指令表示。 • 了解与数据有关的各种寻址方式的选择特点。能够根据寻址方式的要求，写出相关指令。 • 熟练掌握 DEBUG 的 R 命令、A 命令、T 命令和 D 命令的用法。 • 上机实验任务是在 DEBUG 下观察和分析存储单元的逻辑地址的表示以及指令的执行结果。	4~6	4 选讲
第4章 汇编语言程序设计	• 了解汇编语言程序设计的基本步骤。 • 掌握用汇编指令实现设计思路及算法的方法。 • 了解从源程序到生成可执行程序的过程和汇编环境要求。 • 伪指令是汇编语言的重要概念，要求理解伪指令的用法和功能。 • 重点掌握基本的汇编指令，能够根据题意编写顺序程序。 • 熟练编写数值运算程序，了解 BCD 码十进制运算程序的作用。 • 掌握屏幕显示和键盘输入等 DOS 功能调用 INT 21H 指令的用法。 • 上机实验任务为算术运算程序的编写及调试。	8~10	6~8 选讲

(续)

教学内容	学习要点及教学要求	课时安排	
		计算机类本科专业	非计算机类本科专业
第5章 分支程序设计	• 理解分支的概念及分支结构的特点。 • 理解与转移地址有关的寻址方式。理解 CS、IP 寄存器与转移地址的关系。重点掌握段内寻址与段间寻址的区别。 • 熟练掌握与分支有关指令的用法。 • 重点掌握条件转移的4种指令的格式与用法。 • 学会用转移指令编写分支程序。 • 熟练掌握逻辑指令和移位指令。学会编写对数字和字母的判断程序,掌握查表程序的设计方法。 • 掌握进制转换程序设计方法、菜单程序设计方法。 • 上机实验任务为菜单程序和字符判断及进制转换程序的编写及调试。	8~10	4~6 选讲
第6章 循环程序设计	• 了解循环与分支的异同。 • 掌握循环指令的用法,会用循环指令编写简单的循环程序。 • 掌握串处理指令。理解串处理与循环的关系,了解实现循环的几种方式。 • 理解多重循环的概念,重点掌握数组排序程序的编写方法。 • 综合分支与循环的用法,编写具有判断和循环功能的程序,如多字节数组元素相加、求数组中最大值、删除数组元素、数组分割等程序。 • 上机实验任务为上述有关数组程序的验证及改造。	6~8	4~6 选讲
第7章 子程序设计	• 了解子程序的概念。 • 理解和掌握子程序调用指令 CALL 和子程序返回指令 RET 的作用及执行过程。 • 掌握过程定义伪指令的格式和用法。理解子程序的属性概念。掌握现场保护和子程序参数传递的作用和用法。 • 能够根据题目设计出简单的子程序。 • 初步学会编写主程序调用子程序、子程序的参数传递。 • 了解子程序的嵌套与递归。 • 了解模块化结构的概念与结构特点。 • 熟练掌握用键盘输入的数据进行算术运算及显示结果的多功能程序设计方法。 • 上机实验任务为键盘输入的十进制数的运算程序的设计与验证。	6~8	4~6 选讲
第8章 宏汇编及多模块技术	• 理解宏的概念。掌握宏与子程序的区别。 • 充分理解宏定义、宏调用、宏展开的作用和用法。 • 掌握宏库的概念,会将常用的简单功能程序定义为宏或带有哑元的宏。 • 了解结构、重复汇编和条件汇编的概念。 • 了解多个代码段下多模块程序的编写方式。了解只有一个段的小型程序设计方法。 • 熟练掌握利用宏来简化程序的方法。 • 上机实验任务为利用宏编写的输入十进制数求其补码或反码,用二进制和十六进制显示的多功能程序的验证和改造。	4~6	4~6 选讲

(续)

教学内容	学习要点及教学要求	课时安排	
		计算机类本科专业	非计算机类本科专业
第9章 中断程序设计	• 了解中断的概念及 CPU 响应和执行中断处理程序的过程。理解中断程序与子程序的区别。 • 理解中断源的概念。掌握中断类型与中断向量的概念及用法。 • 掌握基本的 BIOS 中断调用和 DOS 调用功能，尤其是键盘输入、光标控制、屏幕显示、时钟中断、系统日期和时间的读取等功能。 • 了解编写自己定制的中断程序和改变系统中断程序的设计方法。 • 熟练掌握清屏、开窗口、置光标、设置字符颜色等中断功能调用方法。 • 上机实验任务为具有上述屏幕功能与读取定时时间计数值的中断指令多功能程序的验证和改造。	6~8	6~8
第10章 综合实验	• 了解 I/O 端口的概念。 • 掌握输入/输出指令 IN/OUT 的用法。 • 学会通过 I/O 端口读取 CMOS 时间和日期的方法。 • 掌握 BIOS 中断屏幕显示模式设置方法，能够在文本模式和图形模式下绘制图形，编写具有动画效果的程序。 • 了解磁盘文件读写 DOS 系统调用方法，编写文件操作程序。 • 强调综合性、设计性实验的作用和重要性，了解各个实验题目的作用和设计方法。 • 在教学或学习的中后期布置综合性、设计性实验题目。 • 综合实验属于较大型实验题目，可让学生任选一个，或分组选择若干个。 • 由于学时有限，布置后需要学生课下配合完成，再由教师统一检查，给出成绩。	4~6	2~4
	教学总学时建议	52~72	42~58

说明：

① 本教材是计算机类本科专业汇编语言课程教材，授课（含实验）学时数为 52~72 学时，讲授与实验的比例约为 3:1。有关专业可根据不同的教学要求和计划教学时数酌情对教材内容进行取舍。如果学时数较少，可以在各章中少讲几个示例。

② 非计算机类本科专业、计算机类专科专业使用本教材可适当降低教学要求。

③ 若某些计算机类本科专业和非计算机类本科专业计划教学时数少于 52 学时，可舍去教学建议中属于"了解"的内容，"理解"和"掌握"的内容也可部分删减。

④ 汇编语言教学必须强调与实际机器结合，教师讲课时最好能以 DEBUG 环境下的运行过程和结果为例讲解，如有可能，尽量增加实验学时，或布置上机作业让学生课外完成。

⑤ 综合性、设计性实验题目可以由教师指定其一，或者由学生自选。

目 录

前言
教学建议

第1章 基础知识 …………………… 1
  1.1 汇编语言基本概念 …………… 1
  1.2 计算机中数的表示 …………… 2
    1.2.1 进制转换 …………………… 2
    1.2.2 进制运算 …………………… 5
    1.2.3 补码运算 …………………… 6
    1.2.4 编码 ………………………… 9
  1.3 实例一 揭开数的面纱 ……… 12
    1.3.1 数的正确表示 ……………… 12
    1.3.2 数的符号问题 ……………… 12
  习题一 …………………………… 13
  测验一 …………………………… 14

第2章 计算机基本原理 ………… 15
  2.1 冯·诺依曼计算机 …………… 15
    2.1.1 冯·诺依曼计算机的原理 … 15
    2.1.2 冯·诺依曼计算机的基本
           结构 ………………………… 16
  2.2 微型计算机系统 ……………… 17
    2.2.1 微型计算机系统概念 ……… 17
    2.2.2 微处理器 …………………… 17
  2.3 80X86 寄存器 ………………… 18
    2.3.1 8086 寄存器组 ……………… 18
    2.3.2 80X86 寄存器组 …………… 20
  2.4 内存储器 ……………………… 21
    2.4.1 物理地址与逻辑地址 ……… 21
    2.4.2 存储单元 …………………… 22
    2.4.3 存储器分段 ………………… 23
  2.5 实例二 进入计算机 ………… 25
    2.5.1 调试工具 DEBUG ………… 25
    2.5.2 实验任务 …………………… 32
  习题二 …………………………… 32
  测验二 …………………………… 33

第3章 指令系统与寻址方式 …… 35
  3.1 汇编语言指令 ………………… 35
    3.1.1 机器指令 …………………… 35
    3.1.2 汇编指令 …………………… 36
    3.1.3 指令系统 …………………… 37
  3.2 指令的寻址方式 ……………… 37
    3.2.1 寻址方式 …………………… 37
    3.2.2 立即寻址方式 ……………… 38
    3.2.3 寄存器寻址方式 …………… 38
    3.2.4 存储器寻址方式 …………… 39
  3.3 实例三 寻找操作数 ………… 45
    3.3.1 寻址方式的选择 …………… 45
    3.3.2 实验示例 …………………… 46
    3.3.3 实验任务 …………………… 47
  习题三 …………………………… 47
  测验三 …………………………… 48

第4章 汇编语言程序设计 ……… 50
  4.1 汇编语言程序设计初步 ……… 50
    4.1.1 第一个汇编语言程序 ……… 51
    4.1.2 从源程序到可执行程序 …… 52
  4.2 伪指令 ………………………… 57
    4.2.1 段定义伪操作 ……………… 57
    4.2.2 数据定义伪指令 …………… 59
    4.2.3 其他伪指令 ………………… 62
  4.3 基本汇编指令 ………………… 64
    4.3.1 数据、栈及查表 …………… 64
    4.3.2 逻辑地址的获得 …………… 70
    4.3.3 符号位扩展 ………………… 71
    4.3.4 双精度数运算 ……………… 71
    4.3.5 多字节数运算 ……………… 73
    4.3.6 混合算术运算 ……………… 75
    4.3.7 十进制数运算 ……………… 78
  4.4 屏幕显示和键盘输入 ………… 80
    4.4.1 DOS 功能调用 ……………… 81
    4.4.2 直接写显存显示字符 ……… 83

4.5 实例四 带彩色显示的算术
　　程序 ·· 85
　　4.5.1 简化的程序结构 ······················· 85
　　4.5.2 实验示例 ·································· 86
　　4.5.3 实验任务 ·································· 87
习题四 ··· 88
测验四 ··· 89

第5章 分支程序设计 ···························· 92

5.1 分支的概念 ······································· 92
　　5.1.1 分支结构 ·································· 92
　　5.1.2 分支程序例子 ··························· 93
5.2 与分支有关的指令 ····························· 95
　　5.2.1 转移地址的寻址 ······················· 95
　　5.2.2 条件转移方式 ··························· 97
5.3 位操作的分支程序 ··························· 101
　　5.3.1 逻辑运算 ································ 101
　　5.3.2 测试指令 TEST ······················· 103
　　5.3.3 移位操作 ································ 105
　　5.3.4 处理机控制指令 ····················· 107
　　5.3.5 分支程序举例 ························· 107
5.4 深入分析转移特征 ··························· 111
　　5.4.1 内存空间分配 ························· 111
　　5.4.2 系统启动 ································ 112
　　5.4.3 程序的加载 ···························· 112
　　5.4.4 JMP 转移特征 ························· 114
5.5 实例五 走向分支 ··························· 115
　　5.5.1 分支的选择 ···························· 115
　　5.5.2 菜单程序设计 ························· 117
　　5.5.3 用分支表实现多路转移 ··········· 119
　　5.5.4 实验示例 ································ 121
　　5.5.5 实验任务 ································ 122
习题五 ··· 122
测验五 ··· 124

第6章 循环程序设计 ························· 126

6.1 循环的概念 ····································· 126
　　6.1.1 循环结构 ································ 126
　　6.1.2 循环程序例子 ························· 127
　　6.1.3 与循环有关的指令 ·················· 128
6.2 循环指令 ··· 128
　　6.2.1 LOOP ···································· 128
　　6.2.2 LOOPZ/LOOPE ······················ 129
　　6.2.3 LOOPNZ/LOOPNE ················· 129
6.3 串处理 ·· 130
　　6.3.1 串的概念 ································ 130
　　6.3.2 串处理例子 ···························· 130
　　6.3.3 串处理指令 ···························· 131
　　6.3.4 串与循环 ································ 135
6.4 多重循环 ··· 136
　　6.4.1 多重循环结构 ························· 136
　　6.4.2 排序程序 ································ 136
6.5 循环程序举例 ·································· 137
6.6 实例六 循环之循环 ························ 140
　　6.6.1 循环的执行 ···························· 140
　　6.6.2 实验示例 ································ 143
　　6.6.3 实验任务 ································ 144
习题六 ··· 144
测验六 ··· 145

第7章 子程序设计 ···························· 147

7.1 子程序的概念 ·································· 147
　　7.1.1 主程序和子程序 ····················· 147
　　7.1.2 一个改造的例子 ····················· 148
7.2 调用和返回 ····································· 150
　　7.2.1 调用指令 CALL ······················ 150
　　7.2.2 返回指令 RET ························ 151
7.3 过程定义 ··· 151
　　7.3.1 伪指令 PROC ························· 151
　　7.3.2 过程属性 ································ 152
7.4 现场保护 ··· 152
7.5 子程序参数传递 ······························· 153
　　7.5.1 寄存器传参 ···························· 153
　　7.5.2 存储单元传参 ························· 155
　　7.5.3 堆栈传参 ································ 157
7.6 嵌套与递归 ····································· 159
　　7.6.1 子程序嵌套 ···························· 159
　　7.6.2 子程序递归 ···························· 160
7.7 实例七 子程序与模块化 ················· 160
　　7.7.1 模块化结构 ···························· 160
　　7.7.2 实验示例 ································ 165
　　7.7.3 实验任务 ································ 167
习题七 ··· 168
测验七 ··· 169

第8章 宏汇编及多模块技术 ………… 171

8.1 宏 ……………………………… 171
8.1.1 宏定义 ………………… 171
8.1.2 宏调用 ………………… 172
8.1.3 宏展开 ………………… 172
8.1.4 宏与子程序 …………… 173
8.1.5 宏的参数 ……………… 174
8.1.6 宏运算 ………………… 176
8.2 其他宏功能 …………………… 177
8.2.1 宏标号 ………………… 177
8.2.2 宏删除 ………………… 178
8.2.3 宏嵌套 ………………… 178
8.2.4 宏库建立与调用 ……… 179
8.3 结构伪操作 …………………… 182
8.4 重复汇编和条件汇编 ………… 183
8.4.1 重复汇编 ……………… 183
8.4.2 条件汇编 ……………… 184
8.5 多模块结构 …………………… 184
8.5.1 多个代码段下的模块 … 184
8.5.2 模块的参数设置 ……… 185
8.6 实例八 宏与多模块 ………… 185
8.6.1 多模块设计 …………… 185
8.6.2 一个段的模块 ………… 189
8.6.3 实验示例 ……………… 192
8.6.4 实验任务 ……………… 194
习题八 ……………………………… 195
测验八 ……………………………… 196

第9章 中断程序设计 ……………… 197

9.1 中断的概念 …………………… 197
9.1.1 软件中断 ……………… 197
9.1.2 硬件中断 ……………… 198
9.1.3 中断类型与中断向量 … 199
9.1.4 中断过程 ……………… 200
9.2 定制自己的中断 ……………… 201
9.2.1 软件中断子程序的编写 … 201
9.2.2 中断的设置 …………… 202
9.2.3 软件中断的触发与处理 … 202
9.2.4 对除0中断的修改 …… 204
9.3 BIOS 中断 …………………… 207
9.3.1 屏幕及光标控制 INT 10H … 207
9.3.2 键盘中断 INT 16H …… 212
9.3.3 时钟中断 INT 1AH …… 215
9.4 DOS 中断 ……………………… 216
9.4.1 DOS 显示功能调用 …… 216
9.4.2 DOS 键盘功能调用 …… 217
9.4.3 DOS 日期、时间功能
调用 ……………………… 218
9.5 实例九 中断程序应用 ……… 219
9.5.1 时间与计数 …………… 219
9.5.2 实验示例 ……………… 224
9.5.3 实验任务 ……………… 227
习题九 ……………………………… 227
测验九 ……………………………… 229

第10章 综合实验 ………………… 230

10.1 I/O 端口实验 ……………… 230
10.1.1 I/O 端口地址 ………… 230
10.1.2 IN 指令和 OUT 指令 … 231
10.1.3 读取 CMOS 时钟 …… 232
10.2 随机数实验 ………………… 233
10.2.1 用 CMOS 时钟产生随
机数 …………………… 233
10.2.2 用 DOS 时间功能出算
术题 …………………… 235
10.3 图形动画实验 ……………… 236
10.3.1 文本模式下的图形动画 … 237
10.3.2 图形模式下的绘图与动画 … 240
10.4 磁盘文件读写实验 ………… 247
10.4.1 文件操作的 DOS 系统
调用 …………………… 247
10.4.2 磁盘文件读写示例 … 249
10.5 综合实验题目 ……………… 253
10.5.1 实验一 CMOS 时间和
日期 …………………… 253
10.5.2 实验二 英文打字练习
软件 …………………… 253
10.5.3 实验三 英文填字游戏
软件 …………………… 254
10.5.4 实验四 设计一个小
计算器 ………………… 254

10.5.5 实验五 小学生算术练习软件 ………………………… 255	附录 A　8086 指令系统表 ………… 258
10.5.6 实验六 进制及编码转换工具 ………… 256	附录 B　汇编出错提示信息 ……… 265
10.5.7 实验七 绘制图形动画 …… 256	附录 C　DEBUG 的用法 ………… 268
10.5.8 实验八 磁盘文件 ………… 257	附录 D　各章测验答案……………… 273
	参考文献 …………………………… 274

第 1 章

基础知识

设问：
1. 为什么要学习汇编语言？
2. 什么是汇编语言？
3. 为什么要用十六进制数？
4. 怎样理解计算机中数的含义？

学习汇编语言，重要的是掌握如何通过汇编指令和程序来控制计算机各个组成部件工作，完成一系列任务。因此学习汇编语言与学习高级语言的不同之处在于，要学习如何深入到计算机的内部进行控制，包括控制 CPU 的数据寄存器、地址寄存器、标志寄存器；对存储器的读写操作，对输入设备和输出设备的访问等具体操作。

学会了汇编语言，就能够在 CPU 的寄存器级上进行控制和操作，掌握直接对计算机硬件编程的方法，从而对计算机系统有更深刻的认识，可以在更深的层面来看待计算机的计算问题。汇编语言是机器语言的符号化表示，控制硬件迅速灵活；而高级语言采用英语单词表示程序语句，使用通常的数学表达式以及专门的语法规则编写程序。通过高级语言，不懂计算机原理和结构的人也可编写出程序来，但是他们有可能只知其一，不知其二。用高级语言编写的程序对计算机的控制不如用汇编语言编写的程序对机器的控制来得更直接、更有效和迅速。

本章介绍学习汇编语言所需的基本知识，并通过具体的例子为读者建立起汇编语言的初步概念。

1.1 汇编语言基本概念

众所周知，计算机以二进制数为基础。那么控制计算机工作的机器指令就由二进制数构成，而机器指令的集合称为机器语言。如果想让计算机工作，就要写出一系列二进制的机器码。计算机获得这些机器指令后，立即而迅速地完成相应的任务。例如，计算 Z = 35 + 27，写成机器指令为：

二进制表示	十六进制表示
101110000010001100000000	B82300
000000101000110110000000	051B00
101000110000010000000000	A30400

可以看出，机器指令又晦涩又难记。在上例中二进制数用了 24 位，写成十六进制也要用 6 位。如果将这种用二进制表示的机器指令改为助记符形式，则更容易理解和记忆，助记符采用英文单词的缩写表示。上例计算中的指令助记符表示如下：

MOV AX，35

ADD AX，27

MOV Z，AX

其中，MOV 代表传送，第 1 条指令表示把 35 传送给 AX 寄存器；ADD 代表加法，第 2 条指令表示将 AX 中的值与 27 相加，结果再放到 AX 中；最后一条指令表示将 AX 中的计算结果放入 Z 存储单元中。这样的指令就好理解了，可以容易地将计算程序编写出来。

这些助记符就是汇编指令，汇编指令的集合构成了汇编语言。汇编语言是一种符号化的机器语言。汇编语言既便于程序员编写程序，又保留了机器语言可直接而迅速地控制机器的长处。可以说，汇编语言是直接控制计算机工作的最简便的语言。

但是用汇编指令编写程序时要遵循一定的语法规则，这些规则与高级语言相似，程序员要按照规则编写程序以便于翻译程序进行翻译。对于汇编语言而言，程序员编写的程序称为源程序，翻译程序是一种称为汇编程序的系统软件，"翻译"的过程称为汇编。这是规范的说法。

汇编语言有三种指令形式：汇编指令、伪指令和宏指令。其中，汇编指令可以翻译成二进制的机器指令代码，而伪指令和宏指令不能翻译成机器指令，它们是在汇编期间为汇编程序提供相关信息使用的。总而言之，用户编写的汇编源程序中必须有汇编指令和伪指令，宏指令可根据需要设定。

在汇编语言中，涉及的基本概念有：数的表示、寄存器、存储单元、指令格式、语法规则等。要想掌握汇编语言的概念和汇编语言程序设计方法，就要先学习和掌握这些基础知识。

1.2 计算机中数的表示

在计算机中，数可以用二进制、十六进制、十进制、八进制等表示。我们日常生活中习惯使用十进制，而编写汇编语言程序时经常要用到的是十六进制、二进制数据。因此，三种进制之间的相互转换应该熟练掌握；同时还要使自己尽快习惯用十六进制来思维。由于计算机中常用的进制是二进制、十六进制、十进制，因此本书主要介绍这三种进制数。

1.2.1 进制转换

1. 进制数的三要素

基数、权、进位规则是描述一种进制数的三个要素。在表示数值时，各进制数可以写成多项式展开的形式，并用 n 代表进制位数。在汇编语言中，数值后面分别用字母 B、H、D 代表二进制（Binary）、十六进制（Hexadecimal）、十进制（Decimal）（十进制数可以省略 D）。

(1) 十进制数

数码：0、1、2、3、4、5、6、7、8、9

基数：10

权：10 的 n−1 次方

进位规则：逢十进一

例　十进制数 $257.36 = 2 \times 10^2 + 5 \times 10^1 + 7 \times 10^0 + 3 \times 10^{-1} + 6 \times 10^{-2}$

(2) 二进制数

数码：0、1

基数：2

权：2 的 n-1 次方
进位规则：逢二进一
例 二进制数 $1101.01 = 1 \times 2^3 + 1 \times 2^2 + 0 \times 2^1 + 1 \times 2^0 + 0 \times 2^{-1} + 1 \times 2^{-2}$
（3）十六进制数
数码：0、1、2、3、4、5、6、7、8、9、A、B、C、D、E、F
基数：16
权：16 的 n-1 次方
进位规则：逢十六进一
例 十六进制数 $3A6.52 = 3 \times 16^2 + A \times 16^1 + 6 \times 16^0 + 5 \times 16^{-1} + 2 \times 16^{-2}$

各进制数的表示和相互之间的关系应该熟练掌握，尤其是二进制和十六进制数的表示应该脱口而出，形成以二进制和十六进制去联想数值关系的思维方式。

各进制数据对应关系如表 1-1 所示。

表 1-1　各进制数值对照

二进制	十进制	十六进制	八进制	二进制	十进制	十六进制	八进制
0	0	0	0	1000	8	8	10
1	1	1	1	1001	9	9	11
10	2	2	2	1010	10	A	12
11	3	3	3	1011	11	B	13
100	4	4	4	1100	12	C	14
101	5	5	5	1101	13	D	15
110	6	6	6	1110	14	E	16
111	7	7	7	1111	15	F	17

在计算机中，数据都是以二进制表示的，因此采用 2 的 n 次方形式描述数的权值大小比较方便。其中，$2^{10} = 1024$，称为 1K；$2^{20} = 1024$K，称为 1M；$2^{30} = 1024$M，称为 1G；$2^{40} = 1024$G，称为 1T。二进制权值对照关系如表 1-2 所示。

表 1-2　二进制权值对照表

$2^0 = 1$			
$2^1 = 2$	$2^{11} = 2048 = 2K$	$2^{21} = 2M$	$2^{31} = 2G$
$2^2 = 4$	$2^{12} = 4096 = 4K$	$2^{22} = 4M$	$2^{32} = 4G$
$2^3 = 8$	$2^{13} = 8192 = 8K$	$2^{23} = 8M$	$2^{33} = 8G$
$2^4 = 16$	$2^{14} = 16384 = 16K$	$2^{24} = 16M$	$2^{34} = 16G$
$2^5 = 32$	$2^{15} = 32768 = 32K$	$2^{25} = 32M$	$2^{35} = 32G$
$2^6 = 64$	$2^{16} = 65536 = 64K$	$2^{26} = 64M$	$2^{36} = 64G$
$2^7 = 128$	$2^{17} = 131072 = 128K$	$2^{27} = 128M$	$2^{37} = 128G$
$2^8 = 256$	$2^{18} = 262144 = 256K$	$2^{28} = 256M$	$2^{38} = 256G$
$2^9 = 512$	$2^{19} = 524288 = 512K$	$2^{29} = 512M$	$2^{39} = 512G$
$2^{10} = 1024 = 1K$	$2^{20} = 1048576 = 1024K = 1M$	$2^{30} = 1024M = 1G$	$2^{40} = 1024G = 1T$

2. 十进制与其他进制转换

十进制整数部分转换为其他进制数采用"除基取余"法，小数部分转换采用"乘基取整"法。

例 1 将十进制数 58.125 转换为二进制数。

整数部分，将 58 转换成二进制数，逐次除 2 取余：

得到的余数从后至前依次为：1、1、1、0、1、0

可得到：58 = 111010B

```
2 | 58
2 | 29    0
  2 | 14    1
    2 | 7    0
      2 | 3    1
        2 | 1    1
            0    1
```

小数部分，将 0.125 转换为二进制小数，逐次乘 2 取整（如果最后乘积不能为纯整数，说明此十进制小数不能精确转换成二进制小数，则应该取若干精度位数，例如，取到小数点后 3 位）：

```
    0.125
  ×   2
  -------
    0.250
  ×   2
  -------
    0.50
  ×   2
  -------
    1.0
```

得到的整数从前至后依次为：0、0、1

可得到：0.125 = 0.001B

即 58.125 = 111010.001B

例 2 十进制数 58.125 转换为十六进制数。

整数部分，将 58 转换成十六进制数，逐次除 16 取余：

```
16 | 58
   16 | 3    A
        0    3
```

得到的余数从后至前依次为：3、A

可得到：58 = 3AH

小数部分，将 0.125 转换为十六进制小数，逐次乘 16 取整：

```
    0.125
  ×   16
  -------
    2.000
```

可得到：0.125 = 0.2H

即 58.125 = 3A.2H

练习 125 = (   ) B = (   ) H
         200 = (   ) B = (   ) H
         33.5 = (   ) B = (   ) H
         68.26 = (   ) B = (   ) H

3. 二进制与其他进制转换

（1）二进制数转换为十进制数

采用按权展开法，也称为多项式展开法。

例1 二进制数 101101.1B 转换为十进制数。

$101101.1B = 1 \times 2^5 + 0 \times 2^4 + 1 \times 2^3 + 1 \times 2^2 + 0 \times 2^1 + 1 \times 2^0 + 1 \times 2^{-1} = 45.5D$

（2）二进制数转换为十六进制数

二进制和十六进制之间有一个简单的对应关系，即每4位二进制数可以表示为1位十六进制数。如表1-1所示，二进制数0000对应十六进制数0，二进制数0001对应十六进制数1……，二进制数1111对应十六进制数F。

二进制数整数从小数点左边开始每4位一组，小数则从小数点右边开始每4位一组，不够位数以0补齐。

例2 二进制数 101101.1B 转换为十六进制数。

$101101.1B = \underline{0010}\ \underline{1101}.\ \underline{1000} = 2D.8H$

例3 将 2^7 转换为十六进制数。

$2^7 = 1000\ 0000B = 80H$

注意：可将表2-1中 $2^4 \sim 2^{20}$ 标出对应的十六进制数，便于以后使用。

4. 十六进制与其他进制转换

例1 十六进制数 39CH 转换为十进制数。

按权展开：

$39CH = 3 \times 16^2 + 9 \times 16^1 + 12 \times 16^0 = 924D$

例2 十六进制数 39CH 转换为二进制数。

$39CH = 0011\ 1001\ 1100B$

练习
11001101B = (　　　) D = (　　　) H
11111111B = (　　　) D = (　　　) H
10000000B = (　　　) D = (　　　) H
123H = (　　　) B = (　　　) D
57H = (　　　) B = (　　　) D
1024D = (　　　) B = (　　　) H
100D = (　　　) B = (　　　) H

1.2.2 进制运算

1. 二进制运算

二进制只有0和1两个数码，可以使用具有两种稳定状态的电子元器件来表示。比如器件的输入/输出为高电平时可以表示"1"，为低电平时表示"0"。而逻辑代数同样也使用"真"和"假"两个值，也可以用0、1表示。这就为计算机的逻辑设计提供了便利工具。同时二进制数的运算规则简单，规则如下。

加法规则：

0 + 0 = 0　　　　　　　　0 + 1 = 1
1 + 0 = 1　　　　　　　　1 + 1 = 10（向高位进1）

减法规则：

0 − 0 = 0　　　　　　　　0 − 1 = 1（同时向高位借1）
1 − 0 = 1　　　　　　　　1 − 1 = 0

乘法规则：
0×0 = 0   0×1 = 0
1×0 = 0   1×1 = 1

除法规则：
0÷1 = 0   1÷1 = 1

例   10001011B + 01001001B = 11010100B
      11001001B − 01000010B = 10000111B

2. 十六进制运算

计算机中为什么要采用十六进制数呢？这是由于二进制书写冗长，不易记住，而十六进制数和二进制数的转换关系简单，即每4位二进制数代表1位十六进制数。例如，16位的二进制数表示的数据只用4位十六进制数表示就可以了，因而可以大大缩短数据的长度，所以采用十六进制书写程序更为方便、简单。我们也可以这样认为，十六进制就是二进制的简化表示。

十六进制按照逢十六进一的原则进行运算。在汇编语言中，只要求掌握十六进制的加、减、乘运算。

例   3F45H + 2194H = 60D9H
      68C5H − 3428H = 349DH
      12H × 16H = 18CH

练习 78D0H + 554AH =   12H × 16H =
      341AH − 25H =   12H × 16D =
      5FH × 6H =   12H × 10H =
      12F4H × 1000H =   12H × 10D =

1.2.3 补码运算

1. 数的补码表示

上一节我们讨论数值及其运算时没有强调数的符号，均看成是无符号数。对于带符号数，在计算机中表示正负号的最简单方法是约定用0表示"+"，用1表示"−"。并规定二进制数的最高位作为符号位。例如，最简单的表示：

+101→0101

−101→1101

在计算机中还规定采用字节、字、双字等单位来表示数据。

字节（Byte）：8位二进制数。如00000101B，或表示成05H；10000101B，或表示成85H。

字（Word）：16位二进制数，等于2字节。如1100010111010110B，或表示成C5D6H。

双字（Double Word）：32位二进制数，又称为双精度数，等于4字节。如23456789H。

（1）机器数与真值

在计算机中，对带符号数可用真值和机器数来表示。所谓真值，就是带有"+"、"−"号的实际数值；所谓机器数，则是把"+"、"−"号数值化后所得到的计算机实际能表示的数。

在下面的描述中，规定二进制数以字节、字或双字表示。当十进制数转换为二进制数时，不够8位或16位，高位用0补齐。为简便，以下均以字节机器数为例。

机器数有三种码表示，分别是原码、反码和补码。汇编语言中，数都是以补码的形式表示的，因此必须掌握数的补码表示和补码的运算。这三种码的定义如下：

- 原码。原码将最高位作为符号位，正数为0，负数为1，其余7位作为数值位。
- 反码。正数的反码与正数的原码一样。而求负数的反码时，符号位为1，数值位在原码的基础上求反。

- **补码**。正数的补码与正数的原码一样。求负数的补码时，符号位为1，数值位在原码的基础上求反加1。

例1 十进制数 +5 和 -5 分别表示成二进制数原码、反码和补码。

$$[+5]_原 = [+5]_反 = [+5]_补 = 00000101B$$
$$[-5]_原 = 10000101B$$
$$[-5]_反 = 11111010B$$
$$[-5]_补 = 11111011B$$

例2 变量 x、y 是十进制数。x = 106，y = -106，求其原码、反码和补码。

原码：$[x]_原 = 01101010B = 6AH$
$\quad\quad [y]_原 = 11101010B = EAH$

反码：正数的反码等于正数的原码，负数的反码为其原码求反
$\quad\quad [x]_反 = [x]_原 = 01101010B = 6AH$
$\quad\quad [y]_反 = 10010101B = 95H$

补码：正数的补码等于正数的原码，负数的补码为其原码求反加1
$\quad\quad [x]_补 = [x]_原 = 01101010B = 6AH$
$\quad\quad [y]_补 = 10010110B = 96H$

（2）用公式求补码

还可用公式求负数的补码：

$$[x]_补 = 2^n - |x|$$

其中，n 等于二进制位数。

例3 n = 8，求 $[-5]_补$，$[-128]_补$。

$[-5]_补 = 2^8 - 5 = 100000000B - 101B$
$\quad\quad\quad = 11111011B = FBH$
$[-128]_补 = 2^8 - 128$
$\quad\quad\quad\quad = 100000000B - 10000000B$
$\quad\quad\quad\quad = 10000000B = 80H$

（3）从补码求真值

对负数补码的数值位再求反加1，且符号位变为"-"，就得到其真值。正数直接从补码得到真值。

例4 给出补码，求其十进制真值。

00100010B = +34
10010011B = -1101101B = -109

练习 1）从十进制真值求补码，并用二进制和十六进制表示。

X1 = 95 = $\quad\quad$ B = $\quad\quad$ H
X2 = -127 = $\quad\quad$ B = $\quad\quad$ H
X3 = -39 = $\quad\quad$ B = $\quad\quad$ H
X4 = -128 = $\quad\quad$ B = $\quad\quad$ H
X5 = -1 = $\quad\quad$ B = $\quad\quad$ H

2）从补码求真值，用十进制表示。

01101101B = $\quad\quad\quad\quad\quad\quad$ 10000011B =
11100111B = $\quad\quad\quad\quad\quad\quad$ 00111100B =

2. 补码运算

例 已知 x = 13，y = 6，用补码计算 x - y。

步骤如下：
1）先将 x 和 y 分别用 8 位二进制表示
   x = 00001101B，y = 00000110B
2）求出正数的补码　[x]$_\text{补}$ = 0, 0001101B
                    [y]$_\text{补}$ = 0, 0000110B
3）根据补码运算规则
$$[x-y]_\text{补} = [x]_\text{补} + [-y]_\text{补}$$
4）计算 –y 的补码，即对 +y 的补码再求补
$$[-y]_\text{补} = 1, 1111010B$$
5）减法运算变为补码的加法

```
     [x]补  = 0, 0001101B
   +[-y]补  = 1, 1111010B
   ─────────────────────
   [x-y]补 = ①0, 0000111B
              ↑
           丢掉符号进位
```

求得 x – y = 00000111B = 07H

说明：其中符号位进位由于已经超出了 8 位（模 8）的范围，要丢掉。

练习　补码运算，用二进制和十六进制表示。

35 – 24 =　　　　　　　–27 – 16 =
93 – 100 =　　　　　　 127 – 128 =

3. 求补运算

求补运算：对补码连同符号位一起求反加 1。

$$[x]_\text{补} \xrightarrow{\text{求补}} [-x]_\text{补} \xrightarrow{\text{求补}} [x]_\text{补}$$

结论：对正数的补码求补得到其负数的补码；对负数的补码求补得到其正数的补码。因此求补和求补码是不同的，求补与求真值也是不一样的。在汇编指令中，专门有一条求补指令 NEG。

例 1　对下列补码求补。
01100011B→10011101B
10011110B→01100010B

例 2　从十进制真值求补码，对补码再求补。
[+7]$_\text{补}$ = 00000111B = 07H，再求补→11111001B = F9H
[–7]$_\text{补}$ = 11111001B = F9H，再求补→00000111B = 07H
[+64]$_\text{补}$ = 01000000B = 40H，再求补→11000000B = C0H
[–64]$_\text{补}$ = 11000000B = C0H，再求补→01000000B = 40H

4. 补码的表示范围

n 位二进制数补码的范围可用公式 $-2^{n-1} \sim +2^{n-1}-1$ 计算。

1）8 位二进制补码的范围：n = 8

```
         正数                    负数
00000000B ~ 01111111B,  10000000B ~ 111111111B
     00H ~ 7FH,             80H ~ FFH
       0 ~ +127D,          –128D ~ –1D
```

用十进制表示的范围：–128 ~ +127，即 $-2^7 \sim 2^7-1$

2）16 位二进制补码的范围：n = 16

用十进制表示的范围：–32768 ~ +32767，$-2^{15} \sim +2^{15}-1$

3）32 位二进制补码的范围：n = 32

用十进制表示的范围：$-2G \sim +2G-1$，$-2^{31} \sim +2^{31}-1$

5. 无符号数表示的范围

n 位二进制无符号数的范围可用公式 $2^n - 1$ 计算。

1）8 位无符号数的范围：

00000000 ~ 11111111B

　　00H ~ FFH

　　　0 ~ 255D

2）16 位无符号数的范围：

0000000000000000 ~ 1111111111111111B

　　　0000H ~ FFFFH

　　　　　0 ~ 65535D

6. 符号位扩展

在汇编语言中，常常需要把字节数据变为字，字数据变为双字，以满足计算和指令格式的要求。将 8 位二进制数扩展到 16 位，16 位二进制数扩展到 32 位时，要根据符号位进行扩展：如果是正数，符号位之前补 0；若是负数，则符号位之前补 1。在汇编语言中，可用指令 CBW 将字节扩展到字，用指令 CWD 将字扩展到双字。

例 1　字节扩展，8 位扩展到 16 位（CBW）。

01110110B = 76H → 0000000001110110B = 0076H

10001010B = 8AH → 1111111110001010B = FF8AH

例 2　字扩展，16 位扩展到 32 位（CWD）。

3579H → 00003579H

AF16H → FFFFAF16H

练习　将字节扩展为字，字扩展为双字。

98H →　　　　　　　　8045H →

3AH →　　　　　　　　F028H →

1.2.4　编码

计算机中，数据除采用按"值"表示外，还采用按"形"表示，这就是对数据进行编码。所谓编码，就是采用按一定规则组合而成的若干位二进制码来表示数或字符（字母及符号）。

常用的编码有十进制数编码、可靠性编码及字符编码等。

1. 十进制数编码

计算机只能识别二进制数，但人们仍然习惯使用十进制。在使用计算机进行计算时，如果能按照十进制运算规则进行计算，则直观和方便。那么，首先要对十进制数编码，然后在此编码上采用逢十进一运算规则做运算。在计算机编码中，对十进制的 10 个数码采用二进制编码表示，称为 BCD 码（二进制编码的十进制数）或 NBCD 码（自然二进制编码），也称为二-十进制数。BCD 码可以是 8421 码、2421 码、余 3 码等，常用的是 8421 码，如表 1-3 所示。

表 1-3　二-十进制 BCD 码

十进制数	8421 码	2421 码	余 3 码	十进制数	8421 码	2421 码	余 3 码
0	0000	0000	0011	5	0101	1011	1000
1	0001	0001	0100	6	0110	1100	1001
2	0010	0010	0101	7	0111	1101	1010
3	0011	0011	0110	8	1000	1110	1011
4	0100	0100	0111	9	1001	1111	1100

BCD 码采用四位二进制数表示一位十进制数,如果这四位二进制数的各位之权自左至右分别为 8、4、2、1,则称为 8421 码。对 0000～1001 这十个二进制数而言,8421 码与通常的二进制数没有区别,但是 8421 码中没有 1010～1111 这 6 个二进制代码。2421 码各位之权自左至右分别为 2、4、2、1,例如 5 的 2421 码为 1011,还可以是 0101,其余数类推,因此 2421 码表示的编码可有多种组合。余 3 码是在 8421 码的基础上加 3 得到的。8421 码、2421 码称为有权码,余 3 码是无权码。

BCD 码又可以表示成压缩的 BCD 码和非压缩的 BCD 码,可根据需要选定。

（1）压缩的 BCD 码

若 1 字节二进制数可以表示两个 8421 码,则称为压缩的 BCD 码。

例　　85D = 10000101$_{BCD}$ = 85H

　　　364D = 00000011 01100100$_{BCD}$ = 0364H

（2）非压缩的 BCD 码

若 1 字节二进制数只表示一个 8421 码,则称为非压缩的 BCD 码。其低 4 位为 8421 码,高 4 位任意,通常默认为 0。非压缩的 BCD 码加上 30H,就转换成了该数字的 ASCII 码。因此常采用非压缩的 BCD 码作十进制运算,经过调整后可以方便地变为 ASCII 码去显示。

例　　85D = 00001000 00000101$_{BCD}$ = 0805H

　　　364D = 00000011 00000110 00000100$_{BCD}$ = 030604H

（3）十进制数运算

用 BCD 码作十进制运算,规则是逢十进一;但是实际运算时是按照二进制运算的,因此最后要进行调整。对于压缩 BCD 码而言,低 4 位二进制运算结果如果大于 9,要加 6 调整;高 4 位二进制运算结果如果大于 9,要加 60H 调整;使其结果符合十进制要求。在 80X86 指令系统中有专门的十进制调整指令,将在第 4 章作介绍。

例 1　23 + 18 = 41

　　　用压缩 BCD 码运算：00100011 + 00011000 = 00111011,结果不是 BCD 码

　　　加 6 修正：00111011 + 00000110 = 01000001 = 41H

例 2　45 + 62 = 107

　　　用压缩 BCD 码运算：01000101 + 01100010 = 10100111,结果不是 BCD 码

　　　加 60H 修正：10100111 + 01100000 = 0000000100000111 = 0107H

思考：1）减法运算应该如何调整?

　　　2）如果是非压缩的 BCD 码运算,结果又如何修正?

练习　1）写出压缩的 BCD 码。

　　　　　79D =

　　　　　125D =

　　　2）写出非压缩的 BCD 码。

　　　　　64D =

　　　　　3427D =

2. 可靠性编码

二进制代码在形成或传输过程中免不了要发生错误,为了减少这种错误,或者一旦出现错误时易于发现和校正,在计算机中采用了可靠性编码。目前,常用的可靠性编码有奇偶校验码、格雷码和海明码等。

奇偶校验码是在数据位的最高位之前加一个校验位构成的,若整个代码（包括数据位和校验位）中"1"的个数为奇数称为奇校验;若"1"的个数为偶数,称为偶校验。奇偶校验码的一个主要特点是,具有发现一位错的能力。

例如，在8421码的最高位之前加一位校验位构成8421奇偶校验码。它又分为8421奇校验码和8421偶校验码，如表1-4所示。

表1-4 8421奇偶校验码

8421码	8421奇校验码 8421校验位	8421偶校验码 8421校验位	8421码	8421奇校验码 8421校验位	8421偶校验码 8421校验位
0000	1 0000	0 0000	0101	1 0101	0 0101
0001	0 0001	1 0001	0110	1 0110	0 0110
0010	0 0010	1 0010	0111	0 0111	1 0111
0011	1 0011	0 0011	1000	0 1000	1 1000
0100	0 0010	1 0100	1001	1 1001	0 1001

3. ASCII码

在计算机中要对字符或控制符进行编码，采用ASCII码（美国标准信息交换代码）来表示。计算机的键盘按键用ASCII码表示，屏幕上显示的字符也都是以ASCII码表示的。ASCII码如表1-5所示。在汇编语言中主要掌握如下的ASCII码（十六进制表示）：

大写字母A～Z：41H～5AH

小写字母a～z：61H～7AH

数字0～9：30H～39H

空格：20H

回车：0DH

换行：0AH

响铃：07H

表1-5 ASCII码表

ASCII值		控制 字符	ASCII值		控制 字符	ASCII值		控制 字符	ASCII值		控制 字符
十进制	十六 进制H		十进制	十六 进制H		十进制	十六 进制H		十进制	十六 进制H	
0	0	NUL	22	16	SYN	44	2C	,	66	42	B
1	1	SOH	23	17	ETB	45	2D	-	67	43	C
2	2	STX	24	18	CAN	46	2E	.	68	44	D
3	3	ETX	25	19	EM	47	2F	/	69	45	E
4	4	EOT	26	1A	Ctrl-Z	48	30	0	70	46	F
5	5	ENQ	27	1B	ESC	49	31	1	71	47	G
6	6	ACK	28	1C	FS	50	32	2	72	48	H
7	7	BEL	29	1D	GS	51	33	3	73	49	I
8	8	BS	30	1E	RS	52	34	4	74	4A	J
9	9	Tab	31	1F	US	53	35	5	75	4B	K
10	0A	LF	32	20	(space)	54	36	6	76	4C	L
11	0B	VT	33	21	!	55	37	7	77	4D	M
12	0C	FF	34	22	"	56	38	8	78	4E	N
13	0D	CR	35	23	#	57	39	9	79	4F	O
14	0E	SO	36	24	$	58	3A	:	80	50	P
15	0F	SI	37	25	%	59	3B	;	81	51	Q
16	10	DLE	38	26	&	60	3C	<	82	52	R
17	11	DC1	39	27	'	61	3D	=	83	53	S
18	12	DC2	40	28	(	62	3E	>	84	54	T
19	13	DC3	41	29	)	63	3F	?	85	55	U
20	14	DC4	42	2A	*	64	40	@	86	56	V
21	15	NAK	43	2B	+	65	41	A	87	57	W

(续)

ASCII 值		控制字符	ASCII 值		控制字符	ASCII 值		控制字符	ASCII 值		控制字符
十进制	十六进制 H		十进制	十六进制 H		十进制	十六进制 H		十进制	十六进制 H	
88	58	X	98	62	b	108	6C	l	118	76	v
89	59	Y	99	63	c	109	6D	m	119	77	w
90	5A	Z	100	64	d	110	6E	n	120	78	x
91	5B	[	101	65	e	111	6F	o	121	79	y
92	5C	\	102	66	f	112	70	p	122	7A	z
93	5D	]	103	67	g	113	71	q	123	7B	{
94	5E	^	104	68	h	114	72	r	124	7C	|
95	5F	—	105	69	i	115	73	s	125	7D	}
96	60	、	106	6A	j	116	74	t	126	7E	~
97	61	a	107	6B	k	117	75	u	127	7F	DEL

NUL	空		VT	垂直制表		SYN	空转同步
SOH	标题开始		FF	走纸控制		ETB	信息组传送结束
STX	正文开始		CR	回车		CAN	作废
ETX	正文结束		SO	移位输出		EM	纸尽
EOT	传输结束		SI	移位输入		Ctrl-Z	退出
ENQ	询问字符		DLE	数据传送换码		ESC	换码
ACK	承认		DC1	设备控制 1		FS	文字分隔符
BEL	响铃		DC2	设备控制 2		GS	组分隔符
BS	退一格		DC3	设备控制 3		RS	记录分隔符
Tab	制表符		DC4	设备控制 4		US	单元分隔符
LF	换行		NAK	否定		DEL	删除

1.3 实例一 揭开数的面纱

1.3.1 数的正确表示

计算机内存中的数据全部用二进制数表示,但是这个数具有多重性格。你能知道这个数代表什么吗?是数值?是指令?还是 ASCII 码?这是一个有趣的问题。下面我们通过实例来观察这个现象。

例如,某存储单元中存放一个字节数 01010001B,写成十六进制为 51H。若把它看成数值,它等于十进制的 81;而把它看成 BCD 码,它就是十进制数 51;那么要把它看成指令呢,它代表指令 PUSH CX,该指令的作用是将 CX 寄存器的值压入堆栈中保存起来;如果把它看成是 ASCII 码,则它又是大写字母 Q。

由此我们想到,对于一个保存到存储单元中的二进制数,还真不能武断地确定它所代表的含义,而要根据具体情况作具体分析。要想正确地区分计算机中二进制数所表示的内容,就必须掌握存储器分段的概念,有关这个概念我们将在下一章学习。知道了数据是在哪个段中存放,就可大致了解这个数是指令还是数据了。对于同样看成是数据表示时,到底是数值?BCD 码?还是 ASCII 码?这就要看编写程序时把它规定成什么,那么它的属性就确定了。

思考:01001111B,代表指令 DEC DI。查附录 A,看看这条指令的作用是什么?如果写成十六进制是多少?表示成 ASCII 码则代表什么?它能代表 BCD 码吗?为什么?

1.3.2 数的符号问题

在汇编语言中,数值都看成是补码。补码作为机器数之一,有着重要的作用。有了补码,减法就可变为加法,除法就可用乘法实现,而这些都离不开我们对补码的认识。在用补码做运算时，你首先要知道这个数是正数还是负数。对于二进制数和十六进制数要一眼就看出该数的符号；而对于运算的结果，要能判断出结果是否溢出，结果是否有进位；表示成十进制是多少……对于这些问题的判断，首先要改变自己的思维方式，换十进制思维为十六进制思维，锻炼自己观察二进制数和十六进制数的能力。当然，在实际操作中，并不需要人来作出判断，计算机自己就会完成了。

例如，某存储单元中保存一个字节数10010111B，表示成十六进制为97H，另一个单元中存放01101110B，表示成十六进制为6EH。如果把它们看成带符号数，那么这两个数是正数还是负数？从二进制表示中可以一眼看出，第一个数是负数，因为它的最高位为1；第二个数是正数，因为其最高位为0。如果给出的是十六进制数，我们也有对策：十六进制数的第一位如果在0~7之间，一定是正数；如果在8~F之间，一定是负数。97H就是负数，而6EH是正数。

那么这两个数相加，结果怎么判断？由于两个数都是补码，可以直接相加。

$$
\begin{array}{r}
10010111B \\
+\ 01101110B \\
\hline
1,00000101B
\end{array}
$$

从结果看出：

1）最高位有进位，表示的是"模"，应该丢掉；
2）符号位为0，表示结果为正数，即两数相加等于+5；
3）由于是一个负数和一个正数相加，结果为正数，因此不溢出。

模的概念：和我们日常的时间表示一样，若以12小时为单位，13点就是下午1点，那么减去的12就是"模"；8位二进制的"模"是2^8，因此上题的计算结果中最高位的进位应该去掉。

注意：如果两个正数相加，结果变为负数，或者两个负数相加，结果却为正数，则都是溢出；说明8位已经表示不了该结果了。

例1 两个数都是补码，直接相加。

$$
\begin{array}{r}
10010111B \\
+11101110B \\
\hline
1\ 10000101B
\end{array}
\quad 不溢出
$$

例2 两个数都是补码，直接相加。

$$
\begin{array}{r}
00010111B \\
+01101110B \\
\hline
10000101B
\end{array}
\quad 溢出
$$

思考：给出两个字节数10010011B和10101011B，两个数对应的十六进制数是多少？两个数是正数还是负数？做两数相加运算，运算结果的状态会是什么样？

习题一

1.1 分别将下列二进制数作为无符号数和带符号数转换为十进制数和十六进制数。
 11010011 01110111 10000011
 00101111 10101010

1.2 十六进制运算。
 1A52H + 4438H　3967H - 2D81H
 37H × 12H　1250H × 4H

1.3 将十进制数变为8位补码，做运算（结果用二进制、十六进制、十进制表示）。
 29 + 53　73 - 24　- 66 + 82　- 102 - 15

1.4 用压缩BCD码计算（结果用二进制、BCD码、十进制表示）。
 29 + 53　73 - 24　66 + 18　132 + 75

1.5 符号位扩展（字节扩展为字，字扩展为双字）。
 20A3H　94H　3456H　7FH　EC00H

1.6 若机器字长为16位，其无符号数表示范围是多少？带符号数表示范围是多少？分别用十进制和十六进制表示。

1.7 写出下列十六进制数所能代表的数值或

编码。
1) 38H 2) FFH 3) 5AH 4) 0DH

1.8 将下列十进制数分别转换为二进制、十六进制、二进制补码、压缩 BCD 码和 ASCII 码。
1) 108 2) 46 3) −15 4) 254

1.9 写出下列算式的 8 位二进制运算结果，并判断结果是否为 0、进位、溢出和符号位情况。
1) 56 + 63 2) 83 − 45 3) −74 + 29 4) −92 − 37

1.10 查表，指出 ASCII 码 0DH、0AH、07H、1BH、20H、40H、50H、70H 对应的控制字符。

测验一

1. 已知 X = 76，则 [X]$_补$ = _____。
   A. 76H   B. 4CH
   C. 0B4H   D. 0CCH

2. 已知 [X]$_补$ = 80H，则 X = _____。
   A. 80H   B. 0
   C. 0FFH   D. −80H

3. 已知 [X]$_补$ = 98H，则 [X]$_补$/2 = _____。
   A. 0CCH   B. 4CH
   C. 49H   D. 31H

4. 已知 X = 78，Y = −83，则 [X + Y]$_补$ = _____。
   A. 0F5H   B. 0A1H
   C. 0FBH   D. 65H

5. 将 124 转换成十六进制数的结果是_____。
   A. 7CH   B. 7DH
   C. 7EH   D. 7BH

6. 将 93H 看成一个压缩 BCD 码，其结果是_____。
   A. 10010101   B. 10010011
   C. 10000011   D. 10000001

7. 45 转换成二进制数是_____。
   A. 10101101   B. 00111101
   C. 00101101   D. 10011101

8. 6CH 转换成十进制数是_____。
   A. 118   B. 108
   C. 48   D. 68

9. 将 93H 扩展为字的结果是_____。
   A. FF93H   B. 0093H
   C. 1193H   D. 1093H

10. 56 的压缩 BCD 码是_____。
    A. 38H   B. 56H
    C. 0506H   D. 3536H

11. ASCII 中的 47H 表示的字符是_____。
    A. "7"   B. "G"
    C. "g"   D. "E"

12. 十进制数 −128 的 8 位二进制数的补码为_____。
    A. 11111110   B. 01111111
    C. 10000000   D. 10000001

13. 下列为补码表示，其中真值最大的是_____。
    A. 10001000   B. 11111111
    C. 00000000   D. 00000001

14. 十六进制数 88H，可表示成下面几种形式，请找出错误的表示_____。
    A. 无符号十进制数 136
    B. 带符号十进制数 −120
    C. 压缩 BCD 码十进制数 88
    D. 8 位二进制数 −8 的补码

15. 计算机对字符、符号采用统一的二进制编码。其编码采用的是_____。
    A. BCD 码   B. 二进制码
    C. ASCII 码   D. 十六进制码

第 2 章

计算机基本原理

设问：
1. 汇编语言与微型计算机系统有哪些联系？
2. 寄存器的重要性是什么？
3. 什么是逻辑地址、物理地址？
4. 存储器分段是什么概念？
5. 计算机存储的数据能看到吗？

2.1 冯·诺依曼计算机

2.1.1 冯·诺依曼计算机的原理

计算机的基本工作原理是存储程序和程序控制。该原理最初是由匈牙利数学家冯·诺依曼（Von Neumann）于1945年提出来的，故称为冯·诺依曼原理。按照冯·诺依曼原理构造的计算机又称冯·诺依曼计算机，其体系结构称为冯·诺依曼结构。

冯·诺依曼计算机的基本特点如下：
1) 采用存储程序方式，即程序和数据放在同一个存储器中，程序指令和数据都用二进制表示，两者都可以送到 CPU 执行和运算。
2) 存储器是按地址访问的，每个存储单元的位数是固定的。存储单元采用线性编址方式，按顺序取出指令。
3) 指令由操作码和地址码构成。根据指令含义发出控制信号控制计算机的操作。
4) 机器以运算器为中心，输入/输出设备都要经过 CPU 才能与存储器进行数据传送。

程序员将编写好的程序（由二进制机器指令组成的序列）和原始数据预先存入主存储器中，使计算机能够连续、自动、高速地从存储器中取出一条条指令并执行，这就是存储程序概念的基本含义。

计算机发展到了第四代，基本上仍然遵循着冯·诺依曼原理和结构。但是，为了提高计算机的运行速度，实现高度并行化，当今的计算机系统已对冯·诺依曼结构进行了许多变革，如指令流水线技术、超标量超流水技术、乱序发射乱序执行技术等。计算机技术的发展可以说是日新月异，令人眼花缭乱；目前多核处理器已经取代了单核 CPU，多核计算机占领了计算机消费市场。

2.1.2 冯·诺依曼计算机的基本结构

计算机由运算器、控制器、存储器、输入设备、输出设备五大部件组成。运算器和控制器合称为中央处理器（CPU）。各部分之间由系统总线相连。系统总线分为地址总线（A-BUS）、数据总线（D-BUS）、控制总线（C-BUS），如图2-1所示。

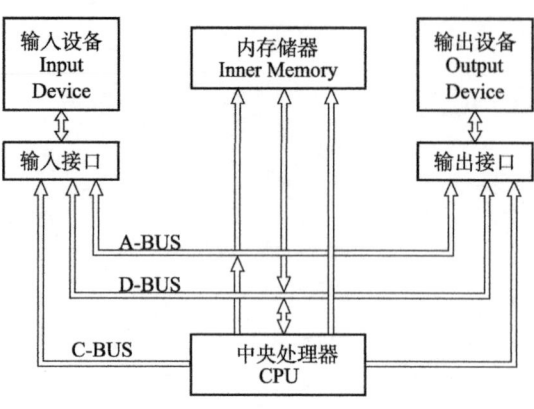

1. 中央处理器（CPU）

中央处理器（CPU）是计算机硬件系统的核心部件，是计算机系统接受命令并按命令完成对应操作的控制指挥中心和运算中心。

CPU主要由算术逻辑运算单元ALU、地址发生和控制单元、指令译码单元、数据寄存器单元、总线驱动单元、时序控制单元等组成。2.2.2节将详细介绍。

图2-1 计算机结构图

2. 存储器

存储器是用来存储计算机系统中的程序、数据及运行结果的设备。存储器分为内存和外存。内存又称为主存，是用于存储计算机当前正在运行的程序、正在处理的原始数据、中间数据及最终结果的，一般由半导体存储器组成。内存的各存储单元可由CPU直接寻址。

内存按功能可分为两种：只读存储器（Read Only Memory，ROM）和随机存取存储器（Random Access Memory，RAM）。ROM的特点是存储的信息只能读出而不能改写，断电后信息不会丢失，一般用来存放专用的或固定的程序（如BIOS基本输入/输出系统）和数据。RAM的特点是可以读出也可以改写，断电后存储的内容立即消失。内存通常以字节为单位编址的，一个字节单元保存8位二进制数。

随着CPU工作频率的不断提高，RAM的读写速度相对较慢的问题日益突出。为解决内存速度与CPU速度不匹配而影响系统运行效率的问题，在CPU与主存之间设计了一个相对于主存容量较小但速度较快的高速缓冲存储器（Cache）。Cache分为片内Cache和片外Cache，即CPU芯片内设置的和芯片外设置的。CPU访问指令和数据时，先访问Cache；如果要访问的内容已在Cache中（称为命中），则CPU直接从Cache中读取；若不命中，CPU需要通过系统总线访问主存，同时将读取到的数据存于Cache中。Cache的出现大大缓解了CPU与主存的速度匹配问题，提高了整个系统的效率。

外存又称为辅存，可长期保存计算机当前暂时不运行的程序或数据。目前最常用的外存包括软盘、硬盘、磁带、光盘、U盘等。外存的存储单元不能由CPU直接寻址，CPU必须通过输入/输出接口来访问外存的存储单元。因此又可将外存划分到输入/输出设备。

3. 输入/输出设备

输入/输出设备统称为外部设备（peripheral），是用来实现人机交换信息的装置。

输入设备：向计算机的主存或CPU送入数据或程序。如键盘、鼠标、光笔、触摸屏、读卡机、扫描仪、磁盘驱动器等。

输出设备：将计算机处理的结果输出给用户。如显示器、打印机、绘图仪、磁盘驱动器等。

4. 总线及接口

计算机总线分为内部总线和外部总线。内部总线指的是CPU内部各个部件之间的连线。外部总线又称为系统总线，是连接计算机主板上各种芯片以及各个接口部件的总线。系统总线分为地址总线、数据总线、控制总线三大类。三种总线各自的位数由系统的微处理器芯片决定,例如,8086 CPU 的地址总线为 20 位,数据总线 16 位;80286 CPU 的地址总线为 24 位,数据总线 16 位;80386 CPU 的地址总线为 32 位,数据总线 32 位;Intel Pentium Ⅲ 的地址总线为 36 位,数据总线 64 位等;而控制总线由该芯片设计的控制信号决定,包括读写控制信号、中断请求信号、中断响应信号、总线请求和总线允许信号等。

外部设备和计算机主机之间必须有一个中间介质作为缓冲部件,该部件称为接口(interface)。外部设备通过连在外部总线上的接口与 CPU 相连。接口又分为并行接口和串行接口。

并行接口:同时并行地传送多位数据,例如,8 位数据用 8 根数据线做并行传输。

串行接口:数据是一位接一位传输的,只需一根数据线。

2.2 微型计算机系统

2.2.1 微型计算机系统概念

自从 1981 年 8 月 IBM 在纽约宣布 IBM PC(Personal Computer,个人计算机)出世,个人计算机(微型计算机)就以前所未有的速度和广度面向大众普及。微型计算机的核心是中央处理器(CPU),也称为微处理器(Microprocessor),微型计算机系统由微型计算机和相应的外围设备及系统软件构成,如图 2-2 所示。

汇编语言与微型计算机系统密切相关。针对图 2-2,我们先来明确汇编语言的学习内容。例如,第 1 章中提到的三条汇编指令:

```
MOV AX,35
ADD AX,27
MOV Z,AX
```

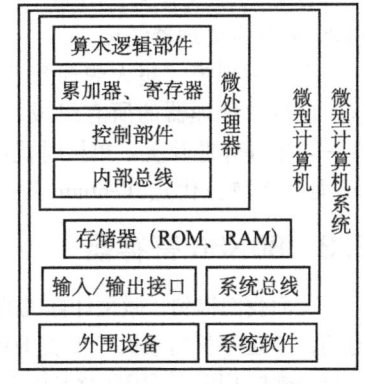

图 2-2 微型计算机系统结构示意图

这几条指令中涉及寄存器(AX)、加法运算、存储单元(Z)、数据的获取和传送、指令的存放等内容。从内而外,首先要掌握微处理器 CPU 中寄存器的作用和用法;通过寄存器和含有算术逻辑部件(ALU)的运算器,学习指令的构成与执行过程;接下来要学习指令的寻址方式,即如何寻找执行指令时所需的数据等。对于不同的微处理器,有不同的指令系统,也就是该 CPU 能够实现哪些功能,这就需要对指令系统进行了解和掌握。这些是微处理器部分的学习。

数据绝大部分都要存放在内存中,那么就需要学习与存储器有关的知识,包括存储器的地址和存储单元的内容,字节单元、字单元、双字单元的概念;存储器分段的概念,逻辑地址和物理地址的区别与转换,CPU 对存储单元的访问等。长期保存的数据和程序(操作系统和用户程序)一般都在硬盘中,外存可作为虚拟存储器提供给系统使用。

CPU 对键盘、显示器等外设的访问与控制是必须掌握的,程序员应该熟练地运用 DOS 中断调用指令和 BIOS 中断调用指令来编写 I/O 程序。这部分涉及如何通过系统总线获得从键盘输入的数据以及如何将数据送到显示器去显示。以上的学习内容涉及微型计算机部分。

如果要实现这些功能,需要掌握汇编语言书写规则,按照汇编语言的语法编写程序。在操作系统的支持下,用文本编辑器将编写好的汇编语言源程序输入;用汇编程序将源程序进行汇编(也可称为编译、翻译),变成二进制的代码,进而连接生成 .EXE 可执行文件。要想观察程序的执行结果以及 CPU、存储器的内容和状态,就要使用 DEBUG 工具对可执行文件进行调试、运行及显示。这也是微型计算机系统能够完成的任务。这部分内容将在第 4 章详细介绍。

2.2.2 微处理器

微处理器是微型计算机的核心,由运算器和控制器两部分组成。运算器是微型计算机的运算部件，控制器是微型计算机的指挥控制中心。

从结构上划分，微处理器分为执行部件（EU）和总线接口部件（BIU）两部分。EU 中包含运算器的算术逻辑运算单元（ALU）、通用寄存器组、标志寄存器 FLAGS、EC 单元控制系统等。总线 BIU 包含段寄存器组（CS、DS、ES、SS）、指令指针寄存器 IP、指令队列单元、地址加法器、总线控制系统等。CPU 中寄存器的个数和功能随着微处理器的升级而不断增加，寄存器的位数也从 8 位上升到 16 位、32 位、64 位，代表计算机性能的字长与 CPU 中寄存器的位数有关。图 2-3 给出了 Intel 8086/8088 微处理器结构。

随着大规模、超大规模集成电路的出现，使得微处理器的所有组成部分都集成

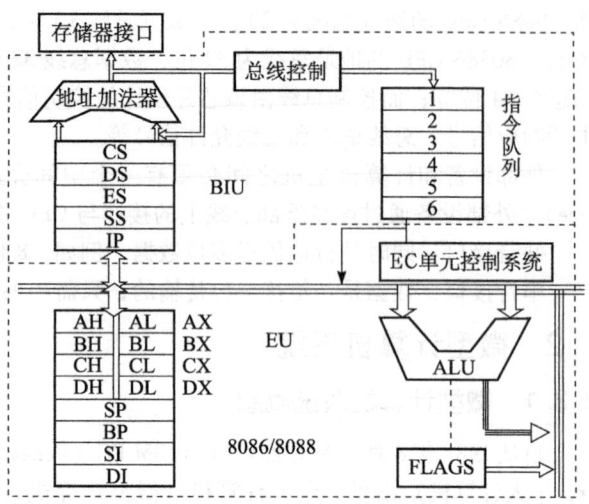

图 2-3 Intel 8086/8088 结构图

在一块半导体芯片上。单核时代广泛使用的微处理器有 Intel 公司的 80X86 系列微处理器；Pentium Ⅲ（奔腾三代）、Pentium 4（奔腾四代）；AMD 公司的 AMDK5、AMDK6、AMDK7 等。

2.3　80X86 寄存器

前面我们提到，微型计算机的字长与微处理器的寄存器位数有关。以 Intel 80X86 系列微处理器为例，16 位字长的微机 CPU 是 8086/8088、80286，那么它们的寄存器的位数一定是 16 位的；32 位字长的微机 CPU 是 80386/80486 或者 Pentium 系列，那么它们的寄存器的位数是 32 位的。

学习汇编语言以 8086 CPU 为基础会更容易掌握。80X86 汇编语言向上兼容，有了 8086 汇编语言的基础，可以较自然地引申到 32 位的 80X86 微机汇编语言的学习中。本节我们重点学习 8086 寄存器的概念和功能，兼顾介绍其他 80X86 微处理器的寄存器。

2.3.1　8086 寄存器组

8086 寄存器都是 16 位的寄存器，根据用途可分为 4 种类型，分别是数据寄存器、地址寄存器、段寄存器和控制寄存器，如图 2-4 所示。

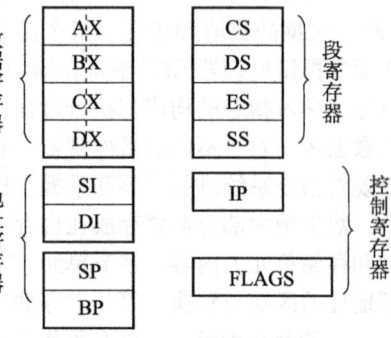

图 2-4 8086 寄存器组

1. 数据寄存器

数据寄存器包括 AX、BX、CX、DX 四个 16 位的通用寄存器，用于存放计算过程中所用的操作数、结果或其他信息，简言之，即存放数据的寄存器：

- AX 通用寄存器，主要作为累加器用，所以它是算术运算的主要寄存器。
- BX 通用寄存器，还用作基址寄存器。
- CX 通用寄存器，还用作计数器。
- DX 通用寄存器，在做双精度数运算时还用来与 AX 一起存放一个双字操作数（32 位二进制数），其中 DX 存放高字（高 16 位），AX 存放低字（低 16 位）。

数据寄存器中每个寄存器又可以分为 2 个 8 位的寄存器，分别为 AH、AL、BH、BL、CH、CL、DH、DL。H 表示高字节（高 8 位）寄存器、L 表示低字节（低 8 位）寄存器，如图 2-5

所示。

例1 用 DX、AX 寄存器保存双精度数 23456789H。表示为（DX）= 2345H，（AX）= 6789H，存放形式为：

DX | 23 | 45 | AX | 67 | 89 |

15 8 7 0	15 8 7 0
AH | AL	BH | BL
←------ AX ------→	←------ BX ------→
15 8 7 0	15 8 7 0
CH | CL	DH | DL
←------ CX ------→	←------ DX ------→

例2 用 AX 寄存器存放一个字 1234H，表示为（AX）= 1234H，存放形式为：

　　　　AH AL
　AX | 12 | 34 |

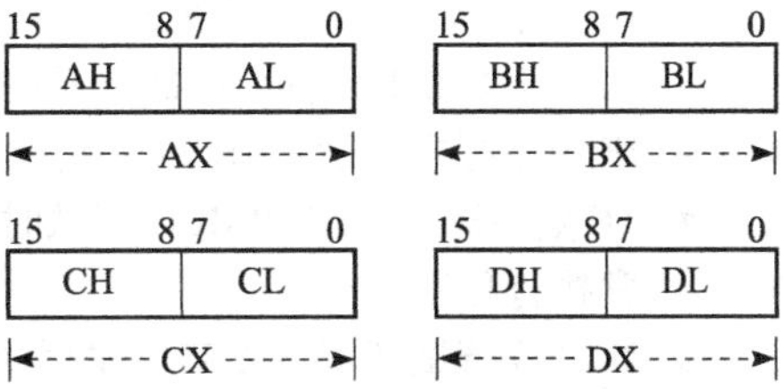

图 2-5　数据寄存器组

即高字节放在 AH，低字节放在 AL 中。

2. 地址寄存器

地址寄存器包括指针和变址寄存器 SI、DI、SP、BP 四个 16 位寄存器。顾名思义，它们可用来存放存储器操作数的偏移地址。另外，它们也可以作为通用寄存器用。严格地说，用来存放存储器偏移地址的寄存器都应该归类为地址寄存器，如 BX 基址寄存器、IP 指令指针寄存器等。

- SI 源变址寄存器，可用于存放源缓冲区的偏移地址。
- DI 目的变址寄存器，可用于存放目的缓冲区的偏移地址。
- SP 堆栈指针寄存器，用于指出堆栈区栈顶的偏移地址。
- BP 基址指针寄存器，用于指出堆栈区某个单元的偏移地址。

3. 段寄存器

8086 CPU 有 4 个 16 位的段寄存器，分别是 CS、DS、ES、SS。它们的含义为：

- CS 代码段寄存器，用于指出存放程序的代码段的段地址。
- DS 数据段寄存器，用于指出存放数据的数据段的段地址。
- ES 附加段寄存器，用于指出存放附加数据的附加段的段地址。
- SS 堆栈段寄存器，用于指出堆栈区的堆栈段的段地址。

4. 控制寄存器

控制寄存器包括 IP 和 FLAGS（又称为 PSW 程序状态字）两个 16 位寄存器。用于控制程序的执行。

IP 指令指针寄存器，用来存放代码段中的偏移地址，指出当前正在执行指令的下一条指令所在单元的偏移地址。

FLAGS 标志寄存器的某位代表 CPU 的 1 个标志，表示出 CPU 的某种执行状态，最低位为 D_0，最高位为 D_{15}。8086 CPU 的标志寄存器共有 9 个标志，分别为 6 个条件码标志和 3 个控制标志。其含义如下：

D_{15}			D_{11}	D_{10}	D_9	D_8	D_7	D_6		D_4		D_2		D_0
			OF	DF	IF	TP	SF	ZF		AF		PF		CF

条件码标志如下：

- CF 进位标志，当指令执行结果的最高位向前有进位时，CF = 1，否则 CF = 0。
- SF 符号标志，当指令执行结果的最高位（符号位）为负时，SF = 1，否则 SF = 0。
- ZF 零标志，当指令执行结果为 0 时，ZF = 1，结果不为 0 时，ZF = 0。
- OF 溢出标志，当指令执行结果有溢出（超出了数的表示范围）时，OF = 1，否则 OF = 0。
- AF 辅助进位标志，当指令执行结果的第 3 位（半字节）向前有进位时，AF = 1，否则 AF = 0。
- PF 奇偶标志，当指令执行结果中 1 的个数为偶数个时，PF = 1，否则 PF = 0。

控制标志如下：
- DF 方向标志，执行串处理指令时，若设置 DF=0，存储单元的地址寄存器的值自动增加，若设置 DF=1，存储单元的地址寄存器的值自动减小。
- IF 中断标志，设置 IF=1，允许 CPU 响应可屏蔽中断，IF=0 则不响应。
- TF 陷阱标志，在 DEBUG 调试时，TF=1，采用单步执行方式，即进入陷阱；TF=0，正常执行程序。

在 DEBUG 调试环境下以字母缩写的形式表示各个标志位状态，进入 DEBUG 后，用 R 命令查看寄存器状态时，可以看到除了陷阱标志以外的标志位状态，如表 2-1 所示。

表 2-1 8086 标志位的缩写形式

标志名称	标志	值为1	值为0	标志名称	标志	值为1	值为0
进位标志	CF	CY	NC	辅助进位标志	AF	AC	NA
符号标志	SF	NG	PL	奇偶标志	PF	PE	PO
零标志	ZF	ZR	NZ	方向标志	DF	DN	UP
溢出标志	OF	OV	NV	中断标志	IF	EI	DI

例 两个二进制数相加运算，有关标志位自动发生变化。

```
    10011010
  + 01001011
    ─────────
    11100101
```

根据计算结果可知，CPU 会自动地把标志位设为：CF=0，SF=1，ZF=0，OF=0，PF=0，即无进位，结果为负数，结果不为 0，没有溢出，奇数个 1。

对溢出的判断也可以从简单的角度理解，因为进行运算的二进制数是补码，可看出本题是一个负数和一个正数相加，结果为负数，不溢出。若两个正数相加，结果为负数，或者两个负数相加，结果为正数，那都是溢出了，说明 8 位补码已经表示不了该结果。对于两个 16 位二进制数的运算结果的判断也一样，其符号位是最高位 D_{15}。

练习 写出下列二进制运算的结果以及标志位的变化：
1) 10101110 + 00110011
2) 11001101 - 10100011

2.3.2 80X86 寄存器组

Intel 8086、80286 都是 16 位的寄存器。从 80386 开始，寄存器扩展为 32 位，如图 2-6 所示。

从图中可以看出，32 位机器中在原有段寄存器的基础上又增加了两个段寄存器 FS 和 GS，作为附加的数据段。段寄存器的位数没有改变，仍然为 16 位，以和 8086 兼容。

标志寄存器 EFLAGS 为 32 位的寄存器。在 8086/80286 标志寄存器原有的基础上，又增加了若干个标志，如虚拟 86 模式标志 VM，80486 的对准检查标志 AC，Pentium 的虚拟中断标志 VIF 等。

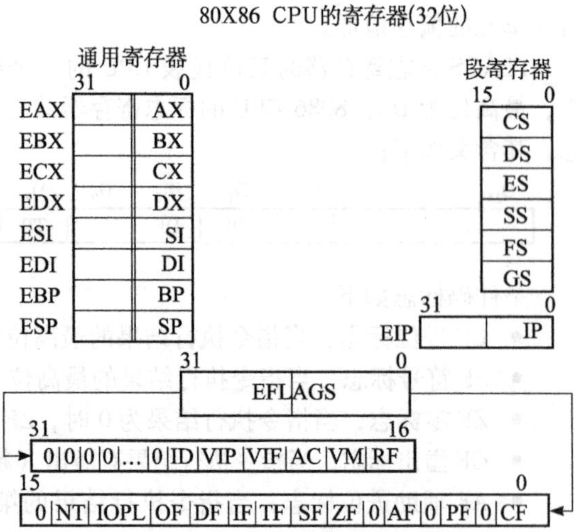

通用寄存器由 16 位变为 32 位后，寄存器的名称前面加 E，如 EAX、ESI 等。在这些机

图 2-6 80X86 寄存器组

器中，可以用不同的寄存器保存不同类型的数据，例如，用 EAX 保存 32 位数据，用 AX 保存 16 位数据，用 AH 或 AL 保存 8 位数据，如右图所示：

2.4 内存储器

内存储器简称内存。在汇编语言中，内存是非常重要的学习内容。所有的程序和数据都要保存到内存中，程序的执行要访问内存，数据的存取要访问内存，I/O 外设数据交换要访问内存……因此，我们先要对内存地址和存储单元的概念进行学习。

2.4.1 物理地址与逻辑地址

1. 地址

在内存中，每个存储单元相当于一个房间，地址相当于房间号，用于标识存储单元。在计算机中有物理地址和逻辑地址两种地址概念，因此对存储单元的标识可以用物理地址或逻辑地址表示。

CPU 对内存的访问是通过地址总线进行的，地址总线的每一个二进制组态对应一个存储单元，可作为该存储单元的地址。在 80X86 系统中一个实际的存储单元只存放 8 位二进制数，称为字节单元。由于地址以二进制表示，则地址位数与存储空间有如下的关系：

- 若系统只有 1 根地址线 A0，则 A0 上有两个不同的信号 0 和 1，可以表示 0 号和 1 号两个存储单元。
- 若系统有 2 根地址线 A1、A0，则有四个不同的信号组合 00、01、10、11，可以表示 0～3 号 4 个存储单元。
- 若系统有 10 根地址线 A9～A0，则有 0～1023 号不同组合，可以表示 1024 个存储单元，寻址空间达到 1KB。B（Byte）表示字节单元。

可以看出，若地址位数为 n，则地址空间的大小为 2^n 个存储单元。为简便，在汇编语言中地址用十六进制表示。

2. 物理地址

物理地址是内存单元的真实地址。存储单元的物理地址是唯一的。内存的物理地址的范围与系统的地址总线宽度有关，CPU 存取数据时必须使用物理地址。Intel 8086 CPU 有 20 根地址线，因此其存储空间可达 2^{20} = 1MB。在 20 位地址线的存储空间中采用十六进制表示的物理地址范围是 00000H～FFFFFH。

例 某单元的物理地址表示为 3075AH。

3. 逻辑地址

逻辑地址是用户编程时使用的地址，分为段地址和偏移地址两部分。在 8086 汇编语言中，把内存地址空间划分为若干逻辑段，每段由一些存储单元构成。用段地址指出是哪一段，偏移地址标明是该段中的哪个单元。段地址和偏移地址都是 16 位二进制数。由于段地址和偏移地址有多种组合，则有可能多种逻辑地址组合对应到同一个物理单元上，因此存储单元的逻辑地址不是唯一的。逻辑地址的形式：

段地址：偏移地址

例 用十六进制分别表示的三个逻辑地址如下：

3020：055AH

3021：054AH

2C43：432AH

4. 逻辑地址与物理地址的转换

用户编程时采用的逻辑地址在 CPU 执行程序时都要转换成实际的物理地址，这个转换过程是由 CPU 中的地址加法器自动完成的。转换时先将 16 位的段地址左移 4 位，相当于乘以 16 或十六进制的 10H，再和偏移地址相加。转换公式为：

$$物理地址 = 段地址 \times 10H + 偏移地址$$

表示为：

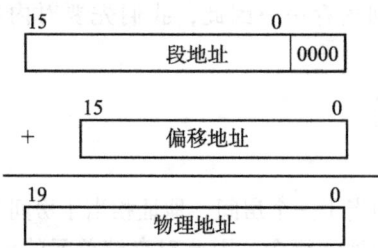

例 若逻辑地址为 3020：055AH，其物理地址 = 3020H × 10H + 055AH = 3075AH。

练习 根据给出的逻辑地址，计算物理地址。

逻辑地址 = 2C43：432AH，物理地址 = ？
　　　　　2E37：9822H，
　　　　　886F：7911H，
　　　　　1234：05ACH，

2.4.2 存储单元

前面提到，一个实际的存储单元只能存放一个字节的数据，如果要存放一个字、一个双字或更多字节的数据应该怎样存放呢？在汇编语言中，把存储单元分为字节单元、字单元、双字单元等，称为存储单元的属性。其中字节单元可存储 8 位二进制数，用 2 个相邻的字节单元作为字单元存储 16 位二进制数，用 4 个字节单元代表双字单元存储 32 位二进制数，以此类推即可存放多字节数据。

存储单元中的数据称为存储单元内容，存储单元还有地址，地址与内容的区分方法是：用括号将地址括起来以代表单元的内容。

如 (3075AH) = 12H，表示 3075AH 单元中的内容是 12H，又如 (3075BH) = 34H，表示 3075BH 单元中的内容是 34H，因此 3075AH 单元和 3075BH 单元都是字节单元；若 (37692H) = 5678H，表示 37692H 单元和 37693H 单元一起存放 5678H，该单元是字单元。字单元在存储的时候，高字节放在高地址单元，低字节放在低地址单元，即 56H 放在 37693H 单元，78H 放在 37692H 单元，如图 2-7 所示。

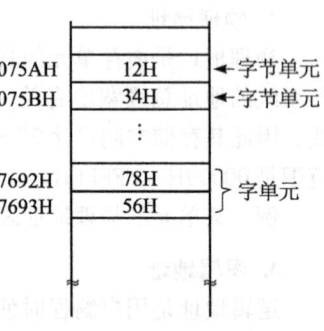

图 2-7 存储单元的地址和内容

存储单元还分为偶地址单元和奇地址单元。例如，图 2-7 中的字节单元 3075AH 和字单元 37692H 都是偶地址单元，而字节单元 3075BH 是奇地址单元。对于字节单元而言，字节数据可以任意存放在偶地址或奇地址单元；但对于存放一个字来说，最好是放在偶地址单元中。这是因为 8086 CPU 访问偶地址单元时，可以一次取出一个字；如果以奇地址单元存放一个字，则需要访问两次存储器才能取出该字。

由于字单元是由两个相邻的字节单元构成的，那么对于同一个地址而言，它既可以看成字节单元，又可以看成字单元。如果我们把图 2-7 中的字节单元 3075AH 看成是字单元，则：

$$(3075\text{AH}) = 3412\text{H}$$

表示用 3075AH 和 3075BH 单元一起存放 3412H 这个字。此时，3075AH 单元就变为字单元了。对于字节单元还是字单元的选择是根据具体的需要来定的。

练习 有若干个数据需要存放在存储单元中，请画图表示，并标出存储单元的属性。

$(23560\text{H}) = 37\text{H}$

$(23562\text{H}) = 2\text{D}18\text{H}$

$(23620\text{H}) = 12345678\text{H}$

2.4.3 存储器分段

1. 分段的概念

8086 CPU 提供的地址线共 20 根，因此它的寻址空间可达到 $2^{20} = 1\text{MB}$，用 5 位十六进制数表示的地址范围为 00000H ~ FFFFFH。CPU 访问存储器时要先向地址总线上发出地址信号，找到该单元后从中取出或保存所需的内容。我们知道，8086 CPU 的地址寄存器只有 16 位，如果直接从地址寄存器中发出地址信号，所能访问的存储空间就只有 $2^{16} = 64\text{KB}$，达不到 20 位地址线所提供的地址范围。针对这种情况，8086 系统采用实模式工作方式下对存储器划分逻辑段的办法解决 16 位字长机器如何提供 20 位地址空间的问题。

将存储器划分为若干逻辑段，每段最大 64K 字节单元。逻辑段的大小可变，每段最少 16 个字节单元，也可以 100 个、1000 个到最大可达 65536 个字节单元。这样段内单元的地址可用 16 位二进制数表示，称为偏移地址。每个段的偏移地址可从 0000H ~ FFFFH。段地址也是 16 位的，用于标识是哪一个段。段地址和偏移地址构成逻辑地址。例如，段地址为 1200H，偏移地址为 2650H，则逻辑地址为 1200：2650H。在程序中给出段地址和偏移地址后就可以确定某一个单元了。

在存储器中，规定每 16 个字节单元为一小段，每小段的第一个单元的物理地址称为小段的首地址，8086 的 1MB 内存空间的 20 位物理地址用十六进制表示如下：

```
00000H,00001,00002,00003,...... ......,0000E,0000FH
00010H,00011,00012,00013,...... ......,0001E,0001FH
00020H,00021,00022,00023,...... ......,0002E,0002FH
00030H,00031,00032,00033,...... ......,0003E,0003FH
      ......
41230H,
41240H,
      ......
FFFE0H,FFFE1H,FFFE2H,...... ... ......,FFFEEH,FFFEFH
FFFF0H,FFFF1H,FFFF2H,...... ... ......,FFFFEH,FFFFFH
```

可以看出，每一行就是一小段，每行的第一列是小段的首地址，分别是 00000H、00010H、00020H……FFFF0H。在 1MB 存储空间中共有 64K 个小段。小段首地址的共同特点是十六进制表示的物理地址的最低位都是 0，如果把 0 去掉（二进制的地址去掉 4 个 0），就可以用 16 位段寄存器保存小段的首地址了。

同时规定，存储器分段时，各段的起始地址必须是小段的首地址，即逻辑段必须从任一个小段的首单元开始，而不能从其他的字节单元开始。

在将逻辑地址转换为物理地址时，物理地址 = 段地址 × 10H + 偏移地址，相当于把 16 位的段地址又恢复为 20 位，再和偏移地址相加就得到了 20 位的物理地址。

例 定义 2 个段，第一个段的段地址为 0002H，共 16 个单元；第二个段的段地址为 4123H，共 1024 个单元。图 2-8 标出了各段首单元和末单元的逻辑地址。

每一个段内的偏移地址都是从 0000H 开始的。从单元的逻辑地址可以计算出它的物理地址。第一段的首单元的物理地址为 00020H，末单元的物理地址为 0002FH；第二段的首单元的物理地址为 41230H，末单元的物理地址为 4162FH。

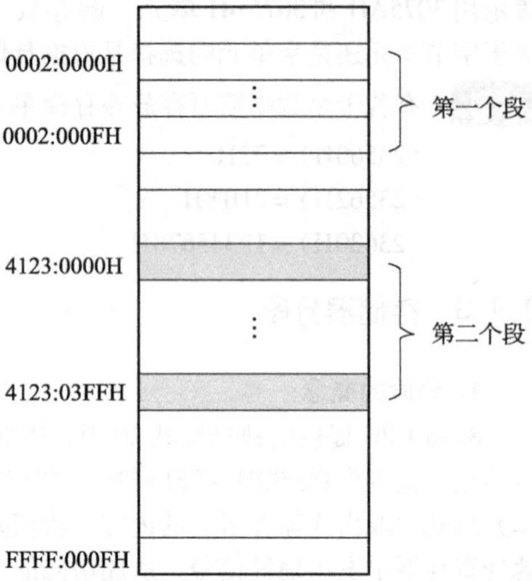

2. 段的类型

8086 汇编语言中把逻辑段分为 4 种类型，分别是代码段、数据段、附加段和堆栈段。我们知道，数据和程序都是以二进制的形式保存在存储器中的，如果不加以区分，将无法获知读取的数据是数值还是指令。

存储器逻辑分段类型如下：

- 代码段——用于存放指令，段地址存放在段寄存器 CS。
- 数据段——用于存放数据，段地址存放在段寄存器 DS。
- 附加段——用于辅助存放数据，段地址存放在段寄存器 ES。
- 堆栈段——是重要的数据结构，可用来保存数据、地址和系统参数，段地址存放在段寄存器 SS。

图 2-8 存储器分段及逻辑地址表示

存储器分段管理的方式符合模块化程序设计思想，程序员在编写程序时可以方便地将程序的各部分安排在不同的段中；这样，计算机就可以根据汇编语言源程序在汇编时得到的指示，到不同的存储区中取得所需的数据或指令了。

在编写汇编语言程序时，必须有代码段，而数据段、堆栈段和附加数据段可以根据需要选择；包括代码段在内每种类型的段在程序中可以有多个。在编写程序时采用的是逻辑地址形式，与段寄存器相对应的偏移地址寄存器如表 2-2 所示。

表 2-2 各段的逻辑地址对应表

段名	段寄存器	偏移地址	段名	段寄存器	偏移地址
代码段	CS	IP	附加段	ES	BX、SI、DI 等地址寄存器
数据段	DS	BX、SI、DI 等地址寄存器	堆栈段	SS	SP 或 BP

数据段和附加段的偏移地址也称为有效地址 EA（Effective Address）。有效地址 EA 除了由地址寄存器指出之外，还由其他寻址方式指出；有关寻址方式的内容我们在下一章介绍。

例 1 段寄存器与其偏移地址如下，写出其相应的物理地址及含义。

CS = 1896H，IP = 1655H

当前要执行的指令的物理地址 = 18960H + 1655H = 19FB5H

DS = 2896H，EA = 1655H

当前要访问的数据的物理地址 = 28960H + 1655H = 29FB5H

ES = 1896H，EA = 2655H

当前要访问的数据的物理地址 = 18960H + 2655H = 1AFB5H

SS = 1896H，SP = 3655H

当前要访问的堆栈的物理地址 = 18960H + 3655H = 1BFB5H

例 2 段寄存器与内存的分段情况如图 2-9 所示。观察各段的大小及分布，判断其地址范围，标出每个段首地址和末地址。

从图中看出：
- 代码段共 64KB，它的地址范围应该是 210E0H ~ 310DFH，已经达到段的最大范围。
- 附加段只有 2KB，地址范围在 34500H ~ 34CFFH 之间。
- 数据段为 16KB，其地址范围为 34D00H ~ 38CFFH。可知数据段紧接着附加段的最后单元存放，而不必在附加段的 64KB 最大区域之外设置其他段。此方式也称为段重叠，可充分利用现有的存储空间。
- 堆栈段的空间最小，只有 512 个字节单元，它的地址范围是 84180H ~ 8437FH。

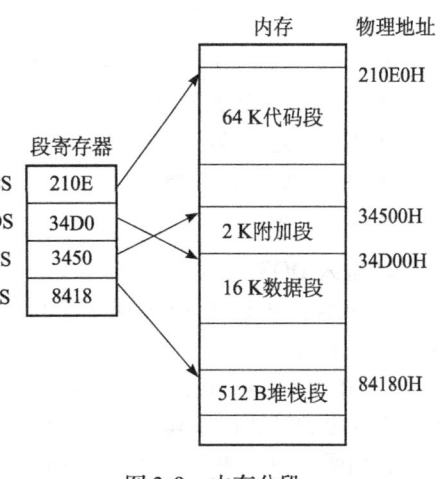

图 2-9　内存分段

练习　若图 2-9 中代码段为 40KB，数据段为 5KB，附加段为 300B，堆栈段为 1KB，计算各段首地址和末地址。

3. 堆栈

堆栈的概念和货栈的概念相似，存放货物时要从底部往上叠放，比如存放电视机；而取货时，应该从最上部的货物拿起，一个一个拿，最底下的货物最后一个拿走。堆栈区就是这样一个特殊的存储区，它的末单元称为栈底，数据先从栈底开始存放，最后存入的数据所在单元称为栈顶。当堆栈区为空时，栈顶和栈底是重合的。数据在堆栈区存放时，必须以字存入，每次存入一个字，后存入的数据依次放入栈的低地址单元中。栈指针 SP 每次减 2，由栈指针 SP 指出当前栈顶的位置，数据存取时采用后进先出的方式，如图 2-10 所示。

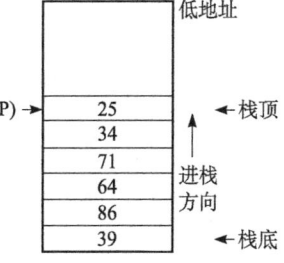

图 2-10　堆栈区

堆栈是非常有用的概念，堆栈区常用于保存调用程序的返回地址及现场参数，也可作为一种临时的数据存储区。堆栈操作指令将在第 4 章介绍。

2.5　实例二　进入计算机

有关 CPU 和存储单元的概念我们已经了解了，那么如何观察实际机器内部的情况呢？能不能看到具体的寄存器、标志、存储单元的内容呢？可不可以修改和控制它们呢？

这一系列的疑问我们可以在调试工具软件 DEBUG 的支持下得到解答。通过上机实验，可加强相关理论概念的理解；而掌握了 DEBUG 这个有力工具，就可以深入机器内部进行观察了。

2.5.1　调试工具 DEBUG

在 DOS 操作系统和 Windows 操作系统中，都提供了调试工具 DEBUG。DEBUG 是为汇编语言设计的一种调试工具，它通过单步、设置断点等方式为程序员提供了非常有效的调试手段。利用它可以观察和修改 CPU 的寄存器、内存单元；可以跟踪程序的运行，发现程序的错误。

1. DEBUG 的主要命令

DEBUG 命令有 20 多个，我们主要学习最常用的命令。DEBUG 的更多命令及用法参见附录 C。

- R——查看和修改寄存器。

- D——查看内存单元。
- E——修改内存单元。
- U——反汇编，将机器指令变为汇编指令。
- T/P——单步执行。
- G——连续执行程序。
- A——输入汇编指令。
- Q——退出。

2. 进入 DOS

DEBUG 要先进入 DOS 环境中再使用，在 Windows 下进入 DOS 有以下两种方法：

1）在 Windows 桌面单击"开始"菜单，选择"运行"命令；在弹出的对话框中输入 cmd；单击"确定"按钮进入 DOS 环境，如图 2-11、图 2-12 和图 2-13 所示。

2）选择"开始"→"程序"→"附件"→"命令提示符"进入 DOS。如图 2-14 和图 2-15 所示。

命令窗口的背景色和字体的颜色以及窗口的大小可以改变。方法为单击窗口左上角图标，选择"属性"，在弹出的属性窗口中可改变颜色和字体，如图 2-16 所示。

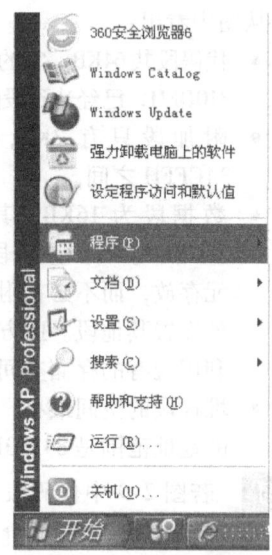

图 2-11 "开始"菜单下的"运行"命令

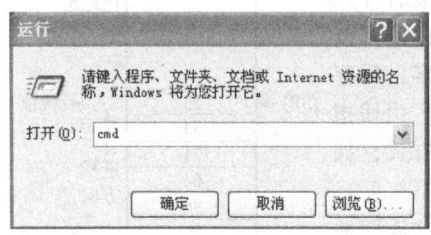

图 2-12 在"运行"对话框中输入 cmd

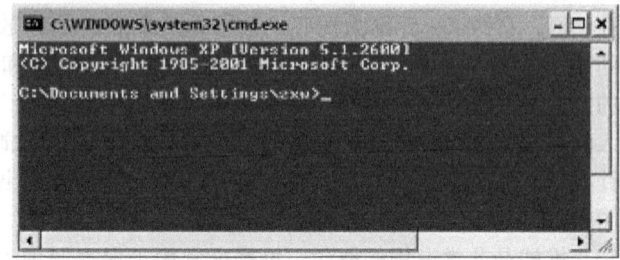

图 2-13 运行 cmd 进入 DOS 环境

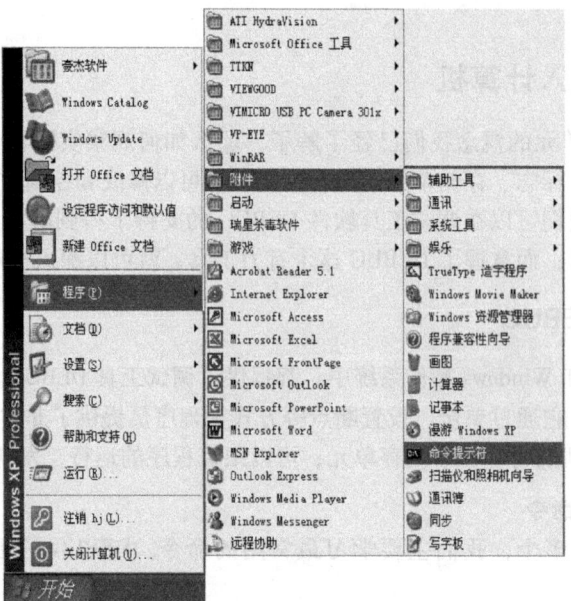

图 2-14 选择命令提示符

为清晰和干净起见，本书将 DOS 窗口改为白底黑字。

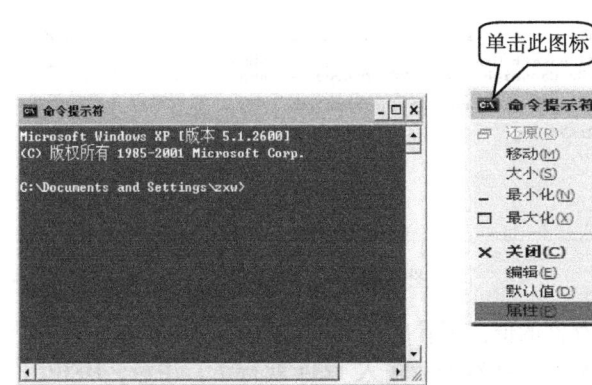

图 2-15　从命令提示符进入 DOS

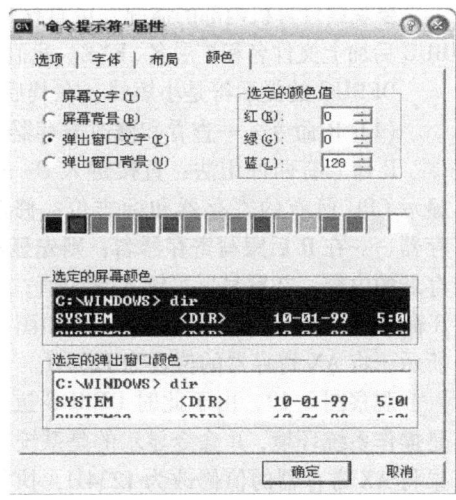

图 2-16　改变颜色和字体

3）DOS 命令。本书用到的简单的 DOS 命令如下：
- cd \ ——首先要用 cd \ 退回到根目录 C＞下。
- dir——显示文件列表。
- md hb——建立 hb 子目录。
- cd hb——进入 hb 子目录。
- copy d:\dos\masm.exe c:\hb——将 D 盘 dos 目录下的 masm.exe 拷贝到 C 盘 hb 目录下。
- copy d:\dos\link.exe c:\hb——将 D 盘 dos 目录下的 link.exe 拷贝到 C 盘 hb 目录下。
- cd . . ——退回到上一级目录。
- del\hb\masm.exe——删除 hb 子目录中的某文件。
- rd hb——删除 hb 子目录（子目录中的所有文件必须先删除）。
- e：——进入 e 盘。
- cls——清屏。
- type——显示文本文件内容（如 type c:\hb\abc.asm）。

DOS 和 DEBUG 命令都支持大小写。图 2-17 表示了上述命令的用法。

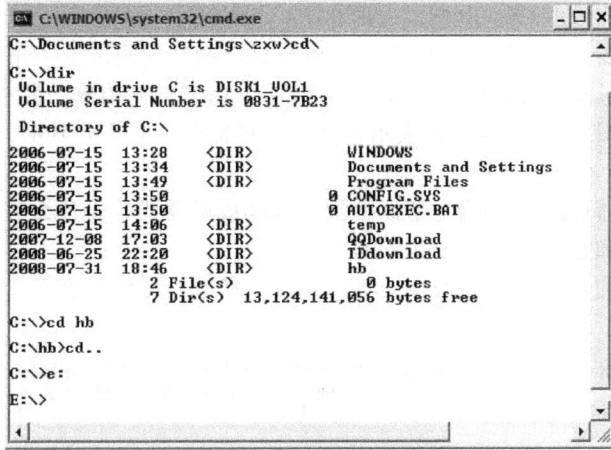

图 2-17　白底黑字的 DOS 命令窗口

3. 进入 DEBUG

要观察计算机内部的情况，可直接进入 DEBUG。如果要调试及观察可执行文件，则要在 DEBUG 后加上文件名和扩展名 .EXE。我们先观察，因此直接键入 DEBUG 进入系统，如图 2-18 所示。

DEBUG 的提示符是小短线，在其后输入命令。

（1）R 命令——查看和修改寄存器

R 命令有两种用法：直接键入 R——将显示 CPU 所有的寄存器和标志位；修改寄存器——在 R 后跟写寄存器名，则先显示寄存器的内容，在冒号后可键入新的值；再用 R 命令就可看到修改后的内容了。如图 2-19 所示，将 AX 寄存器的值改为 1234H。

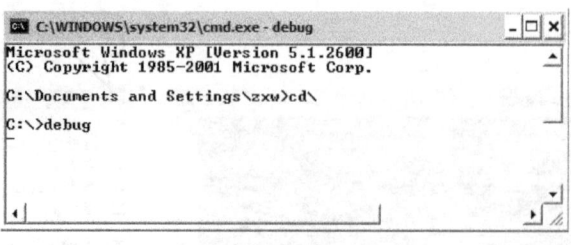

图 2-18　DEBUG 窗口

观察图 2-19，由于此时 DEBUG 进入的是操作系统环境，R 命令显示的是系统下的寄存器的值。可看出，AX、BX、CX、DX 均为 0，如果将 AX 寄存器的值修改为 1234H，执行 R AX 之后在冒号后输入 1234 就行了。注意，DEBUG 下的数据都是十六进制数。

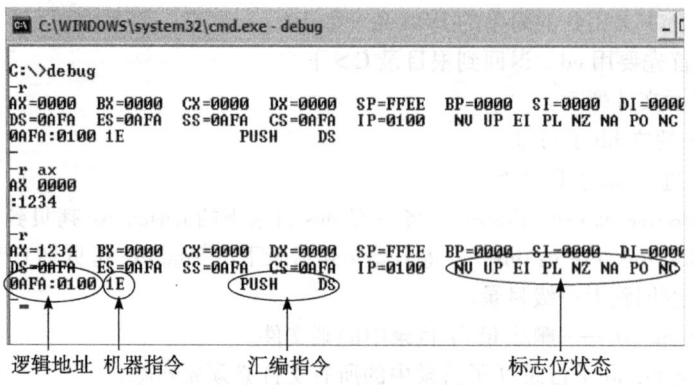

图 2-19　用 R 命令查看和修改寄存器

再来看 4 个段寄存器 DS、ES、SS、CS 的值都是 0AFAH，说明现在系统处在同一个逻辑段中。操作系统根据内存的情况为各段分配段地址，因此每台机器或每次运行时段地址值可能会不一样。IP 指令指针寄存器的值是 0100H，表示将要执行的指令在代码段的 0100H 单元中。该指令单元的逻辑地址应该由 CS：IP 构成，即 0AFA：0100H。

我们来看在寄存器的下面那一行的表示。该行显示的是代码段的一条指令的反汇编。所谓反汇编，指的是将二进制的机器指令显示成汇编指令。由三部分构成：最左边 0AFA：0100 表示该指令所在单元的逻辑地址，中间 1E 表示该指令的机器码，第 3 列显示为汇编指令 PUSH DS，该指令的作用是将 DS 入栈。

通过 DEBUG，我们就可以知道一条汇编指令翻译成机器代码是什么值了；反之也一样，对一条机器指令也可得知它代表什么汇编指令。

在图的右边显示的是 CPU 标志寄存器各标志位的状态，可对照表 2-1 观察一下现在系统的状态。

```
AX=1234   BX=0000   CX=0000   DX=0000   SP=FFEE   BP=0000   SI=0000   DI=0000
DS=0AFA   ES=0AFA   SS=0AFA   CS=0AFA   IP=0100        NV UP EI PL NZ NA PO NC
0AFA:0100 1E              PUSH    DS            ↑  ↑  ↑  ↑  ↑  ↑  ↑  ↑
                                                OF DF IF SF ZF AF PF CF
```

(2) D 命令——查看内存单元

前面我们学到，内存储器每 16 个字节单元为一小段，逻辑段必须从小段的首址开始。用 D 命令可以查看存储单元的地址和内容。

D 命令格式为：D　段地址：起始偏移地址［结尾偏移地址］

例如：

D DS：0　　　　　　查看数据段，从 0 号单元开始

D ES：0　　　　　　查看附加段，从 0 号单元开始

D DS：100　　　　　查看数据段，从 100H 号单元开始

D 0200：5 15　　　 查看 0200H 段的 5 号单元到 15H 号单元

D 命令的执行情况如图 2-20 所示。

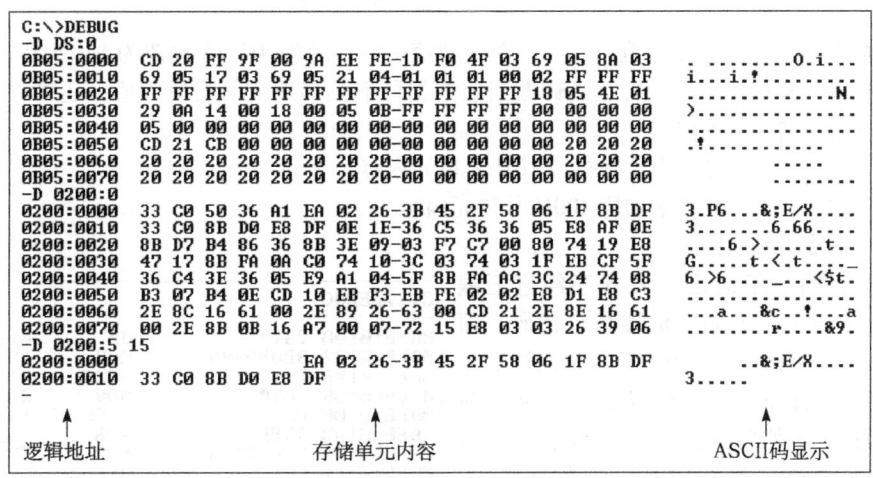

图 2-20　用 D 命令查看存储单元

其中左边一列为逻辑地址；中间部分为存储单元的内容，每行为 16 个字节单元，中间的小横线用于区分前 8 个单元和后 8 个单元。右边部分显示出内存单元中的 ASCII 码表示的字符，无法显示时用小点代替。图中第一行单元的偏移地址从 0000H 到 000FH，第二行单元的偏移地址为 0010H～001FH，以此类推。

图 2-20 中第一条 D 命令显示的是数据段存储单元的内容，可以看到数据段的段地址为 DS，其值 0B05H。0 号单元的内容为 CDH，1 号单元为 20H……第 15 号单元的内容为 03H；第二行 0010H 号（16 号）单元的内容为 69H，它是小写字母 i 的 ASCII 码，因此右边区域中显示了 i，表示该单元的值 69H 可以看成 ASCII 码。

第二条 D 命令显示 0200H 段中的内容，也是从 0 号单元开始。

第三条 D 命令从 0200H 段的 5 号单元开始显示直到 15H 号单元。

如果在 D 后面直接写出偏移地址，则显示当前数据段下偏移地址开始的内存单元，例如：

D 10　　　　从数据段 10H 号单元开始显示

D 100　　　 从数据段 100H 号单元开始显示

(3) E 命令——修改内存单元

用 E 命令可以修改多个存储单元的内容。格式为：

E 起始地址　修改值　修改值 …

例如，将数据段中的 0B05：3～0B05：5 三个单元的内容修改为 14、15、16。命令为

E DS：3 14 15 16

如图 2-21 所示。

```
C:\>DEBUG
-D DS:0
0B05:0000  CD 20 FF 9F 00 9A EE FE-1D F0 4F 03 69 05 8A 03   . .........O.i...
0B05:0010  69 05 17 03 69 05 21 04-01 01 01 00 02 FF FF FF   i...i.!.........
0B05:0020  FF FF FF FF FF FF FF FF-FF FF FF FF 18 05 4E 01   ..............N.
0B05:0030  29 0A 14 00 18 00 05 0B-FF FF FF FF 00 00 00 00   )...............
0B05:0040  05 00 00 00 00 00 00 00-00 00 00 00 00 00 00 00   ................
0B05:0050  CD 21 CB 00 00 00 00 00-00 00 00 00 00 20 20 20   .!...........
0B05:0060  20 20 20 20 20 20 20 20-20 20 00 00 00 20 20 20                
0B05:0070  20 20 20 20 20 20 20 20-20 20 00 00 00 00 00 00                
-E DS:3 14 15 16
-D DS:0 20
0B05:0000  CD 20 FF 14 15 16 EE FE-1D F0 4F 03 69 05 8A 03   . .........O.i...
0B05:0010  69 05 17 03 69 05 21 04-01 01 01 00 02 FF FF FF   i...i.!.........
0B05:0020  FF                                                .
-
```

图 2-21　用 E 命令修改存储单元

用 D 命令显示后，可以看到，这三个单元的值由原来的 9F 00 9A 修改为 14 15 16。

如果 E 后面直接跟偏移地址，则修改当前数据段下偏移地址所指单元值；还可以用 E 命令修改其他段的存储单元的内容。

E 10　　　　　　　修改当前数据段 10H 号单元内容

E ES:100　　　　　修改附加段 100H 号单元内容

（4）U 命令——反汇编

程序员编写的汇编语言源程序经过汇编（编译）后生成了二进制的机器指令代码，而 U 命令可将二进制的机器指令变为助记符形式的汇编指令，因此称为"反汇编"。通过 U 命令，我们可以得到机器指令与汇编指令的对照，了解机器指令的存储情况，如图 2-22 所示。

```
C:\>DEBUG
-U
0AFE:0100  7419          JZ      011B
0AFE:0102  8B0ED596      MOV     CX,[96D5]
0AFE:0106  E313          JCXZ    011B
0AFE:0108  B01A          MOV     AL,1A
0AFE:010A  06            PUSH    ES
0AFE:010B  33FF          XOR     DI,DI
0AFE:010D  8E06B496      MOV     ES,[96B4]
0AFE:0111  F2            REPNZ
0AFE:0112  AE            SCASB
0AFE:0113  07            POP     ES
0AFE:0114  7505          JNZ     011B
0AFE:0116  4F            DEC     DI
0AFE:0117  893ED596      MOV     [96D5],DI
0AFE:011B  BB3400        MOV     BX,0034
0AFE:011E  ED            IN      AX,DX
0AFE:011F  0AC7          OR      AL,BH
          ↑              ↑         ↑
        逻辑地址        机器指令    汇编指令
```

图 2-22　用 U 命令显示汇编程序段

左边为代码段中存储单元的逻辑地址，段地址 CS 的值为 0AFEH，偏移地址从 0100H 开始。紧靠偏移地址的一列为机器指令代码，右边部分是机器指令对应的汇编指令。例如，第一行中，机器指令为 7419H，它对应的汇编指令为 JZ 011B，该指令是条件转移指令，表示当结果为 0 时跳转到偏移地址 011BH 单元中的指令继续执行。而 0AFE:011BH 单元的指令为 MOV BX,0034，是一条传送指令。

注意：多次键入 U，可连续显示后面的程序部分。

U 后跟偏移地址，则从该地址开始反汇编。例如：

U 0　　　　　　　从代码段 0 号单元开始反汇编

U 100　　　　　　从代码段 100H 号单元开始反汇编

需要注意的是，图 2-22 中显示的程序代码并不是用户编写的程序，因为在输入 DEBUG 命令时没有写用户程序名.EXE。这段程序代码是系统代码段中保存的内容，有可能是系统程序，也有可能是无效的代码。

（5）A 命令——输入汇编指令

在 DEBUG 中，使用 A 命令可以输入汇编指令，系统自动地将键入的汇编指令翻译成机器代码，并相继地存放在从指定地址开始的存储区中。由于 DEBUG 下的数值默认为十六进制数，因此先要将十进制数转换成十六进制数。

例如，第 1 章提到的计算 Z = 35 + 27 的汇编指令为：

```
MOV AX,23H
ADD AX,1BH
MOV [0000],AX
```

加法的结果 Z = 62 = 3EH。变量 Z 用存储单元 [0000] 表示。这三条指令可在 DEBUG 下用 A 命令直接输入。输入 A 命令后，系统自动地给出逻辑地址为 0AEE:0100（CS:偏移地址），在其后输入汇编指令，回车后可输入下一条指令，直接回车则退出输入。操作过程如下：

```
C:\>DEBUG
-A
0AEE:0100 MOV AX,23
0AEE:0103 ADD AX,1B
0AEE:0106 MOV [0000],AX
0AEE:0109
-
```

也可以在 A 命令后给出指令的存放地址，如 A CS:0000，表示从代码段的 0 号单元开始存放输入的指令。

(6) T/P 命令——单步执行

输入完指令后，应该执行它。T 命令可以一条一条地执行指令。P 命令的作用与 T 命令相同，当遇到中断指令 INT n 和调用指令 CALL 时，应该使用 P 命令，以确保程序正常执行。这是因为 INT n 指令和 CALL 指令都要转移到子程序去执行，T 命令进入子程序后可能无法返回；而 P 命令则直接执行该指令，并将结果带回。遇到循环指令 LOOP 时也应该使用 P 命令，可以使循环快速结束。

本次执行前，先查看指令指针寄存器 IP 的值是否为 0100，如果不是，用 R IP 命令修改为 0100。表示现在要从 CS:0100 单元开始执行指令。T 命令每执行一次，都要显示当前寄存器的状况，我们可以随时了解指令的执行情况。计算 Z = 35 + 27 的汇编指令的执行过程如图 2-23 所示。

```
-R
AX=0000  BX=0000  CX=0000  DX=0000  SP=FFEE  BP=0000  SI=0000  DI=0000
DS=0AEE  ES=0AEE  SS=0AEE  CS=0AEE  IP=0100   NV UP EI PL NZ NA PO NC
0AEE:0100 B82300        MOV     AX,0023
-T

AX=0023  BX=0000  CX=0000  DX=0000  SP=FFEE  BP=0000  SI=0000  DI=0000
DS=0AEE  ES=0AEE  SS=0AEE  CS=0AEE  IP=0103   NV UP EI PL NZ NA PO NC
0AEE:0103 051B00        ADD     AX,001B
-T

AX=003E  BX=0000  CX=0000  DX=0000  SP=FFEE  BP=0000  SI=0000  DI=0000
DS=0AEE  ES=0AEE  SS=0AEE  CS=0AEE  IP=0106   NV UP EI PL NZ NA PO NC
0AEE:0106 A30000        MOV     [0000],AX                     DS:0000=20CD
-T

AX=003E  BX=0000  CX=0000  DX=0000  SP=FFEE  BP=0000  SI=0000  DI=0000
DS=0AEE  ES=0AEE  SS=0AEE  CS=0AEE  IP=0109   NV UP EI PL NZ NA PO NC
0AEE:0109 139983FB      ADC     BX,[BX+DI+FB83]               DS:FB83=0000
-D DS:0 F
0AEE:0000  3E 00 FF 9F 00 9A EE FE-1D F0 4F F3 52 05 8A 03   >.........O.R...
```

图 2-23　用 T 命令单步执行三条指令

第一次执行 T 命令后，AX 寄存器的值改为 0023，第二次执行后，AX 的值变成 003E 了，说明已经执行完加法 ADD 指令了，第三次执行 T 后，寄存器的值并未发生变化，说明第三条指令没有对寄存器操作。第三条指令 MOV [0000]，AX 是把结果保存到数据段的存储单元 0 号字单元中，用 D 命令查看该单元的值已经为 003EH 了（两个字节单元为一个字单元）。

T 命令还可以连续执行多条指令。如上例中连续执行 3 条指令，可用如下 T 命令：

-T 3

T 命令也可以设置开始地址和执行条数。如上例中从 0100H 开始连续执行 3 条指令，可用如下 T 命令：

－T＝0100　3

（7）G 命令——连续执行程序

有关连续执行命令 G 的用法我们放到后面章节中学习。

（8）Q 命令——退出 DEBUG

键入 Q，回车后退出 DEBUG，返回到 DOS 下。

2.5.2 实验任务

实验目的

练习常用的 DOS 命令，熟练掌握 DEBUG 的主要命令的用法，为下一步编程打下基础。

实验内容

1. DOS 命令用法

1）用两种方法在 Windows 中进入 DOS 环境。

2）用 DIR 命令查看根目录下的文件。

3）用 CD 命令进入 Program Files 子目录，并查看子目录中的文件。

2. DEBUG 命令用法

1）进入 DEBUG，用 D 命令查看数据段中 0100H～0200H 单元的内容。

2）用 U 命令查看代码段中 0100H 开始的程序。

3）用 R 命令查看并修改 IP 寄存器的值为 0。

4）用 E 命令修改数据段 5 号、6 号单元的内容为 12、34。

5）用 A 命令实现 Z＝56＋41，用 T 命令执行并用 D 命令查看结果。

实验要求

1）写出相关命令或操作步骤。

2）实验内容用截图形式记录实验结果。

3）写出实验结果分析。

实验拓展

1）根据自己的理解和喜好，提出并完成若干种相关实验内容。

2）这些实验对你有何启发？

习题二

2.1　写出冯·诺依曼计算机的基本特点。

2.2　如何解决内存速度与 CPU 速度不匹配的问题？

2.3　写出计算机总线的分类与作用。

2.4　简述 8086 CPU 寄存器的分组及各自的作用。

2.5　标志寄存器中都有哪些标志位与计算结果有关？

2.6　简述逻辑地址与物理地址的概念，两者的关系。

2.7　存储器为什么要分段？如何分段？

2.8　8086 系统把存储器分为哪 4 种类型的段？各自的特点是什么？

2.9　8086 CPU 的地址线为 20 根，寻址空间为 1MB。最少可划分为多少个逻辑段？最多呢？

2.10　在 4 种类型的段中通常使用哪些寄存器表示逻辑地址？

2.11　字节单元和字单元如何区分？若给出一个地址，如何知道要访问的是字节单元还是字单元？

2.12　偶地址单元和奇地址单元在保存数据上有区别吗？

2.13　有一个 32K 字节的存储区，首地址是 3302∶5AC8H，写出其首单元和末单元的物理地址。

2.14　什么是有效地址？如何获得有效地址？

2.15　存储单元地址和内容表示如下，请画出存储单元的存放形式。
1) (1280AH) = 3456H
2) (20021H) = 4DH
3) (33450H) = 37A520D1H

2.16 根据逻辑地址计算出物理地址，并解释逻辑地址与物理地址的对应关系。
1) 2389:3DE9H　2) 1230:EC92H
3) 14D9:C202H

2.17 给出段地址和偏移地址如下，计算出对应的物理地址。
(CS) = 54C3H, (ES) = 2569H, (DS) = 1200H, (SS) = 4422H, (BX) = 5678H, (SP) = 9945H, (IP) = 0E54H, (DI) = 63B1H

2.18 已知堆栈区大小为512字节，栈底单元的物理地址为15230H。将两个字入栈保存后，当前栈指针所指单元的物理地址是多少？堆栈区中还能保存多少个数据？

2.19 写出修改当前数据段200H开始的数据区数据的DEBUG命令。

2.20 对当前代码段从100H开始反汇编的DEBUG命令是什么？

2.21 在DEBUG下，要将寄存器CX的值修改为100H，应该执行什么命令？

2.22 在DEBUG下，怎样将数据段的0～3号字节单元填入'a'、'b'、'c'、'd'？

测验二

1. 在微机系统中分析并控制指令执行的部件是_____。
   A. 寄存器　　　　　B. 数据寄存器
   C. CPU　　　　　　D. EU

2. 在计算机的CPU中执行算术逻辑运算的部件是_____。
   A. ALU　　　　　　B. PC
   C. AL　　　　　　 D. AR

3. 执行指令PUCH CX后堆栈指针SP自动_____。
   A. +2　　　　　　　B. +1
   C. −2　　　　　　　D. −1

4. 在标志寄存器中表示溢出的标志是_____。
   A. AF　　　　　　　B. CF
   C. OF　　　　　　　D. SF

5. 对汇编语言源程序进行翻译的程序是_____。
   A. 连接程序　　　　B. 汇编程序
   C. 编译程序　　　　D. 目标程序

6. 在汇编语言中，能够翻译成二进制代码的指令是_____。
   A. 汇编指令　　　　B. 伪指令
   C. 机器指令　　　　D. 宏指令

7. 计算机中存储信息的基本单位是一个_____位。
   A. 二进制　　　　　B. 八进制
   C. 十进制　　　　　D. 十六进制

8. 若计算机字长16位，则无符号整数的范围用十六进制表示为_____。
   A. 8000H ~ FFFFH　　B. 0000H ~ 7FFFH
   C. 0000H ~ FFFFH　　D. 0001H ~ FFFFH

9. 在计算机中一个字节由_____位二进制数组成。
   A. 2　　　　　　　B. 4
   C. 8　　　　　　　D. 16

10. 将高级语言程序翻译成机器语言代码的实用程序是_____。
    A. 编译程序　　　　B. 汇编程序
    C. 解释程序　　　　D. 目标程序

11. 设物理地址 (10FF0H) = 10H，(10FF1H) = 20H，(10FF2H) = 30H，从地址10FF1H中取出一个字的内容是_____。
    A. 1020H　　　　　B. 3020H
    C. 2030H　　　　　D. 2010H

12. 用_____指出下一条要执行的指令所在单元的偏移地址。
    A. IP　　　　　　　B. SP
    C. 通用寄存器　　　D. 段寄存器

13. 代码段寄存器是_____。
    A. IP　　　　　　　B. SP
    C. DS　　　　　　　D. CS

14. 某数据段存储单元的偏移地址为2200H ~ 31FFH，则其存储空间大小是_____。

A. 2K　　　　　　　B. 4K
C. 8K　　　　　　　D. 16K

15. 在 8086 标志寄存器中，ZF = 1 表示_____。
    A. 结果有进位　　　B. 结果为 0
    C. 结果溢出　　　　D. 结果为负

16. 两个操作数运算时，下列哪种结果会发生溢出_____。
    A. 两个负数相加，结果为负
    B. 两个正数相加，结果为负
    C. 一正一负相加，结果为负
    D. 两个正数相加，结果为正

17. 设有一个双精度数 12A034B0H，将它存入双字单元 12000H，那么 12003H 中存放的是_____。
    A. B0H　　　　　　B. 34H
    C. A0H　　　　　　D. 12H

18. 堆栈段的逻辑地址由_____组成。
    A. DS：BX　　　　 B. ES：DI
    C. CS：IP　　　　　D. SS：SP

19. 代码段某单元的逻辑地址为 3458：2C92H，其物理地址为_____。
    A. 37212H　　　　B. 36FF2H
    C. 34580H　　　　D. 32C92H

20. 物理地址的计算公式是_____。
    A. 段地址×10 + 偏移地址
    B. 偏移地址×10 + 段地址
    C. 段地址×10H + 偏移地址
    D. 偏移地址×10H + 段地址

21. 在 8086 系统中，数据寄存器组为_____。
    A. SI、DI、SP、BP
    B. AX、BX、CX、DX
    C. CS、DS、ES、SS
    D. CF、SF、ZF、OF

22. 在内存中，每一小段的大小为_____。
    A. 64KB　　　　　B. 16KB
    C. 64B　　　　　　D. 16B

23. 查看用户程序中数据段 10 号存储单元的 DEBUG 命令是_____。
    A. D DS：A　　A　　B. D DS：A
    C. D DS：10　10　　D. D DS：10

24. 在 DEBUG 下，修改寄存器 AX 的命令是_____。
    A. U　AX　　　　　B. R　AX
    C. R　　　　　　　D. A　AX

25. 从 200H 开始反汇编的 DEBUG 命令是_____。
    A. U 200　　　　　B. R 200
    C. D 200　　　　　D. U

第3章

指令系统与寻址方式

设问：
1. 汇编指令的特点是什么？
2. 汇编指令中出现寄存器、存储器吗？
3. 指令中的操作数在哪儿存放？
4. 为什么要有寻址方式？

3.1 汇编语言指令

汇编语言有三种指令形式，分别是汇编指令、伪指令、宏指令。汇编指令是从机器指令演化而来的，它和机器密切相关。制作微处理器 CPU 的厂商都提供了与微处理器配套的汇编指令系统，便于人们使用。因此，汇编指令专属于同一系列的计算机。本章以 Intel 8086 指令系统为基础介绍指令的概念及寻址方式。有关伪指令和宏指令的概念在后面的章节中介绍。

3.1.1 机器指令

机器指令也称为代码指令，它是计算机能识别的一组二进制代码。机器指令用于指出计算机要进行的基本操作以及操作的对象。所谓操作，指的是要做的各种运算、数据传送、控制转移等，而操作对象指的是数或数的存放位置。不同的机器操作由不同的代码指令来实现，代码指令与机器操作一一对应。而不同的机器类型其代码指令也不相同，不可互换。

例 在 8086 微机中，用机器指令实现将 7 加 3 的结果存入 5 号字节单元的操作。
共需要三条机器指令实现。机器指令如下：

1011 0000 0000 0111B
B007H

作用：把数"7"送到 AL 中。

0000 0100 0000 0011B
0403H

作用：把数"3"与 AL 内容相加，结果放在 AL 中。

1010 0010 0101 0000 0000 0000B

```
A25000H
```

作用:把 AL 中的内容送到地址为 5 的存储单元中。

从上例中看出,机器指令可以用二进制表示也可以用十六进制表示,指令的长度也可以不一样。如前两条指令的长度为 2 字节,第三条指令的长度为 3 字节。

3.1.2 汇编指令

1. 指令格式

在汇编语言中,采用便于记忆和理解的助记符形式的汇编指令代替机器指令。汇编指令由操作码字段和操作数字段构成。其中,操作码字段采用类英文单词的助记符来指明指令操作的性质;操作数字段由寄存器、存储单元、立即数等构成,用来指明被操作的数据的值或数据的存放位置。指令格式:

| 操作码字段 | 操作数字段 |

操作数字段可以有一个、两个或三个,分别称为单操作数指令、双操作数指令、三操作数指令。由于指令执行时要指出操作数的地址,因此又分别称为一地址指令、二地址指令和三地址指令。如果只有操作码,没有操作数,则称为零地址指令。

对于双操作指令,第一个操作数称为目的操作数,表示操作后的结果;第二个操作数称为源操作数,表示来源操作数。两者以逗号分隔。

```
MOV    AX,BX
操作码  目的操作数,源操作数
```

例1 单操作数指令(一地址指令)(分号后为注释语句)

```
INC  AX          ;加1 指令。将字操作数 AX 中的数值加1
DEC  BL          ;减1 指令。将字节操作数 BL 中的数值减1
PUSH AX          ;进栈指令。将 AX 中的字压入堆栈
JMP  LA1         ;无条件转移指令。程序转移到标号为 LA1 的指令继续执行
```

例2 双操作数指令(二地址指令)

```
MOV AX,5         ;传送指令。将操作数 5 送入目的操作数 AX
ADD AX,BX        ;加法指令。将 AX 和 BX 相加,结果再放入 AX
```

例3 三操作数指令(三地址指令)

```
IMUL EBX,[ESI],7 ;乘法指令。存储单元[ESI]中的数与7 相乘,乘积放入 EBX 寄存器中(80386 机器指令)
```

例4 无操作数指令(零地址指令)

```
CBW              ;字节转换为字指令
CLC              ;进位标志 CF 清零
NOP              ;不操作指令
HLT              ;停机指令
```

例5 用汇编指令实现将 7 加 3 的结果存入 5 号字节单元的操作。

```
MOV AL,7
ADD AL,3
MOV DS:[5],AL
```

2. 指令属性

- 指令长度——根据指令的功能不同,指令的长度也不一样(以字节为单位),分为单字节、双字节、三字节、四字节和多字节指令等。指令的长度会影响存储空间。在编写程

序时，如果有多种类型的指令可完成相同的任务，那么选用较短的指令可有效地压缩程序占用的存储空间。
- 指令的执行时间——指令的执行时间（以 CPU 时钟周期为单位）也是一个重要的属性。它会影响程序的执行速度，因此采用执行时间较少的指令可提高程序的运行速度。

例如，要做 AX 乘以 2 运算，可以采用乘法指令实现，也可以用算术左移指令实现。如果用乘法指令 IMUL，指令的长度为 2 字节，执行时间为 80 个时钟周期；采用移位指令 SAL，指令长度为 2 字节，执行时间为 2 个时钟周期。

再如，同样是加法指令，用"ADD AX, BX"指令实现两个寄存器相加，指令长度为 2 字节、执行时间为 3 个时钟周期；而用"ADD DS：[2000H]，AX"指令实现存储单元和寄存器的内容相加，结果再放回存储单元，则指令长度为 4 字节、执行时间为 16 个时钟周期。

指令系统中各种指令的长度和执行时间可参考附录 A。

3.1.3 指令系统

1. 指令系统的定义

指令系统是计算机所能执行的各种代码指令的集合。计算机体系不同，指令系统也不同，不可互换。

在这里，不同的计算机体系主要是指 CPU 系列的不同。同系列 CPU 的指令系统一般向上兼容，如 Intel 80X86 系列。

2. 指令的分类

8086 的指令共分为六大类：
- 数据传送指令
- 算术运算指令
- 逻辑运算指令
- 串处理指令
- 控制与转移指令
- 处理机控制指令

3.2 指令的寻址方式

3.2.1 寻址方式

学习汇编语言指令、编写汇编语言程序首先要学习和掌握指令的寻址方式，这样才能充分理解指令的含义，才能巧妙地利用不同的寻址方式实现复杂的程序功能。

所谓寻址方式，即指令中提供操作数或操作数地址的方式。通俗地说就是寻找操作数地址的方法。寻址方式的数量代表了微机系统对存储器管理能力的强弱，合理地使用寻址方式可以扩大访问空间，缩短指令长度，满足各种程序设计需要。

在汇编语言中，操作数分为数据操作数和转移地址操作数两大类。按照操作数类型的不同，寻址方式也分为两大类：与数据有关的寻址方式和与转移地址有关的寻址方式。

在指令系统中，转移指令中操作数的值代表下一条要执行的指令的地址，如 JMP LA1，其含义是无条件地跳转到标号为 LA1 的指令去执行，其中 LA1 就是 JMP 指令的操作数。LA1 称为标号，是另外一条指令的符号地址，标号可以用任意字母和数字表示。转移指令及其寻址方式用于分支程序、循环程序等需要程序转移执行的情况。子程序调用指令 CALL 也是做程序转移。除了转移指令、循环指令、子程序调用指令等与转移地址有关之外，其他指令的寻址方式都与数据有关。

本章学习与数据有关的寻址方式,与转移地址有关的寻址方式在第 5 章再介绍。

对于数据操作数而言,数据有可能存放在内存中,也有可能放在 CPU 的寄存器中,还有可能直接写在指令中。如果不在内存中存放,操作数就没有逻辑地址的概念,CPU 不用访问存储器就可以得到操作数;如果操作数在内存中,那么操作数的偏移地址以有效地址 EA(Effective Address)表示。因此,我们将与数据有关的寻址方式划分为三类:立即寻址方式、寄存器寻址方式、存储器寻址方式。

本章要求掌握 7 种与数据有关的寻址方式。其中后 5 种属于存储器寻址方式。

- 立即寻址方式(immediate addressing)
- 寄存器寻址方式(register addressing)
- 直接寻址方式(direct addressing)
- 寄存器间接寻址方式(register indirect addressing)
- 寄存器相对寻址方式(register relative addressing)
- 基址变址寻址方式(based indexed addressing)
- 相对基址变址寻址方式(relative based indexed addressing)

3.2.2 立即寻址方式

所要找的操作数直接写在指令中,这种操作数叫立即数。指令中有立即数的寻址方式叫立即寻址。在 8086、80286 中立即数是 8 位或 16 位的,在 80386 以上可以是 32 位的立即数。立即寻址方式用来表示常数。需要注意两个问题:1)立即寻址只能用于源操作数字段;2)立即数的类型必须与目的操作数的类型一致,目的操作数是字节,立即数也必须是字节,或者两者都是字。

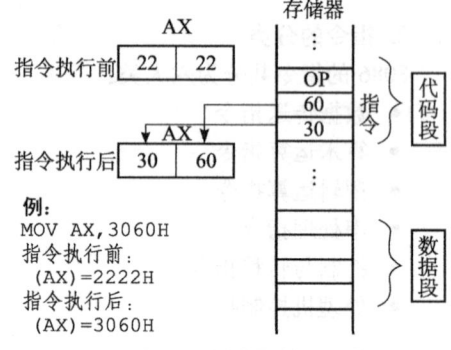

图 3-1 立即寻址方式

例 MOV AX,3060H
    MOV AL,5
    MOV BL,0FFH
    MOV BX,0A46DH
    MOV CX,23

立即寻址方式的操作数就在指令中,而指令本身在代码段中存放。当取指令时操作数作为指令的一部分一起取出来存入 CPU 的指令队列中。执行该指令时,直接得到立即数。图3-1给出了立即寻址方式指令执行前后的情况。

3.2.3 寄存器寻址方式

在寄存器寻址方式中,操作数在寄存器中,在指令中指定寄存器名即可。寄存器可以是 8 位或 16 位的。CPU 在寄存器中得到操作数,不用访问内存。这种寻址方式指令短、速度快,但可用的资源少。

8 位寄存器:AH、AL、BH、BL、CH、CL、DH、DL
16 位寄存器:AX、BX、CX、DX、SI、DI、BP、SP

例 1   MOV AX,BX   ;两个操作数(16 位)都是寄存器寻址

执行前(AX)=0000H (BX)=1234H,
执行后(AX)=1234H (BX)=1234H。

例 2   MOV CL,AH   ;两个操作数(8 位)都是寄存器寻址

例 3   MOV AX,4650H   ;目的操作数是寄存器寻址,源操作数是立即寻址

3.2.4 存储器寻址方式

存储器寻址方式表明操作数存放在内存中，要想得到操作数，CPU 必须经过系统总线访问存储器。在编写汇编程序时存储器的地址是以逻辑地址形式表示的，因此这一类寻址方式在指令中要表示出有效地址 EA。需要注意的是，对于双操作数指令而言，两个操作数不允许同时用存储器寻址方式，即不允许两个操作数都是存储单元。

存储器寻址方式要求掌握以下 5 种。

1. 直接寻址方式

操作数存放在内存中。指令形式如下：

```
MOV AX,DS:[2000H]
```

操作数的有效地址 EA 直接写在指令中，用中括号里的数值作为操作数的偏移地址（有效地址）。操作数的段地址为数据段，由 DS 指出，即操作数本身存放在数据段中。CPU 在取指令阶段可直接取得操作数的 EA，因而称为直接寻址方式。CPU 根据 EA 和段地址 DS 计算出物理地址后，再访问存储器取出操作数的数值。

$$操作数的物理地址 = (DS) \times 10H + EA$$

在书写汇编语言源程序时，对于直接寻址方式而言，必须用前缀"DS："指出该单元在数据段中。例如，DS：[2000H] 代表一个数据段的存储单元，其偏移地址为 2000H。如果没写前缀"DS："，则系统在用 MASM 汇编时就认为 2000H 是立即数而不是偏移地址。但是如果是用 DEBUG 的 A 命令输入指令，就不要加上前缀，系统均默认为数据段。

直接寻址方式适于处理单个变量。在本书中，我们将存储单元看成变量，存储单元的名字（偏移地址）为变量名，存储单元的内容为变量值。

(1) 存储器读操作

MOV 指令可以实现 CPU 对存储器的读写。若传送指令的目的操作数是 CPU 的寄存器，源操作数是存储单元，就完成了对存储器的读操作。至于读出的是字还是字节，要看目的操作数的寄存器是字型的还是字节型的。

例 1 `MOV AX,DS:[2000H]`

该指令表示从数据段的 2000H 单元读出一个字送入 AX。
已知（DS）=1500H，(17000H)=31H，(17001H)=65H，(AX)=1020H。则

　　有效地址　EA=2000H
　　物理地址=(DS)×10H+EA
　　　　　=15000H+2000H=17000H

执行指令后：(AX)=6531H

图 3-2 给出了直接寻址方式指令（读内存）执行前后的情况。

本例中采用直接寻址方式的操作数是源操作数，该指令的作用是将物理地址 17000H 存储单元中的一个字送入 AX 寄存器。这实际上就是完成 CPU 读内存操作。

(2) 存储器写操作

如果要实现 CPU 写内存操作，只要把 MOV 指令的目的操作数变为存储单元，源操作数为 CPU 的寄存器即可。

例 2 `MOV DS:[4000H],AX`

将 AX 的值写入数据段的 4000H 单元。已知（DS）=1500H，(AX)=3946H。则

　　有效地址　EA=4000H
　　物理地址=(DS)×10H+EA
　　　　　=15000H+4000H=19000H

执行指令后：(19000H)=46H
(19001H)=39H

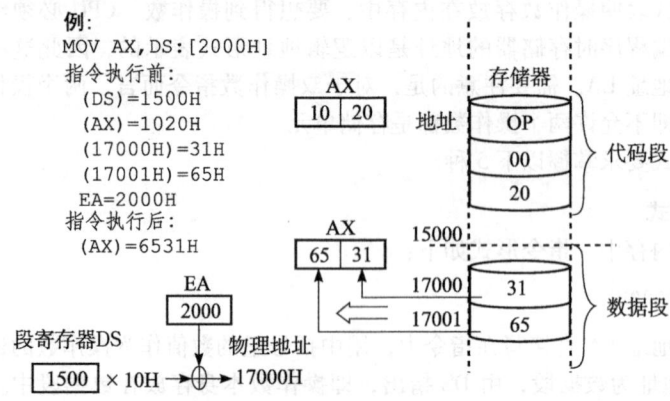

图 3-2 直接寻址方式（读内存）

图 3-3 给出了直接寻址方式指令（写内存）执行前后的情况。

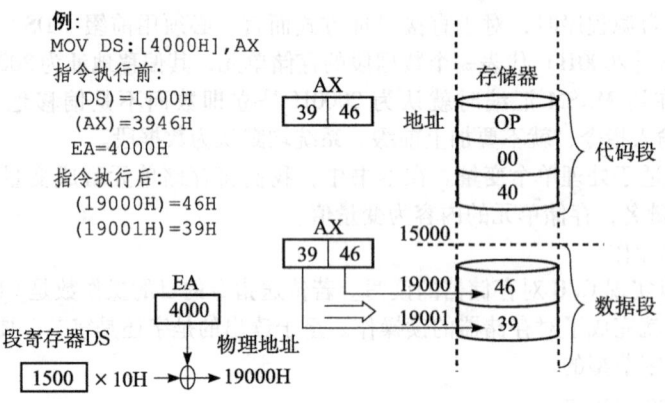

图 3-3 直接寻址方式（写内存）

（3）符号地址

直接寻址方式除了用数值作为有效地址之外，还可以用符号地址的形式。为存储单元定义一个名字，该名字就是符号地址。如果把存储单元看成变量，该名字也是变量名。

采用符号地址时，如果用数据定义伪指令 DB、DW 等定义的存储单元名字，其对应的段默认为数据段；但是若用 EQU 符号定义伪操作来定义符号地址，则需要加上前缀"DS:"。

在程序中使用符号地址，可以方便程序员的编写和记忆。汇编语言源程序在汇编时，符号地址被转换为实际的偏移地址值。

例3　　VALUE DW 5678H　　　　;DW 数据定义伪指令
　　　　　　MOV AX,VALUE　　　　　;VALUE 是符号地址，也可以用中括号括起来
　　　　　　MOV AX,[VALUE]　　　　;段地址默认为数据段 DS

该指令表示从数据段的 VALUE 单元读出数据 5678H 送入 AX。

　　有效地址 EA = VALUE = 1000H　　　　　　　　　　　　　　;设 VALUE = 1000H
　　物理地址 =(DS)×10H + EA = 15000H + 1000H = 16000H　　;设 (DS) = 1500H
　　若 (16000H) = 5678H
　　执行指令后：(AX) = 5678H

（4）段超越

在与内存有关的寻址方式中，操作数的段地址默认为数据段。80X86规定数据除了存放在数据段外还可以存放在其他三种段中。如果操作数在其他段中存放，称为段超越，需要在指令中用段超越前缀指出，即用操作数前加上段寄存器名和冒号表示。

例4
```
VALUE EQU 1000H        ;EQU 符号定义伪指令,表示 VALUE =1000H
MOV AX,DS:[VALUE]      ;存储单元在数据段
MOV AX,ES:[VALUE]      ;ES:段超越前缀,指出操作数在附加段
```

若已知（ES）=3600H，EA=VALUE=1000H，则有段超越前缀ES的指令源操作数的物理地址计算为：

物理地址 =（ES）×10H + EA = 36000H + 1000H = 37000H

若字单元（37000H）= 9091H

执行第二条指令后：（AX）= 9091H

注意：上述指令形式是在汇编源程序中的书写格式，在DEBUG下用A命令输入寻址方式指令时，不能使用符号地址，要改为具体的偏移地址值；用段超越指令时，需要将段超越前缀单独在一行输入，不要写在MOV指令中。在DEBUG下也不识别伪指令，因此EQU等伪指令不能用A命令输入。如下所示：

```
C:\hb>debug
-a
0AF0:0100 mov ax,[1000]
0AF0:0103 es:
0AF0:0104 mov ax,[1000]
0AF0:0107
-
```

练习 已知（DS）=1500H，（SS）=2500H，（ES）=4350H，TABLE=4780H，VALUE=7567H，求下列指令操作数的物理地址，并指出指令的作用。

```
MOV AX,DS:[3A47H]
MOV SS:[2976H],CX
MOV DL,ES:[TABLE]
MOV [VALUE],BH
```

2. 寄存器间接寻址方式

操作数存放在内存中。指令形式如下：

```
MOV AX,[BX]
```

操作数的EA在基址寄存器BX、BP或变址寄存器SI、DI中，而操作数的段地址在数据段DS或堆栈段SS中。如果有效地址由BX、SI、DI指出，则默认为对应于数据段，而用BP指出则对应于堆栈段。

$$操作数的物理地址 = (DS) \times 10H + \begin{cases} (BX) \\ (SI) \\ (DI) \end{cases}$$

$$操作数的物理地址 = (SS) \times 10H + (BP)$$

由于EA是间接从寄存器中得到的，所以称为寄存器间接寻址方式。8086 CPU只允许BX、BP、SI、DI这四个寄存器作为间址寄存器。

在这种寻址方式中，操作数同样也可以用段超越前缀。此寻址方式适于简单的表格处理。

例1 `MOV AX,[BX]`   ;从存储单元中读出一个字送到AX寄存器

已知 (DS) = 1500H, (BX) = 4580H, 则
  EA = (BX) = 4580H
  物理地址 = (DS) × 10H + EA = 15000H + 4580H = 19580H
若 (19580H) = 2364H
执行指令后：(AX) = 2364H
图 3-4 给出了寄存器间接寻址方式指令执行前后的情况。

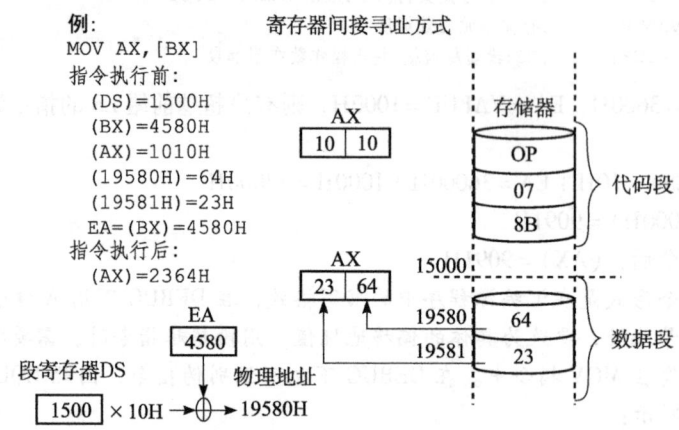

图 3-4 寄存器 BX 的值作为有效地址 EA

例 2 MOV SS:[DI],AX ;将 AX 中的字写入 SS 段中的目的操作数单元

已知 (SS) = 2500H, (DI) = 5318H
  EA = (DI) = 5318H
  物理地址 = (SS) × 10H + EA = 25000H + 5318H = 2A318H
若 (AX) = 2468H
执行指令后：(2A318H) = 68H
     (2A319H) = 24H

练习 已知 (DS) = 1500H, (SS) = 2500H, (ES) = 4350H, (BX) = 4080H, (BP) = 7567H, (SI) = 9578H, (DI) = 8456H，求下列指令操作数的物理地址，并指出指令的作用。

```
MOV AH,SS:[BX]
MOV [SI],CX
MOV DL,[BP]
MOV ES:[DI],DH
```

3. 寄存器相对寻址方式

操作数存放在内存中。指令形式如下：

```
MOV AX,[BX+1234H]
```

操作数的 EA 是一个基址或变址寄存器的内容再加上 8 位或 16 位位移量之和。

$$操作数的物理地址 = (DS) \times 10H + \begin{Bmatrix} (BX) \\ (SI) \\ (DI) \end{Bmatrix} + 8 位 (16 位) 位移量$$

$$操作数的物理地址 = (SS) \times 10H + (BP) + 8 位 (16 位) 位移量$$

由于有相对的位移量，所以称为寄存器相对寻址方式。此寻址方式常用于查表操作。可利用寄存器做首地址，用位移量做指针寻找表中特定的单元；或用位移量做表格的首地址，用寄存器

做指针,来连续查表。

例1 MOV AX,TOP[SI]   ;TOP 是符号地址,即位移量

已知(DS)=1500H,(SI)=7310H,TOP=25H,则

有效地址　EA=(SI)+TOP=7310H+25H=7335H

物理地址=(DS)×10H+EA=15000H+7335H=1C335H

若(1C335H)=2428H

执行指令后:(AX)=2428H

图 3-5 给出了寄存器相对寻址方式指令执行前后的情况。

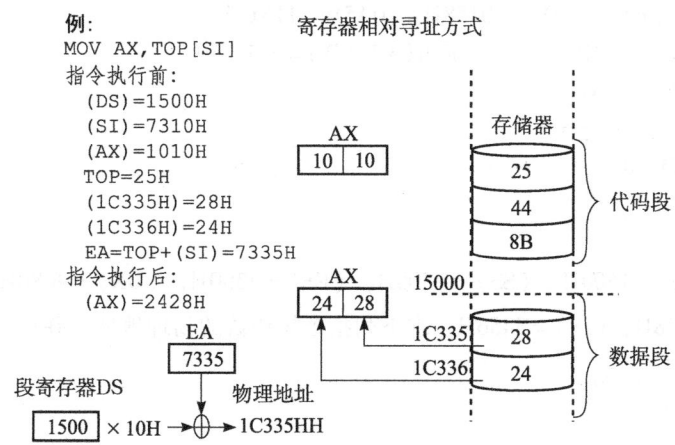

图 3-5　用寄存器 SI 加上相对位移量 TOP 作为 EA

例2 MOV [BX+2623H],AX   ;位移量也可以写在中括号内

或写成

MOV [BX].2623H,AX   ;位移量可用小点连接

已知(DS)=1500H,(BX)=6854H,则

有效地址 EA=(BX)+2623H=8E77H

物理地址=(DS)×10H+EA=15000H+8E77H=1DE77H

若(1DE77H)=3567H

执行指令后:(AX)=3567H

练习 已知(DS)=1500H,(SS)=2500H,(ES)=4350H,(BX)=4080H,(BP)=7567H,(SI)=9578H,(DI)=8456H,COUNT=2345H,TOP=6930H,求下列指令操作数的物理地址,并指出指令的作用。

MOV AH,ES:TOP[BX]
MOV COUNT[SI],CX
MOV DL,[BP+1250H]
MOV SS:[DI].23H,DH

4. 基址变址寻址方式

操作数存放在内存中。指令形式如下:

MOV AX,[BX+SI]

操作数的 EA 为一个基址寄存器和一个变址寄存器的内容之和。该寻址方式可用于二维表的

处理。

$$\text{操作数的物理地址} = (DS) \times 10H + \begin{cases} (BX) + (DI) \\ (BX) + (SI) \end{cases}$$

$$\text{操作数的物理地址} = (SS) \times 10H + \begin{cases} (BP) + (SI) \\ (BP) + (DI) \end{cases}$$

例1　MOV AX,[BX+DI]

执行前：已知（DS）=2100H,（BX）=0158H,（DI）=10A5H,（221FD）=34H,（221FE）=95H,（AX）=0FFFFH,则

有效地址 EA =（BX）+（DI）= 0158H + 10A5H = 11FDH

物理地址 =（DS）× 10H + EA = 21000H + 11FDH = 221FDH

执行后：（AX）= 9534H

例2　MOV AX,ES:[BX][SI]
　　　　MOV DX,[BP][SI]
　　　　MOV [BX+DI],CX
　　　　MOV [BP+SI],AL

练习　已知（DS）=1500H,（SS）=2500H,（ES）=4350H,（BX）=4080H,（BP）=7567H,（SI）=9578H,（DI）=8456H,求下列指令操作数的物理地址，并指出指令的作用。

```
MOV AH,ES:[SI+BX]
MOV [BP+DI],CX
MOV DL,[BX+DI]
MOV SS:[BX+SI],DH
```

5. 相对基址变址寻址方式

操作数存放在内存中。指令形式如下：

```
MOV AX,[BX+SI+1234H]
```

操作数的 EA 为一个基址寄存器加一个变址寄存器再加一个位移量，三者之和。该寻址方式可用于二维表查表和栈处理。

$$\text{操作数的物理地址} = (DS) \times 10H + \begin{cases} (BX) + (SI) \\ (BX) + (DI) \end{cases} + 8 \text{位（16位）位移量}$$

$$\text{操作数的物理地址} = (SS) \times 10H + \begin{cases} (BP) + (SI) \\ (BP) + (DI) \end{cases} + 8 \text{位（16位）位移量}$$

例　MOV AX,MASK[BX][SI]
　或　MOV AX,[MASK+BX+SI]
　或　MOV AX,[BX+SI].MASK

有效地址 EA = MASK +（BX）+（SI）

物理地址 =（DS）× 10H + EA

相对基址变址寻址方式可以方便地在二维表中查找某元素。例如，可令 MASK 作为表首址，BX 代表行，SI 代表列，即可查找表中某元素，如图 3-6 所示。

练习　已知（DS）=1500H,（SS）=2500H,（ES）=4350H,（BX）=4080H,（BP）=7567H,（SI）=9578H,（DI）=8456H,COUNT=2345H,TOP=6930H,求下列指令操作数的物理地址，并指出指令的作用。

```
MOV AH,ES:TOP[BX][SI]
```

```
MOV COUNT[SI+BX],CX
MOV DL,[BP+DI].1250H
MOV SS:[BX+DI+23H],DH
```

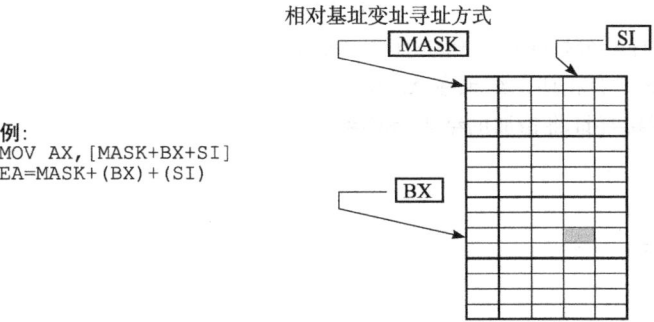

图 3-6 用相对基址变址寻址方式查找二维数组元素

3.3 实例三 寻找操作数

3.3.1 寻址方式的选择

我们看到，常用的寻址方式有 7 种之多，到底选择哪一种为好呢？选择寻址方式有两条原则：第一实用，第二有效。最终都应达到运行速度快、指令代码短的高效率目标程序的目的。立即寻址和寄存器寻址无论从指令长度还是指令执行时间来看，都比存储器寻址要好，但是也要根据具体情况选用。学会使用寻址方式是理解指令作用的关键，也是掌握程序设计技巧的一种途径。

立即寻址方式一般用于对寄存器、存储单元赋值，而且立即数在运算指令中作为源操作数使用，例如，立即数 35 在加法指令中"ADD AX,35"作为源操作数。但是立即数不允许出现在目的操作数中。

寄存器寻址方式简便、实用。既可以用在源操作数中，也可以用在目的操作数中，例如，加法指令"ADD BX,AX"。由于寄存器就在 CPU 内部，所以执行速度非常快，而且指令长度也短。缺点就是寄存器的个数太少，不能满足保存大量数据的要求。寄存器可以作为中间媒介重复使用。

存储器寻址方式解决了寄存器个数少的问题，满足了大批量数据的保存和读取的需求。但是当 CPU 到存储器中读写数据时，要经过总线来访问存储器；而且存储器的速度比 CPU 的速度慢得多，CPU 需要等待，因此执行时间上要增加很多。但无论如何，存储器寻址方式作为一种重要的、必不可少的获取操作数的手段，在汇编指令的使用中起着举足轻重的作用。

直接寻址方式由于偏移地址直接在指令中给出了，因此可以方便地访问某存储单元，例如"MOV AX,DS:[2000H]"。但是需要程序员写出偏移地址值，而且在程序执行过程中不能随意改变。如果采用符号地址表示则有助于程序员的编程，使他们不必关心具体的地址值。例如"MOV AX,[VALUE]"。

寄存器间接寻址和寄存器相对寻址由于其灵活性，在程序设计中经常使用。它相当于 C 语言中的指针。在程序中，只要改变寄存器的值，同一条访问存储单元的指令就可以访问不同的单元，大大提高了程序的灵活性和效率。例如，从存储单元中读出一个字送到 AX 寄存器的指令"MOV AX,[BX]"。当 BX 的值改变了，存储单元也就变了。

基址变址寻址和相对基址变址寻址方式稍微复杂一些，一般用于数组和二维表的处理。

3.3.2 实验示例

示例 3-1 根据题目要求,写出相应的汇编指令:

1) AX、BX 寄存器分别赋值为 0008H 和 0006H。
2) AX 和 BX 的内容相加,结果在 AX 中。
3) 用寄存器间接寻址将相加的结果保存到 6 号单元。

指令如下:

```
MOV AX,0008H
MOV BX,0006H
ADD AX,BX
MOV [BX],AX
HLT                    ;停机指令
```

在 DEBUG 下,用 A 命令输入上述 4 条指令,再用 R 命令显示寄存器的情况:

```
C:\hb>DEBUG
-A
0AF6:0100 MOV AX,0008
0AF6:0103 MOV BX,0006
0AF6:0106 ADD AX,BX
0AF6:0108 MOV [BX],AX
0AF6:010A HLT
0AF6:010B
-R
AX=0000  BX=0000  CX=0000  DX=0000  SP=FFEE  BP=0000  SI=0000  DI=0000
DS=0AF6  ES=0AF6  SS=0AF6  CS=0AF6  IP=0100   NV UP EI PL NZ NA PO NC
0AF6:0100 B80800          MOV     AX,0008
-
```

用 T 命令单步执行,用 D 命令观察结果:

```
0AF6:0100 B80800          MOV     AX,0008
-T
AX=0008  BX=0000  CX=0000  DX=0000  SP=FFEE  BP=0000  SI=0000  DI=0000
DS=0AF6  ES=0AF6  SS=0AF6  CS=0AF6  IP=0103   NV UP EI PL NZ NA PO NC
0AF6:0103 BB0600          MOV     BX,0006
-T
AX=0008  BX=0006  CX=0000  DX=0000  SP=FFEE  BP=0000  SI=0000  DI=0000
DS=0AF6  ES=0AF6  SS=0AF6  CS=0AF6  IP=0106   NV UP EI PL NZ NA PO NC
0AF6:0106 01D8            ADD     AX,BX
-T
AX=000E  BX=0006  CX=0000  DX=0000  SP=FFEE  BP=0000  SI=0000  DI=0000
DS=0AF6  ES=0AF6  SS=0AF6  CS=0AF6  IP=0108   NV UP EI PL NZ NA PO NC
0AF6:0108 8907            MOV     [BX],AX                          DS:0006=FEEE
-T
AX=000E  BX=0006  CX=0000  DX=0000  SP=FFEE  BP=0000  SI=0000  DI=0000
DS=0AF6  ES=0AF6  SS=0AF6  CS=0AF6  IP=010A   NV UP EI PL NZ NA PO NC
0AF6:010A F4              HLT
-D DS:6 7
0AF6:0000                           0E 00                              ..
-
```

实验结果分析如下:

1) 执行两次 T 命令后,AX = 0008H,BX = 0006H。

2) 执行加法命令后,AX = 000EH。相应的标志位情况为:进位标志 NC,即 CF = 0;符号标志 PL,即 SF = 0;零标志 NZ,即 ZF = 0。溢出标志 NV,即 OF = 0。它们分别表示运算结果无进位、不溢出、结果不为 0、结果是正数。

3) [BX] 寄存器间接寻址方式对应的存储单元为 6 号,逻辑地址为 DS:0006,该单元原来的值为 FEEEH。

4) 执行完 MOV [BX],AX 指令后,DS:0006 单元中的内容变为 000EH 了(用 D 命令查看 DS 段的 6 号和 7 号单元)。

3.3.3 实验任务

实验目的

通过实验观察和分析在不同的寻址方式下存储单元逻辑地址的表示以及指令的执行结果。熟练掌握 DEBUG 的 R 命令、A 命令、T 命令和 D 命令的用法。

实验内容

参考示例 3-1 和各种寻址方式，完成下列实验内容：

1. 两个操作数相减运算，结果放在数据段的 16 号单元：
1) AX、BX 寄存器分别赋值为 0008H 和 0010H。
2) AX 和 BX 的内容相减（SUB 指令），结果在 AX 中。
3) 用直接寻址方式将相减的结果保存到 16 号单元。

2. 两个操作数相加运算，结果放在附加段的 0020H 号单元：
1) AX 的值为 0034H。
2) AX 和 65 相加，结果在 AX 中。
3) 用寄存器间接寻址方式（段超越）保存运算结果。

3. 将 AX 寄存器中的 1234H 写入数据段的 2 号单元，读出 3 号单元的 12H 传送给 BL 寄存器（寻址方式自定）。

实验要求

1) 写出相关命令及操作步骤。
2) 用截图形式记录实验结果。
3) 写出实验结果分析。

提示：减法的结果以补码形式表示，对应的真值为负数。标志位发生了改变。

实验拓展

1) 根据自己的理解和偏好，设计并完成其他寻址方式的指令。
2) 这些实验对你有何启发？

习题三

3.1 名词解释：零地址指令、一地址指令、二地址指令。

3.2 分别写出与数据有关的 7 种寻址方式并举例说明。

3.3 已知 (BX)=1290H，(SI)=348AH，(DI)=2976H，(BP)=6756H，(DS)=2E92H，(ES)=4D82H，(SS)=2030H，请指出下列指令的寻址方式，并求出有效地址 EA 和物理地址。

```
MOV AX,BX
MOV AX,1290H
MOV AX,[BX]
MOV AX,DS:[1290H]
MOV AX,[BP]
MOV [DI][BX],AX
MOV ES:[SI],AX
```

3.4 寄存器间接寻址方式可以使用哪些寄存器作为间址寄存器？

3.5 立即寻址方式和寄存器寻址方式的操作数有物理地址吗？

3.6 什么是段超越？段超越前缀代表什么？

3.7 请指出下列指令的错误：

```
MOV AX,[CX]
MOV AL,1200H
MOV AL,BX
MOV [SI][DI],AX
MOV ES:[DX],CX
MOV [AX],VALUE
MOV COUNT,[SI]
```

3.8 根据题目要求，写出相应的汇编指令：
1) 把 BX 寄存器的值传送给 AX。
2) 将立即数 15 送入 CL 寄存器。
3) 用 BX 寄存器间接寻址方式将存储单元中的字与 AX 寄存器的值相加，结果在 AX 中。

4）把 AL 中的字节写入用基址变址寻址的存储单元中。

5）用 SI 寄存器和位移量 VALUE 的寄存器相对寻址方式，从存储单元中读出一个字送入寄存器 AX。

6）将 AX 中的数与偏移地址为 2000H 存储单元的数相减，结果在 AX 中。

3.9 写出用下列寻址方式将存储单元 X 中的第 3 个字取出，与 AX 相加再放入 Y 单元的指令序列。
1）直接寻址 2）寄存器相对寻址
3）基址变址

3.10 在数据寻址方式中，哪种寻址方式的操作数与指令一起存放在代码段？

测验三

1. 指令 MOV AX, DS：[1000H]，源操作数的寻址方式是_____。
   A. 立即寻址　　　　B. 直接寻址
   C. 寄存器寻址　　　D. 基址变址寻址

2. 指令 MOV AX, ES：COUNT [DI]，源操作数的寻址方式是_____。
   A. 基址变址寻址
   B. 立即寻址
   C. 寄存器相对寻址
   D. 相对基址变址寻址

3. 指令 MOV DX, COUNT [BP] [DI] 的执行结果是_____。
   A. 将 COUNT 的值传送给 DX
   B. 将 COUNT + BP + DI 的值传送给 DX
   C. 将数据段中有效地址为 COUNT + BP + DI 的存储单元的值传送给 DX
   D. 将堆栈段中有效地址为 COUNT + BP + DI 的存储单元的值传送给 DX

4. 若（AX）= 2530H，（BX）= 18E6H，MOV [BX]，AL 指令正确的执行结果为_____。
   A. BX 寄存器的值为 2530H
   B. BL 寄存器的值为 30H
   C. 18E6H 单元的值为 30H
   D. 18E6H 单元的值为 2530H

5. 若（DS）= 1240H，（BX）= 8936H，则 MOV AX，[BX] 源操作数的物理地址是_____。
   A. 1AD36H　　　　B. 9B760H
   C. 1AC36H　　　　D. 9B76H

6. 若（SS）= 1383H，（DS）= 2378H，（SI）= 492AH，则 ADD AX，[SI] 源操作数的物理地址是_____。

   A. 1815AH　　　　B. 5CADH
   C. 6CA2H　　　　D. 280AAH

7. 若（SI）= 1310H，（BX）= 3213H，（DS）= 3593H，则 SUB DX，[BX] [SI] 的有效地址 EA 为_____。
   A. 1310H　　　　B. 3213H
   C. 4523H　　　　D. 7AB6H

8. 指令 MOV BX, MASK [BP]，若 MASK = 3540H，（SS）= 1200H，（DS）= 1300H，（BP）= 1160H，那么有效地址 EA 为_____。
   A. 4740H　　　　B. 46A0H
   C. 4840H　　　　D. 2460H

9. 指令 MOV AX, COUNT [BX] 完成的操作是_____。
   A. 从存储单元读出一个字送入 AX
   B. 从存储单元读出一个字节送入 AX
   C. 将 AX 中的一个字写入存储单元
   D. 将 AX 中的一个字节写入存储单元

10. 指令 MOV DX, DELTA [BX] [SI] 的源操作数保存在_____。
    A. 代码段　　　　B. 堆栈段
    C. 数据段　　　　D. 附加段

11. 操作数地址由 BX 寄存器指出，则它的寻址方式是_____。
    A. 直接寻址
    B. 寄存器寻址
    C. 立即寻址
    D. 寄存器间接寻址

12. 指令 MOV ES：[BX]，AX 中，目的操作数的寻址方式为_____。
    A. 立即数寻址
    B. 寄存器寻址

C. 存储器直接寻址
D. 寄存器间接寻址

13. 一条指令中目的操作数不允许使用的寻址方式是_____。
    A. 寄存器寻址
    B. 立即寻址
    C. 变址寻址
    D. 寄存器间接寻址

14. 下列哪句话是错误的_____。
    A. 指令的目的操作数和源操作数可以同时使用寄存器间接寻址
    B. 指令的目的操作数和源操作数可以同时使用寄存器寻址
    C. 指令的源操作数可以使用寄存器间接寻址
    D. 指令的目的操作数可以使用寄存器寻址

15. 用直接寻址将 AL 的内容保存到 16 号单元，可用_____指令。
    A. MOV DS：[0016H]，AL
    B. MOV AL，DS：[0016H]
    C. MOV DS：[0010H]，AL
    D. MOV AL，DS：[0010H]

第 4 章

汇编语言程序设计

设问：
1. 把若干条汇编指令放在一起就是汇编语言程序吗？
2. 为什么要有伪指令？
3. 算术运算时怎样考虑符号位？
4. 运算结果怎样显示在屏幕上？
5. 含有键盘输入的程序如何编写？
6. 完整的汇编语言程序都有哪些要求？
7. 简化的程序格式是不是更方便？

在前几章中，我们接触了若干条汇编指令。在使用这些指令时，都是通过 DEBUG 的 A 命令输入到计算机中，在 DEBUG 下用 T 命令执行的。虽然在 DEBUG 下可以直接观察机器工作状态和运行结果，但是如果用这种方式来完成稍微复杂些的任务或者稍大点的程序就不方便、效率太低了。好在汇编语言提供了程序设计方法，用户编写的源程序通过汇编、连接生成可执行文件（.EXE），就可在操作系统下执行了。这样，汇编语言就具有了高级语言的特性，程序修改方式与高级语言程序相似，可以多次修改直至生成合格的文件。

在汇编语言程序设计中，还要进一步学习 8086 指令系统中的其他汇编指令。汇编语言与高级语言不同之处是要用伪指令来通知汇编（翻译）程序哪部分是代码段、哪部分是数据段，数据段中都定义了哪些单元，这些单元存放什么数据；堆栈区的设置、主程序和子程序定义、宏的使用等。因此本章在介绍程序设计方法的同时，还介绍基本的汇编指令，以及伪指令的用法。

4.1 汇编语言程序设计初步

汇编语言程序和高级语言程序一样，有顺序、分支、循环、子程序 4 种结构形式。但是汇编语言程序的设计思想和设计方案却与高级语言有所不同，汇编语言程序设计要了解硬件工作特性、接触机器底层，要求熟知汇编指令的功能和用法，同时还要掌握用于汇编过程的伪指令。

编写一个汇编语言程序的基本步骤如下：
- 分析题意，确定设计思路及算法。
- 对于复杂的算法要画出程序框图。

- 根据框图编写程序。
- 上机调试程序。

4.1.1 第一个汇编语言程序

我们先写出一个简单的汇编语言程序。从这个程序出发，来学习汇编语言程序的设计方法。

例 编写一个汇编语言程序，实现下列公式计算。假设 X = 4，Y = 5，$Z = \dfrac{(X+Y) \times 8 - X}{2}$。

设计思路一：
1) 设公式中出现的三个变量 X、Y、Z 是 8 位带符号数；
2) 用算术运算指令实现加减乘除运算；
3) 指令顺序按照运算顺序书写。

程序如下：

```
MOV AL,X        ;AL←X
ADD AL,Y        ;AL←X+Y         加法
MOV BL,8        ;BL←8
IMUL BL         ;AX←AL×8        乘法
MOV BL,X        ;BL←X
MOV BH,0        ;BH←0
SUB AX,BX       ;AX←AX-X        减法
MOV BL,2        ;BL←2
IDIV BL         ;AX÷2 除法,商在 AL、余数在 AH 中
MOV Z,AL        ;Z←商
MOV Z1,AH       ;Z1←余数
```

上述计算公式用了 11 条汇编指令实现，但是如果在计算机中执行这个程序，光有这些汇编指令是不够的。因为系统不知道 X、Y、Z 是什么，不知道这段程序在哪儿存放，不知道这个程序是否结束。要想解决这些问题，必须加入伪指令。

如果在 DEBUG 下用 A 命令输入这些指令，必须把 X、Y 换成具体的数值；Z、Z1 是存储单元地址，最后两条指令可写为"MOV [0]，AL"和"MOV [1]，AH"，这样才能用 T 命令执行。采用 DEBUG 的 A 命令输入程序的做法显然不方便：一是无法给出变量名，即符号地址；二是调试修改程序不便。因此，采用编写源程序的方式更有利于程序的调试和执行。

这段程序采用了加、减、乘、除指令完成上述公式运算。而乘除运算还可以用移位指令实现。另外，X、Y、Z 三个变量既可以设置为 8 位的也可以设置为 16 位的。

我们在设计思路二中给出了一个完整的源程序 ABC.ASM。算法中改用移位指令实现乘除运算；用伪指令定义数据段和代码段，并用伪指令将三个变量定义为字型，同时也为 X、Y 赋值。如此一来，系统在汇编该程序时，就会正确地将源程序翻译、连接成可执行文件。

设计思路二：
1) 设公式中出现的三个变量 X、Y、Z 是 16 位带符号数，在数据段中定义；
2) 用算术运算指令实现加减运算，用移位指令实现乘除运算；
3) 将操作数左移 3 位二进制位数代替乘以 8 运算，操作数右移 1 位相当于除以 2；
4) 指令在代码段中，指令顺序按照运算顺序书写。

程序如下：

```
;ABC.ASM  公式计算
DATA SEGMENT            ;数据段定义伪指令
    X DW 4              ;定义 X 为字单元,值为 4,下同
    Y DW 5
```

```
            Z DW ?                    ;定义 Z 为空单元
        DATA ENDS                    ;数据段结束
        CODE SEGMENT                 ;代码段定义伪指令
            ASSUME CS:CODE,DS:DATA   ;ASSUME 伪指令指定段寄存器与对应段名
        START:MOV AX,DATA            ;从标号 START 开始,以下为汇编指令
            MOV DS,AX                ;将数据段段地址送入 DS
            MOV BX,X
            MOV AX,Y
            ADD AX,BX                ;加法
            MOV CL,3
            SAL AX,CL                ;算术左移 3 位,相当于乘以 8
            SUB AX,X                 ;减法
            SAR AX,1                 ;算术右移 1 位,相当于除以 2
            MOV Z,AX                 ;结果保存到 Z 单元
            MOV AH,4CH               ;4CH 代表结束程序,返回 DOS.必须和 INT 21H 配合
            INT 21H                  ;DOS 中断调用
        CODE ENDS                    ;代码段结束
            END START                ;整个程序结束伪指令
```

现在我们来分析一下这个程序的含义及结构:

1) 计算公式中有三个变量 X、Y、Z,这三个变量应该看成存储单元,因此 X、Y、Z 就是存储单元的名字,即符号地址。在此程序中三个变量都是字单元,X、Y 变量的初始值确定为 4 和 5,由于 Z 要保存结果,先定义为空。

2) 程序结构中定义了两个段,一个是数据段 DATA,另一个是代码段 CODE。我们知道,数据应该保存在数据段中,而代码也就是程序指令应该放在代码段中。划分这两个段要用段定义伪指令 SEGMENT 来实现。

3) 用 ASSUME 伪指令说明段寄存器与段名之间的对应关系。

4) 标号 START 代表其后的汇编指令 MOV AX,DATA 所在单元的偏移地址,该指令所在单元的逻辑地址应为 CS:START;标号 START 表示程序的开始。标号要后跟冒号":"。

5) "INT 21H"是 DOS 中断调用指令,其功能非常强大,有很多种功能。功能号由 AH 指出。此处为 4CH 号功能,作用是结束程序、返回 DOS。"MOV AH,4CH"和"INT 21H"这两条指令一起实现该功能。

6) 程序中的分号";"后面的内容为注释。编写程序时最好加入注释,便于以后的阅读和修改。

7) 程序最后一句 END START 是伪指令,用于通知汇编程序,整个程序结束;同时通知汇编程序,程序的可执行部分是从 START 处开始的。如果 END 后面不加标号,有可能汇编时会出错。

从上述分析中得知,一个有效的汇编语言程序必须有代码段,把程序指令写在其中,否则就没有意义了;而数据段、堆栈段和附加段可根据题目的需要选择。在本例中,因为有 X、Y、Z 三个变量,应该定义数据段并用存储单元保存这三个数据。

由此看出,汇编语言程序由伪指令和汇编指令构成,缺一不可。稍后我们将进一步介绍伪指令和汇编指令的作用和功能。

为了完成给出的计算公式而编写的这个程序可以称为顺序程序。因为程序的执行是按照书写的顺序从上到下执行的。

4.1.2 从源程序到可执行程序

用户编写的汇编语言程序称为源程序。这样的一段源程序要经过从输入到汇编到执行的过程。汇编语言源程序既可以用大写字母也可以用小写字母书写。汇编语言程序建立及汇编过程

如图 4-1 所示。

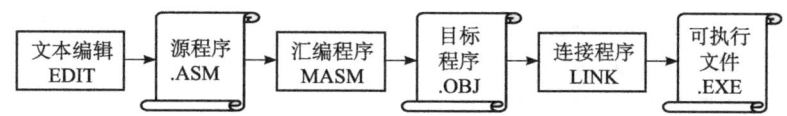

图 4-1　汇编语言程序从输入到生成可执行文件的过程

1. 建立和生成的文件

在这个过程中要建立或生成如下几种文件：

1）用户编写的源程序，源程序名自定，扩展名为 .ASM。
2）源程序经汇编程序 MASM 汇编（翻译）后生成二进制目标程序，文件名默认与源程序同名，扩展名为 .OBJ。
3）目标程序需要经过 LINK 连接生成可执行程序，文件名默认与源程序同名、扩展名为 .EXE。
4）在汇编过程中还可以指定生成列表文件 .LST 和符号索引文件 .CRF。一般情况下，不必考虑生成这两个文件。
5）在连接过程中，可以指定生成内存映像文件 .MAP 和库文件 .LIB。一般情况下，不必生成这两个文件。

注意：用户自己定义的源程序名字或变量名不要和汇编语言的保留字（汇编指令和伪指令等）同名，避免冲突。由于是在 DOS 下执行，文件名的长度不要超过 8 个字符。

2. 汇编环境

最基本的汇编环境只需要两个文件：MASM.EXE 和 LINK.EXE。将这两个文件复制到已经建好的文件夹（例如 HB）中，并将文件夹 HB 放在硬盘根目录 C：\> 下。

文本编辑软件可以用 EDIT 或者"记事本"，这两种软件 Windows 都自带。甚至其他高级语言采用的文本编辑器均可。源程序用大写或小写字母书写都行，要注意编写的汇编语言源文件要加上扩展名 .ASM。DEBUG 调试工具软件各个操作系统也都默认。进入 HB 文件夹后，输入 EDIT 或 DEBUG 即可运行。

3. 上机步骤

我们将 4.1.1 节例题程序起名为 ABC.ASM。该程序从输入到完成需要执行如下命令：

先执行：开始菜单→运行→cmd→进入 DOS 窗口，再执行：

　　　　C：\ > cd \　　　　　　　　　退到根目录
　　　　C：\ > cd hb　　　　　　　　　进入 hb 子目录
　　　　C：\ hb > edit　　abc.asm　　　编辑源程序
　　　　C：\ hb > masm　　abc.asm　　　汇编
　　　　C：\ hb > link　　abc.obj　　　连接
　　　　C：\ hb > abc.exe　　　　　　　执行
　　　　C：\ hb > debug abc.exe　　　　调试

操作步骤如下：

1）用 EDIT 输入编写好的源程序。先进入 HB 文件夹，再执行 EDIT，操作过程如图 4-2 所示。

在 EDIT 编辑环境中，按 ALT 键激活菜单项 File，可选择保存和退出。退回到 DOS 之后，做下一步操作。

也可以用 Windows 的"记事本"输入源程序。保存文件时扩展名要加上 .ASM，保存类型选择为"所有文件"。使用记事本时，将菜单栏的"格式"→"自动换行"功能取消，选中"查看"→"状态栏"功能,如图4-3所示,这样才能在窗口下方的状态栏中显示出行列号。

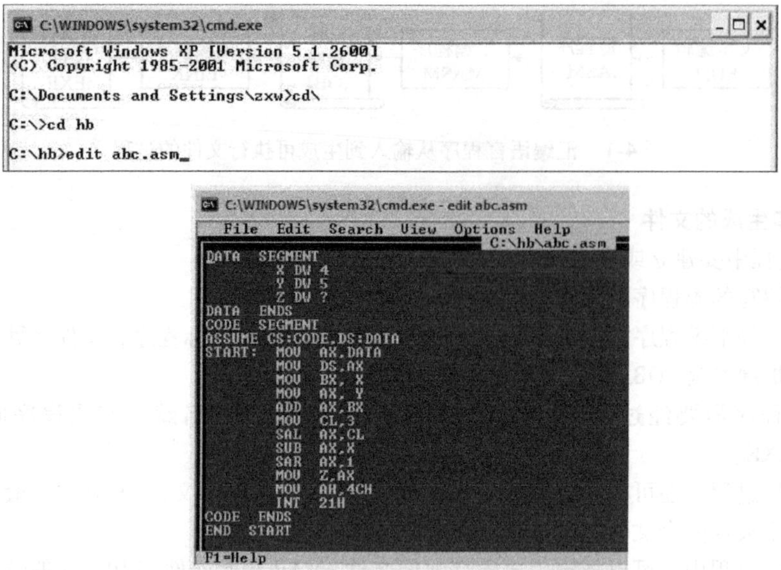

图4-2 用EDIT输入汇编语言源程序ABC.ASM

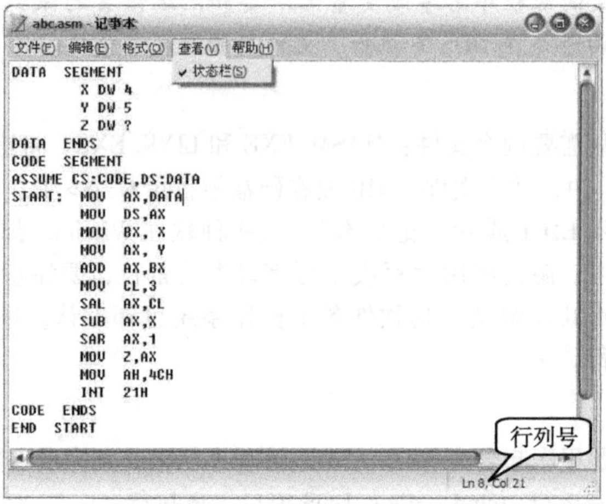

图4-3 选中"查看"—"状态栏"

2)执行MASM命令对源程序进行汇编,如图4-4所示。

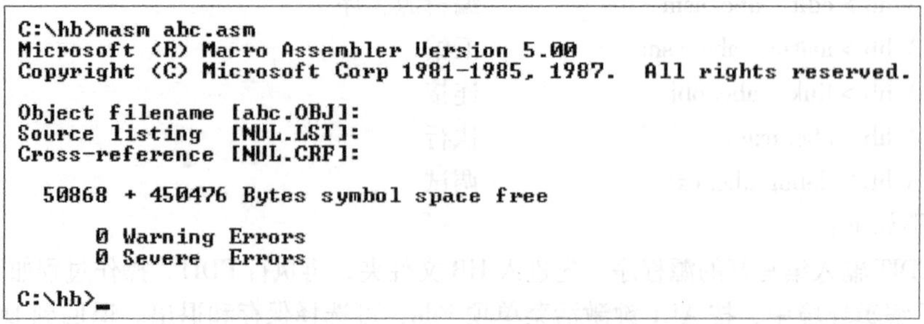

图4-4 用MASM对汇编语言源程序ABC.ASM进行汇编

输入 MASM 命令后连续回车 4 次，此时汇编生成二进制目标文件 ABC.OBJ。LST 文件和符号索引文件 CRF 由于缺省而不生成。如果源程序没有错误，则显示 0 个错误的提示；如果有错误，则显示出错的行号和错误类型。例如，图 4-5 显示出程序的第 8 行有 A2105 号错误，错误类型为缺少元素错误 Expected，是一个致命性错误。错误号 A2105 含义为：A 源程序、2 致命性、105 号。这种错误是由书写错误引起的，此时应该再进入 EDIT 对源程序进行修改。有关出错提示信息参见附录 B。

```
C:\hb>masm abc.asm
Microsoft (R) Macro Assembler Version 5.00
Copyright (C) Microsoft Corp 1981-1985, 1987.  All rights reserved.

Object filename [abc.OBJ]:
Source listing [NUL.LST]:
Cross-reference [NUL.CRF]:
abc.asm(8): error A2105: Expected: instruction or directive
出错行提示  50868 + 450476 Bytes symbol space free

      0 Warning Errors
      1 Severe  Errors
```

图 4-5 源程序 ABC.ASM 出错行和错误类型提示

MASM 的简化操作方式：MASM 命令加上分号（;）直接得到汇编结果。如下：

```
C:\hb>masm abc.asm;
Microsoft (R) Macro Assembler Version 5.00
Copyright (C) Microsoft Corp 1981-1985, 1987.  All rights reserved.

  50868 + 450476 Bytes symbol space free

      0 Warning Errors
      0 Severe  Errors
```

MASM 汇编时的出错提示还可以用文件保存，该文件可用 TYPE 命令显示出来，或者用记事本打开查看。如下，在源文件名后面加上 >ERRO1。ERRO1 即是出错提示文件，可用 TYPE ERRO1 查看。

```
C:\hb>masm abc.asm>erro1;

C:\hb>type erro1
Microsoft (R) Macro Assembler Version 5.00
Copyright (C) Microsoft Corp 1981-1985, 1987.  All rights reserved.

abc.asm(8): error A2105: Expected: instruction or directive
abc.asm(10): warning A4031: Operand types must match

  50918 + 450522 Bytes symbol space free

      1 Warning Errors
      1 Severe  Errors
```

3）用 LINK 命令对生成的 ABC.OBJ 进行连接，如图 4-6 所示。

```
C:\hb>link abc.obj

Microsoft (R) Overlay Linker  Version 3.60
Copyright (C) Microsoft Corp 1983-1987.  All rights reserved.

Run File [ABC.EXE]:
List File [NUL.MAP]:
Libraries [.LIB]:
LINK : warning L4021: no stack segment

C:\hb>abc.exe

C:\hb>
```

图 4-6 用 LINK 对 ABC.OBJ 进行连接

输入 LINK 命令后连续回车 4 次，连接后才能生成可执行文件 ABC.EXE。此时有一个警告性错误：no stack segment 没有堆栈段。这个错误是由于我们的程序中没有定义堆栈段，但是没有关系，我们可以不理会它。如果出现严重性错误，必须再检查一下源程序有无错误。LINK

中的出错信息也可保存起来,方法同 MASM。LINK 命令也可以加上分号(;)直接得到连接结果。

4)执行 ABC.EXE

在 DOS 提示符 C:\hb>下直接输入 ABC.EXE 或 ABC,回车后会看到没有显示任何结果就返回到 DOS 下了。这是由于该程序没有写显示结果的指令语句,要想观察结果必须用 DEBUG 调试工具。

4. 调试程序

DEBUG 的使用我们已经掌握了,但是对于程序的调试还要注意几个问题。第一是进入 DEBUG 时一定要加上要调试的文件名和扩展名 .EXE,因为是对 .EXE 文件进行调试。第二是要注意 DEBUG 的反汇编 U 命令、连续执行程序 G 命令和显示存储单元的 D 命令的用法和结果的观察。

(1)反汇编命令 U

```
C:\hb>debug abc.exe
-u
0B52:0000 B8510B        MOV     AX,0B51
0B52:0003 8ED8          MOV     DS,AX
0B52:0005 8B1E0000      MOV     BX,[0000]
0B52:0009 A10200        MOV     AX,[0002]
0B52:000C 03C3          ADD     AX,BX
0B52:000E B103          MOV     CL,03
0B52:0010 D3E0          SHL     AX,CL
0B52:0012 2B060000      SUB     AX,[0000]
0B52:0016 D1F8          SAR     AX,1
0B52:0018 A30400        MOV     [0004],AX
0B52:001B B44C          MOV     AH,4C
0B52:001D CD21          INT     21
0B52:001F D50D          AAD     0D
-
```

将可执行程序 ABC.EXE 调入 DEBUG 后,先执行 U 命令。我们看到,此时源程序中的伪指令已经不见了。显示的第一条汇编指令就是源程序中标号为 START 的指令 MOV AX, DATA。在 DEBUG 下,该指令稍有不同,DATA 已经变为 0B51,说明系统已经将程序的数据段分配到存储器的 0B510H 单元开始的存储区中;而程序的代码段则分配到 0B520H 单元开始的存储区,这可以从最左边的地址列中看出。

最左边的一列显示的是程序代码段的逻辑地址。第一条指令的逻辑地址为 0B52:0000,即指令是从代码段的 0 号单元开始存放的,这也就意味着标号 START 代表指令的偏移地址是 0000H。本程序的最后一条汇编指令是 INT 21,在这条指令之后的其他指令都不是本程序的,而是存储单元中随机存放的无效指令。如果程序较长,一屏显示不下,应该接着按 U 命令,直到出现你的程序中最后一条指令(如本例中 MOV AH, 4CH 和 INT 21H)为止。要想返回到第一条指令可以按 U 0 命令。

(2)执行程序命令 G

G 命令可以连续地执行指令一直到所给出的断点为止。那么断点如何找到?如何给出呢?我们已经知道,本程序的最后一条指令是 INT 21,也就是说,程序应该执行到这条指令结束,因此这条指令的偏移地址 001D 就是断点。在 G 后面加上 001D,程序执行到此处停止,同时显示出各个寄存器的值。

```
-g 001d
AX=4C22  BX=0004  CX=0003  DX=0000  SP=0000  BP=0000  SI=0000  DI=0000
DS=0B51  ES=0B41  SS=0B51  CS=0B52  IP=001D   NV UP EI PL NZ NA PE NC
0B52:001D CD21            INT     21
-
```

仔细观察寄存器的值,AX = 4C22,其中 AH = 4C,应该是 MOV AH, 4CH 指令造成的。指令指针寄存器 IP = 001D,说明程序已经要执行 INT 21 指令了。但是计算的结果 Z 如何看呢?由于 Z 是存储单元所以在此处看不到,而要用 D 命令查看。

(3) 查看存储单元命令 D

```
-D DS:0
0B51:0000  04 00 05 00 22 00 00 00-00 00 00 00 00 00 00 00   ...."...........
0B51:0010  B8 51 0B 8E D8 8B 1E 00-00 A1 02 00 03 C3 B1 03   .Q..............
0B51:0020  D3 E0 2B 06 00 00 D1 F8-A3 04 00 B4 4C CD 21 D5   ..+.........L.!.
0B51:0030  0D 8B 5E F0 D1 E3 8B 36-C6 5A 8B 08 03 C8 89 4E   ..^....6.Z.....N
0B51:0040  FA 51 8B 5E FC D1 E3 8B-36 DE 50 FF 30 FF 76 F2   .Q.^....6.P.0.v.
0B51:0050  B8 6D 0C 50 FF 36 7A 57-E8 25 13 83 C4 0A FF 06   .m.P.6zW.%......
0B51:0060  62 51 83 3E 82 58 01 77-A4 5E 8B E5 5D C3 55 8B   bQ.>.X.w.^..].U.
0B51:0070  EC 81 EC 04 14 56 8D 86-FE F3 A3 DE 5D 8D 86 00   .....V......]...
-
```

由于 Z 单元在数据段，因此用 D 命令显示数据段从 0000H 开始的内存单元。中间的部分就是存储单元的内容，每一行分别显示了 16 个字节单元。第一行存储单元的偏移地址从左到右分别是 0000、0001、0002、0003、…、000FH。而我们程序中定义的 X、Y、Z 都是字单元，因此应该把两个字节单元看成一个字单元。所以，1 号单元和 0 号单元中的 0004 应该是 X 的值、3 号单元和 2 号单元中的 0005 是 Y 的值、而 5 号单元和 4 号单元中的 0022 就应该是 Z 的值了。DEBUG 显示的都是十六进制数，0022H 等于十进制的 34，结果正确。

在查看数据段时，只要看你所定义的存储单元就行了。在本程序中我们只定义了 3 个字单元，即 6 个字节单元，其他单元里的值没有意义，没必要关心。

(4) 退出 DEBUG 的 Q 命令

执行 Q 命令后，退出 DEBUG 返回 DOS。

思考：1) 本例中给出的数值计算结果可以除尽，如果设 X=3，Y=5，Z 就会产生小数，那么小数怎么表示？在哪儿保存？2) 将举例中设计思路一的程序段增加相关的伪指令，修改为可上机执行的程序。

4.2 伪指令

伪指令又称为伪操作。所谓伪指令，是指它们不能像汇编指令一样生成可执行的二进制机器代码，而是在汇编程序对汇编语言源程序进行汇编（翻译）期间，由汇编程序执行。伪指令与 C 语言等高级语言中的说明性语句的含义类似，起到说明作用。用来指出程序分段、数据定义、存储分配、程序开始和结束等相关信息，这些信息在汇编完成后就不用了。程序中如果没有伪指令，系统就无法完成翻译，就不能将汇编指令变成可执行代码。因此，伪指令在汇编语言源程序中不可缺少。

4.2.1 段定义伪操作

1. 段定义伪指令

段定义伪指令可用来定义各种类型的段。格式如下：

　　段名　SEGMENT　［类型参数］
　　　　……
　　段名　ENDS

SEGMENT 和 ENDS 必须成对使用，表示段的开始和结束。一般来说，段的名字应该与段的意义一致，便于识别。段名实际上就是段地址，在汇编过程中，由系统给出具体的地址值。中括号中的参数为可选项，用于指出段的边界、段的组合、类别标识等，一般用于多模块程序设计中。在把本程序与其他模块的程序连接时，必须使用这些参数说明。单模块程序中可以省略。

类型参数：

(1) 定位类型

　　PARA　　该段的起始地址必须为小段的首地址，即起始地址的十六进制数最低位为 0

　　BYTE　　该段可以从任意地址开始

WORD   该段必须从字边界开始，即起始地址为偶数
DWORD   该段必须从双字边界开始，即起始地址的十六进制数最低位应为 4 的倍数
PAGE   该段必须从页边界开始，即起始地址的十六进制数最低两位为 00（能被 256 整除）

如果不指出定位类型，系统默认为 PARA。

(2) 组合类型

PRIVATE 该段为私有段，连接时不与其他同名段合并
PUBLIC   连接时可与其他模块中的同名段按顺序连接成一个段
COMMON   表示该段与其他模块中的同名段有相同的起始地址，如果连接将产生覆盖；连接后，段的长度为同名段中的最长者
STACK   表示该段为堆栈段
AT 表达式 该段直接定位在表达式指出的位置上

如果不指定组合类型，系统默认为 PRIVATE。

(3) 类别标识

在引号中给出段的类型名。在连接时，类别标识相同的段放在连续的存储区中。例如，用"STACK"来标识该段为堆栈段。

2. ASSUME 伪指令

ASSUME 伪指令用于指明段寄存器与段的对应关系，格式为：

ASSUME 段寄存器：段名，[段寄存器：段名，…]

如果不使用 ASSUME 伪指令，系统就无法获知用户定义的段都有哪些，进而就不能正确地划分段。

3. 段定义举例

给出定义数据段、附加段、堆栈段和代码段的程序框架。

```
DATA SEGMENT                              ;定义数据段 DATA
    ……
DATA ENDS                                 ;数据段结束
EXTRA SEGMENT                             ;定义附加段 EXTRA
    ……
EXTRA ENDS                                ;附加段结束
STACK SEGMENT PARA STACK 'STACK'          ;定义堆栈段 STACK
    DW 20H DUP(0)                         ;设置 32 个堆栈单元,初始值都为 0
    TOP LABEL WORD                        ;TOP 为栈顶
STACK ENDS                                ;堆栈段结束
CODE SEGMENT                              ;定义代码段 CODE
ASSUME CS:CODE,DS:DATA,ES:EXTRA,SS:STACK
SRART:MOV AX,DATA
    MOV DS,AX                             ;数据段寄存器 DS 初始化
    MOV AX,EXTRA
    MOV ES,AX                             ;附加段寄存器 ES 初始化
    MOV AX,STACK
    MOV SS,AX                             ;堆栈段寄存器 SS 初始化
    MOV SP,OFFSET TOP                     ;让堆栈指针 SP 指向栈顶
    ……
    MOV AH,4CH                            ;结束程序、返回 DOS
    INT 21H
CODE ENDS                                 ;代码段结束
    END START                             ;整个程序结束伪指令
```

在程序中，除了代码段寄存器 CS 不能用 MOV 指令赋值之外，其他段寄存器都可用 MOV 指

令做初始化。要注意的是，段地址（即段名）不能直接传送给段寄存器，而要用一个寄存器（如 AX）作为中介转存一下。如果在编写源程序时，只有数据段和代码段，那么只需要给数据段段寄存器 DS 赋值即可。

4.2.2 数据定义伪指令

数据段确定之后，程序中用到的存储单元个数、类型、内容和名称等需要在数据段中定义。在程序中，存储单元可以看成是变量，因此存储单元名也为变量名。数据定义伪指令的作用是定义存储单元的类型，如字节型或字型，并确定该单元的内容。数据定义伪指令格式为：

　　　　［存储单元名］DB（或 DW、DD 等伪指令）操作数

其中：

1）存储单元可以起名也可以不要名字。
2）数据定义伪指令。
　　DB　　定义字节单元
　　DW　　定义字单元
　　DD　　定义双字单元
　　DQ　　定义四字单元
　　DT　　定义十字节单元
3）操作数用于指出存储单元的内容，即该单元的值。一条数据定义伪指令可以给多个存储单元赋值。

需要说明的是，确定存储单元的内容时要与存储单元的属性一致，例如，用 DB 定义字节存储单元，其值也必须是字节；如果用十进制定义操作数，要注意该十进制数不能超出存储单元属性的范围。

1. 操作数是常数或表达式

例 1　定义字节单元 X = 56，字单元 E_1 = 2030H，双字单元 CARRY = 12345678H。

```
DATA SEGMENT
    X      DB  56
    E_1    DW  2030H
    CARRY  DD  12345678H
DATA ENDS
```

存储示意：

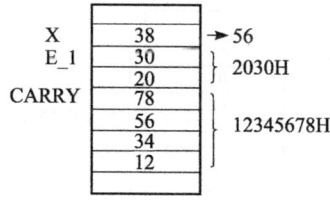

实际存储显示：
```
-D DS:0 0F
0B51:0000  38 30 20 78 56 34 12 00-00 00 00 00 00 00 00 00   80 xV4.........
-
```

在实际的存储器中，符号地址（即变量名）已经不存在了，换之以偏移地址，而且最先定义的单元的偏移地址为 0000H。此例中，X 单元的偏移地址为 0000H，E_1 单元的偏移地址为 0001H，其余类推。

0 号单元保存的是 38H，它是十进制数 56；但是如果把 38H 看成 ASCII 码，又是数字 8 的 ASCII 码，因此 DEBUG 中该行的右边会显示出 8 来，再如 CARRY 单元中是 78H，这又是小写字母 x 的

ASCII 码，也会显示出来。

例2 一次定义多个存储单元。字母打头的十六进制数要在前面加0，"?"代表空单元。

```
XX  DB  12,0,0E4H
YY  DW  5,?,6*3
```

存储示意：

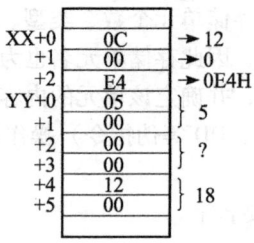

实际存储显示：

```
-D DS:0 0F
0B51:0000  0C 00 E4 05 00 00 00 12-00 00 00 00 00 00 00 00  ................
-
```

操作数中表达式先计算再保存到存储单元中。

例3 用 DUP( ) 子句重复定义相同操作数。

```
AVE    DB   8,3 DUP(2),-6     ;见示意图
MSN    DB   5 DUP(?)          ;定义5个字节空单元
COUNT  DW   100 DUP(1)        ;定义100个字单元,初始值为1
```

存储示意：

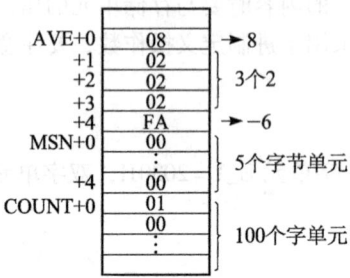

例4 DUP( ) 子句可以嵌套。

```
BUF  DB  2 DUP(96,2 DUP(1,4),8)
```

存储示意：

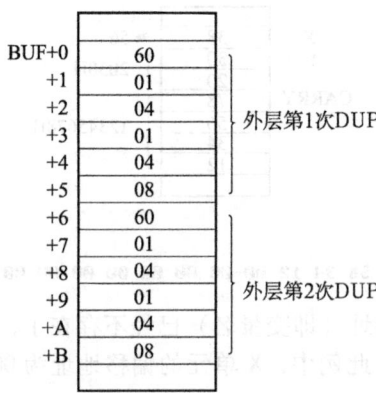

练习 根据给出的伪指令，画出存储单元的存储情况。试给出该变量的长度（占字节单元的个数）。

```
X1    DB    24,33H,-15,2 DUP(10)
Y1    DW    02E4H,5*9
Z1    DD    1080569DH
Q1    DW    3 DUP(5,3 DUP(20,-1))
```

2. 操作数是字符串

例1　定义字符及字符串，字符串要用引号括起来。

```
MES1    DB    'A','B'
MES2    DW    'AB'
MES3    DB    'HELLO'
```

由于字符串是由 ASCII 码表示的，因此存入的是该字符的 ASCII 码。字符串应该用 DB 伪指令定义，如果用 DW 定义字符串，只能是两个字符以内，并且 DW 将两个字符看成一个字。因此 MES1 和 MES2 的存储结果不一样。

存储示意：

```
MES1+0    41    A
   +1     42    B
MES2+0    42    B
   +1     41    A
MES3+0    48    H
   +1     48    E
   +2     4C    L
   +3     4C    L
   +4     4F    O
```

实际存储显示：

```
-D DS:0 0F
0B51:0000  41 42 42 41 48 45 4C 4C-4F 00 00 00 00 00 00 00    ABBAHELLO.......
-
```

例2　分别用 DB 和 DW 定义单个字符，观察结果。

```
CHAR    DB    'X','+','Y'
SYMB    DW    'X','+','Y'
```

存储示意：

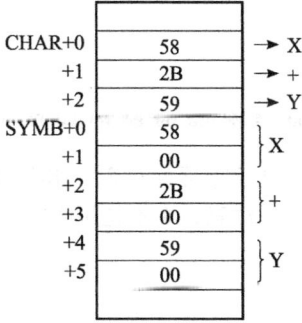

实际存储显示：

```
-d ds:0 0f
0B51:0000  58 2B 59 58 00 2B 00 59-00 00 00 00 00 00 00 00    X+YX.+.Y........
-
```

可以看出，用 DB 定义的存储单元为字节单元，一个单元保存一个字符；而用 DW 定义的单个字符却要占两个字节单元，因此对于字符而言，必须用 DB 定义。

练习　根据给出的伪指令，画出存储单元的存储情况。试给出该变量的长度（占字节单元的个数）。

```
CONN    DB    0ABH,'ABCD',-2,0
BUFF    DW    00EFH,'EF'
STRI    DB    100 DUP('A')
```

4.2.3 其他伪指令

1. 赋值伪指令

在程序中多次出现同一个表达式或者同一个数据时，可以用 EQU 定义一个符号来代表表达式，以简化书写。与 EQU 伪操作相似，等号"="伪操作也可以给表达式赋值，且允许对一个符号多次重复定义；而 EQU 则不允许重复定义。

例
```
CONT    EQU    125*3.14
STR     EQU    'RIGHT'
SUM     EQU    0
BUFF    =56
PASS    =2034H
BUFF    =56H
```

2. 模块定义伪指令

在汇编语言中，可以将程序设为多个模块，每个模块完成独立的功能，整个程序可以用 LINK 连接到一起。因此，每个模块可用模块定义伪指令定义名称和结束标识。格式为：

　　　　[NAME 模块名]
　　　　……
　　　　END   起始标号

其中，NAME 伪指令可以缺省。如果缺省，则以该模块的源程序名作为模块名。END 伪指令不能缺省，其后的起始标号可以是程序的第一条汇编指令的标号 START，或者是主过程名。它们用来指出程序的起始地址，也是对代码段寄存器 CS 初始化的依据。

3. 地址计数器 $

地址计数器 $ 表示当前的偏移地址值。

如果在数据段的存储单元定义中使用，可写成：

```
ABC    DW    1,2,$+3,4
```

实际存储显示：

```
-d ds:0 f
0B51:0000   01 00 02 00 07 00 04 00-00 00 00 00 00 00 00 00   ................
-
```

即 ABC+0 字单元存放 1，ABC+2 字单元保存 2，ABC+4 字单元保存的是 7（4+3），因为当前的 $ 等于 4，ABC+6 保存的是 4。注意，$ 不能用于字节单元定义伪指令 DB 中。

如果用在转移指令中：

```
JMP    $+5
```

则无条件跳转到当前指令的偏移地址 +5 单元继续执行。

4. 设置偏移地址伪指令

当前的偏移地址可以用 ORG 伪指令定义。

如果用在数据段中，该指令可以确定存储单元的偏移地址。例如，将 X 单元的偏移地址定义为 0020H，该单元的内容为 5，即（DS：0020H）=5。伪指令如下：

```
DATA    SEGMENT
```

```
        ORG    0020H
        X      DW   5
        DATA   ENDS
```

如果用在代码段中，可从指定的单元开始存放并执行指令。例如，从代码段的 100H 开始执行：

```
        ORG 100H
        SIGN:MOV AX,X              ;标号 SIGN 被设置为 100H
             MOV BX,Y
             ADD AX,BX
```

5. 操作符

在汇编指令中可以使用一些操作符，汇编程序汇编时将这些操作符变为相应的数值回送或者定义属性。

（1）回送偏移地址值 OFFSET

```
        MOV BX,OFFSET X            ;将 X 单元的偏移地址传送给 BX
        MOV AX,OFFSET START        ;将标号 START 的偏移地址传送给 AX
```

（2）回送段地址值 SEG

```
        MOV BX,SEG X               ;将 X 单元的段地址传送给 BX
        MOV AX,SEG START           ;将标号 START 的段地址传送给 AX
```

（3）类型回送操作符 TYPE

```
        MOV BX,TYPE X              ;如果 X 是字节单元,则回送值为 1,即 BX=1
                                   ;若是字单元,值为 2,双字单元值为 4
```

（4）变量数回送操作符 LENGTH

```
        MOV CX,LENGTH Y            ;如果 Y 是用 DUP()定义的,CX=变量个数
```

（5）字节数回送操作符 SIZE

```
        MOV AX,SIZE Y              ;如果 Y 是用 DUP()定义的,给出变量个数所占字节总数
```

（6）属性定义操作符 PTR

```
        MOV BYTE PTR [BX],10       ;定义目的操作数为字节单元
        MOV WORD PTR [SI],20       ;定义目的操作数为字单元
```

（7）多重属性操作符 THIS

```
        X1 EQU THIS BYTE           ;THIS 要求与 EQU 配合
        X2 DW 1234H                ;X1 和 X2 单元是同一个单元,但是属性不一样,X1 为字节,X2 为字
```

（8）类型操作符 LABEL

```
        X   LABEL BYTE             ;将 X 单元的类型定义为 BYTE 字节型,还可以定义为 WORD 字型、
                                   ;DWORD 双字型等
```

6. 注释伪指令

分号";"后面的内容为注释。编写程序时最好加入注释，便于以后的阅读和修改。

练习 写出伪指令，并回答问题：

1）定义名为 NEW 的字单元，保存 10，20，30，40 四个数。
2）将 NEW 单元的段地址放入 DX 寄存器，偏移地址放入 BX 寄存器。

3) NEW 中数值 40 所在单元的偏移地址是多少？

4) 如果将 NEW 单元的偏移地址设置为 10H，用什么伪指令？

4.3 基本汇编指令

我们已经使用过几条简单的汇编指令了，对于编写一个汇编语言顺序程序这些还远远不够，还应学习其他的汇编指令。对于算术运算，8086 提供了二进制运算和十进制运算指令。在这一节中，我们对传送类指令、算术运算类指令、DOS 中断调用等进行介绍，并用 DEBUG 观察这些指令的执行以及 CPU 寄存器的状况，通过实例让读者学会编写简单汇编语言程序的方法。本章要学习的主要指令在表 4-1 中列出。

表 4-1 主要的传送、算术运算及功能调用指令

指令	格式	作用	举例
传送指令	MOV DST, SRC	(DST) ← (SRC)	MOV AX, BX
数据交换指令	XCHG OPR1, OPR2	(OPR1) ↔ (OPR2)	XCHG AX, BX
进栈指令	PUSH SRC	((SP+1), (SP)) ← (SRC)	PUSH AX
出栈指令	POP DST	(DST) ← ((SP+1), (SP))	POP AX
查表转换指令	XLAT	(AL) ← (BX) + (AL)	XLAT
有效地址传送	LEA 寄存器, 存储单元	将存储单元的 EA 传送给寄存器	LEA BX, TABLE
加法指令	ADD DST, SRC	(DST) ← (DST) + (SRC)	ADD AX, BX
带进位加	ADC DST, SRC	(DST) ← (DST) + (SRC) + CF	ADC DX, CX
加 1 指令	INC OPR	(OPR) ← (OPR) + 1	INC AX
减法指令	SUB DST, SRC	(DST) ← (DST) − (SRC)	SUB AX, BX
带借位减	SBB DST, SRC	(DST) ← (DST) − (SRC) − CF	SBB DX, CX
减 1 指令	DEC OPR	(OPR) ← (OPR) − 1	DEC AX
求补指令	NEG OPR	(OPR) ← 0 − (OPR)，即求补操作	NEG AX
比较指令	CMP OPR1, OPR2	(OPR1) − (OPR2)，改变标志位	CMP AX, 5
带符号数乘法	IMUL SRC	(AX) ← (AL) × (SRC)	IMUL BL
带符号数除法	IDIV SRC	(AL) ← (AX) / (SRC) 的商 (AH) ← (AX) / (SRC) 的余数	IDIV BL
压缩 BCD 码加法调整	DAA	AL 的低 4 位大于 9，则 AL 加 6；AL 的高 4 位大于 9，AL 加 60H	DAA
非压缩 BCD 码加法调整	AAA	AL 的低 4 位大于 9，将 AL 加 6、AH 加 1，AL 的高 4 位清零	AAA
键盘输入一个字符	MOV AH, 1 INT 21H	键入的字符在 AL 中	
键盘输入一串字符	MOV AH, 10 INT 21H	键入的字符在 DS：DX 指出的缓冲区中	
显示一个字符	MOV AH, 2 INT 21H	显示出 DL 中的字符	
显示一串字符	MOV AH, 9 INT 21H	显示出 DS：DX 指出的缓冲区中字符串	
返回 DOS	MOV AH, 4CH INT 21H	结束程序，返回 DOS	

4.3.1 数据、栈及查表

对数据的操作有多种方式，本章介绍其中常用的 4 种。数据操作指令不影响标志位。

1. MOV 传送指令

MOV 传送指令是双操作数指令，SRC 为源操作数，DST 为目的操作数。要求两个操作数的属性必须一致，两个操作数不能同时为存储单元。

格式：MOV DST, SRC

执行的操作：(DST) ← (SRC)

功能：将源操作数传送到目的操作数。

在寻址方式一节中讲到了 MOV 传送指令的用法。再举例如下：

```
MOV DS,AX
MOV AL,'y'
MOV BH,23H
MOV AH,BL
MOV AX,3*15-2
MOV [BX],CX
MOV DX,TABLE[BP][SI]
MOV DS:[2000H],CS
MOV [COUNT],100
```

下面列出的指令是非法的:

```
MOV AX,BL              ;操作数类型不匹配
MOV 1234H,CX           ;目的操作数不能是立即数
MOV [BX],[SI]          ;两个操作数不能都是存储单元
MOV [BX],20            ;目的操作数属性不确定
MOV CS,AX              ;CS不允许赋值
MOV DS,1000H           ;DS、ES、SS等段寄存器不允许用立即数赋值
```

归纳一下,MOV指令可以有如下几种形式:

```
MOV 寄存器,寄存器              MOV AX,BX
MOV 寄存器,立即数              MOV AX,5
MOV 寄存器,存储单元            MOV AX,[BX]
MOV 寄存器,段寄存器            MOV AX,CS
MOV 存储单元,寄存器            MOV [SI],AX
MOV 存储单元,立即数            MOV WORD PTR [BX][DI],25
MOV 存储单元,段寄存器          MOV [BP],DS
MOV 段寄存器,寄存器            MOV DS,AX
MOV 段寄存器,存储单元          MOV SS,[BX]
```

注意:对段寄存器赋值时,源操作数可以用寄存器或存储单元,但不能用立即数;而且代码段寄存器CS不允许用户赋值。目的操作数的属性可以用PTR伪指令指出。

练习 寄存器和内存单元的内容如下,回答下列问题:

```
-U
0B52:0000 B8510B          MOV     AX,0B51
0B52:0003 8ED8            MOV     DS,AX
0B52:0005 8CC8            MOV     AX,CS
0B52:0007 8CDB            MOV     BX,DS
0B52:0009 8E060000        MOV     ES,[0000]
0B53:000D 8E17            MOV     SS,[BX]
0B52:000F 9C              PUSHF
0B52:0010 B80010          MOV     AX,1000
0B52:0013 BB0020          MOV     BX,2000
0B52:0016 8A4E00          MOV     CL,[BP+00]
0B52:0019 C60600200C      MOV     BYTE PTR [2000],0C
0B52:001E B005            MOV     AL,05
-R
AX=0000  BX=0000  CX=00A6  DX=0000  SP=0006  BP=0000  SI=0000  DI=0000
DS=0B41  ES=0B41  SS=0B5B  CS=0B52  IP=0000   NV UP EI PL NZ NA PO NC
0B52:0000 B8510B          MOV     AX,0B51
-D CS:0 1F
0B52:0000  B8 51 0B 8E D8 8C C8 8C-DB 8E 06 00 00 8E 17 9C   .Q..............
0B52:0010  B8 00 10 BB 00 20 8A 4E-00 C6 06 00 20 0C B0 05   ..... .N.... ...
-
```

1) 这段程序在内存的哪个地方开始存放?其逻辑地址和物理地址是多少?
2) 写出每条指令的作用以及执行后目的操作数的内容。
3) 程序执行之前,数据段的段地址是多少?执行之后呢?
4) 本例中,用D命令查看的是哪个段的存储单元?查看了多少个单元?
5) 观察一下,0B52:0000开始的内存单元中的内容是什么?代表什么?

通过这个练习,除了了解MOV指令的用法之外,应该进一步加深对寄存器和存储单元的认识。

思考:如何观察存储单元的地址和内容?如何区分存储单元中保存的是数据还是程序代码?

2. 数据交换指令 XCHG

XCHG 指令是双操作数指令，指令的功能是将两个操作数的内容互换。要求必须有一个操作数是寄存器，而且两个操作数的属性必须一致。操作数不能为立即数。

格式：XCHG OPR1, OPR2

执行的操作：(OPR1) ↔ (OPR2)

功能：将两个操作数互换。

例　　XCHG　AX,BX　　　　;寄存器 AX 和 BX 的内容互换
　　　XCHG　[BX],AL　　　;AL 寄存器的内容和字节型存储单元的内容互换
　　　XCHG　CX,X[SI]　　　;CX 寄存器的内容和字型存储单元的内容互换

3. 进栈和出栈指令

(1) PUSH 进栈指令

格式：PUSH SRC

执行的操作：(SP) ← (SP) − 2
　　　　　　((SP)+1, (SP)) ← (SRC)

功能：先将堆栈指针 SP 减 2，再将操作数 SRC 入栈。要求 SRC 必须是字。如
　　　PUSH AX

(2) POP 出栈指令

格式：POP DST

执行的操作：(DST) ← ((SP)+1, (SP))
　　　　　　(SP) ← (SP)+2

功能：将堆栈指针所指字单元的内容弹到操作数 DST 中，再将 SP 加 2。例如：
POP AX

例 1　已知 (AX) = 95E3H, (BX) = 1986H, (SP) = 0010H, (SS) = 1250H, 将 AX、BX 压栈保存。画出入栈过程。

执行指令：　PUSH　AX
　　　　　　PUSH　BX

入栈过程示意如右图所示：

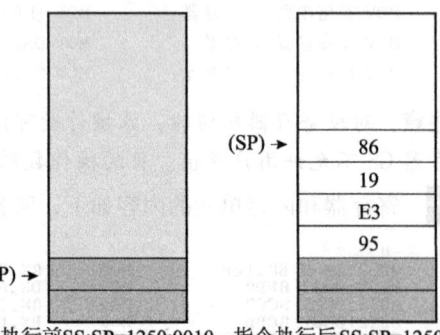

例 2　上例中，接着执行若干指令后，再执行出栈操作。

执行指令：MOV　AX,0
　　　　　MOV　BX,1
　　　　　POP　BX
　　　　　POP　AX

在执行出栈指令之前，AX 寄存器和 BX 寄存器已经被改变为 0 和 1，但是由于它们的原值已经保存在堆栈中了，因此可以很容易地恢复。

出栈过程示意如右图所示：

出栈后 (AX) = 95E3H, (BX) = 1986H。需要注意的是，这两个字仍然保存在堆栈单元中，并未消失；但是堆栈指针 SP 已经不再指向它们了，表示这两个字以后可以被覆盖了。

如果在写出栈指令时，换成别的寄存器，那么就相当于用堆栈中的数据给其他寄存器赋值。例如：

```
        PUSH    AX
        PUSH    BX
        POP     CX
        POP     DX
```

执行后（CX）= 1986H，（DX）= 95E3H。

思考：此时 AX 和 BX 是多少呢？

示例 4-1 设计程序。利用堆栈，将存储单元中的 3 个数倒序存放。

设计思路：

1）用伪指令定义存储单元 X 中的 3 个数。
2）Y 存储单元预留出 3 个空单元。
3）用 PUSH 和 POP 指令实现数的倒序存放。
4）PUSH 和 POP 的操作数均采用直接寻址方式。

程序如下：

```
;程序 4-1.asm——3 个数的倒序存放
data segment
    x dw 12,34,56
    y dw 3 dup(?)
data ends
code segment
    assume cs:code,ds:data
start:mov ax,data
      mov ds,ax
      push x
      push x+2
      push x+4
      pop y
      pop y+2
      pop y+4
      mov ah,4ch
      int 21h
code ends
      end start
```

程序执行后，实际存储显示：

```
-d ds:0 f
0B51:0000  0C 00 22 00 38 00 38 00-22 00 0C 00 00 00 00 00   .."8.8."......
-
```

观察一下这个程序，是将 3 个数按倒序存放。如果是 10 个数、100 个数要倒序存放，那我们是不是要写 10 个、100 个 PUSH 和 POP 指令？这显然不是个好办法。因此我们自然而然地想到要用循环来解决。有关循环的用法，我们在后面章节介绍。

（3）标志寄存器入栈、出栈指令

PUSHF   ；标志寄存器 FLAGS 的值入栈保存
POPF   ；将堆栈指针所指栈单元的内容弹出到标志寄存器中

练习 已知（AX）= 06A5H，（BX）= 347EH，（SP）= 002EH，（SS）= 2325H，写出下列指令执行后，寄存器 AX、BX、SP 以及 FLAGS 的值。此时堆栈区栈顶单元的物理地址是多少？

```
MOV AX,06A5H
MOV BX,347EH
MOV SP,002EH
```

```
        PUSH AX
        PUSH BX
        ADD AX,BX
        PUSH AX
        POP BX
        POP AX
        POPF
```

4. 查表转换指令 XLAT

数组、表、堆栈等是计算机中的重要概念，查表操作以及数组或矩阵运算在计算机中怎么实现呢？有很多方法可以选择：相关指令，算法程序等。汇编语言专门提供了 XLAT 查表操作指令。

格式：XLAT

执行的操作：(AL) ← ((BX) + (AL))

说明：数据表的首地址放入 BX，要查找的单元的相对地址（位移量）由 AL 指出。

功能：在 BX 为表首地址的内存表中查找相对地址为 AL 的单元，取出其中的内容再放入 AL 中。即把 AL 中的位移量换成对应的存储单元中的内容。

日常生活中有许多需要查表完成的工作。例如，查日历表、密码表、书目表、商品价格表、ASCII 码表、数学公式表等。建好表后，只要我们把表名用 BX 表示，要查的号码放入 AL，再用 XLAT 指令就可找到你要找的内容了。

示例 4-2 编写程序。用查表指令将一位十六进制数转换为它相应的 ASCII 码并显示出该数。

设计思路：

1）一位十六进制数：0~9，A~F。
2）ASCII 码：30H，…，39H，41H，42H，…，46H。
3）算法确定：建立数据表 TABLE，并以十六进制数 HEX 作为索引号（位移量）。
4）采用 DOS 中断调用实现显示功能。

TABLE 表在内存的存储情况如右图所示：

TABLE 表共占用了 16 个字节单元，其偏移地址从 TABLE+0 到 TABLE+F，段地址由数据段 DS 指出。要在数据段中定义三个变量：TABLE 表、HEX（需要查找的十六进制数）、ASCII（存放找到的 ASCII 码）。例如，要查 6 的 ASCII 码。

DS:TABLE+0	30H
+1	31H
+2	32H
+3	33H
+4	34H
+5	35H
+6	36H
+7	37H
+8	38H
+9	39H
+A	41H
+B	42H
+C	43H
+D	44H
+E	45H
+F	46H

程序如下：

```
        ;程序 4-2.asm——查十六进制数的 ASCII 码表
        ;4-2.asm
        data segment
            table db 30h,31h,32h,33h,34h,35h,36h,37h
                  db 38h,39h,41h,42h,43h,44h,45h,46h
            hex   db 6                    ;要查找 6
            ascii db ?
        data ends
        code segment
            assume cs:code,ds:data
        begin:mov ax,data
              mov ds,ax
              mov bx,offset table         ;bx←table 表的偏移地址
              mov al,hex                  ;al←6
```

```
            xlat                    ;换码指令,从 table 的 6 号单元取数→al
            mov ascii,al            ;保存查到的 ASCII 码
            mov dl,al               ;要显示的字符放入 dl
            mov ah,02h              ;DOS 中断调用的 2 号功能,显示一个字符
            int 21h                 ;int 中断调用指令
            mov ah,4ch
            int 21h
       code ends
            end begin
```

运行结果:观察一下这段程序的执行情况。

```
C:\hb>masm 4-2;
Microsoft (R) Macro Assembler Version 5.00
Copyright (C) Microsoft Corp 1981-1985, 1987.  All rights reserved.

  50828 + 450516 Bytes symbol space free

      0 Warning Errors
      0 Severe  Errors

C:\hb>link 4-2;

Microsoft (R) Overlay Linker  Version 3.60
Copyright (C) Microsoft Corp 1983-1987.  All rights reserved.


C:\hb>4-2.exe
6
C:\hb>
```

经过汇编、连接之后生成了 4 – 2. EXE 文件。对于这个程序而言,可以直接在 DOS 下执行,因为程序中加入了显示功能。执行 4 – 2. EXE,我们看到 6 显示在屏幕上。再进入 DEBUG 看一下内存中 TABLE 表的存储情况:

```
-d ds:0
0B51:0000  30 31 32 33 34 35 36 37-38 39 41 42 43 44 45 46  0123456789ABCDEF
0B51:0010  06 36 00 00 00 00 00 00-00 00 00 00 00 00 00 00  .6..............
0B51:0020  B8 51 0B 8E D8 BB 00 00-A0 10 00 D7 A2 11 00 8A  .Q..............
```

第一行从 0 号单元开始一直到 0F 号单元放的就是 16 个十六进制数的 ASCII 码,在右边显示出这些字符。第二行的 10H 单元就是 HEX,存放 6,11H 单元存放的是查找到的 36H。只要我们将程序中的 HEX 修改为要查找的十六进制数,那么在屏幕上显示的就是该字符了。

这个程序有什么问题吗? 它执行一次只能查找并显示一个字符,要想查找另一个字符还必须要修改程序,不太实用。如果能随时选择想查找的字符、还可多次查找多个字符,那就有意义多了。这就需要加入条件判断指令、循环指令和灵活的寻址方式了。

我们先从简单的、顺序的程序设计方法入手,了解和学会汇编语言的基本指令、简单程序设计方法以及特有的算法思路;以后的分支和循环程序才能更快地掌握,遇到复杂的程序设计时才会思路开阔、得心应手。

查表操作的含义我们已经了解了,那么实现的手段就可以有多种形式。如果不用查表指令 XLAT,考虑用其他方法实现,也是开拓思路、训练编程能力的一种途径。

既然系统提供了 XLAT 功能,说明我们也可以用其他指令实现。查表的方式就是 TABLE + 位移量作为要找单元的有效地址。那么可以用寄存器相对寻址方式查表,把要查的某进制数放入寄存器作为位移量,如 TABLE [BX]。

示例 4-3 利用上例中的 TABLE 表,不用查表指令实现 15 以内的十进制数与一位十六进制数的转换并显示。

设计思路:

1)建立十六进制数的 ASCII 码表 TABLE。
2)要查的数据在存储单元 X 中,X 为字节型。
3)采用寄存器相对寻址方式 TABLE [BX];将 X 的值→BX,作为相对于表首址 TABLE 的

位移量。

4）从表中取出对应的 ASCII 码→AL。

5）用 DOS 中断调用的 2 号功能显示结果。

修改程序为：

```
;程序 4-3.asm——15 以内的十进制数与一位十六进制数的转换
data segment
  table db 30h,31h,32h,33h,34h,35h,36h,37h
        db 38h,39h,41h,42h,43h,44h,45h,46h
  x     db 13                  ;查十进制数 13
  ascii db ?
data ends
code segment
    assume cs:code,ds:data
begin:mov ax,data
    mov ds,ax
    mov bl,x              ;x 是字节数,因此放入 bl 寄存器
    mov bh,0              ;bx 的高字节清零
    mov al,table[bx]      ;源操作数为相对寄存器寻址
    mov ascii,al
    mov dl,al
    mov ah,02h            ;显示该十六进制数
    int 21h
    mov ah,4ch
    int 21h
code ends
    end begin
```

这个程序只要修改 X 的值，就可查出并显示对应的十六进制数。但是还是要修改程序中的 X 才能显示其他的数。如果允许从键盘输入一个十进制数，然后把对应的十六进制数显示出来就方便了。

键盘输入一个字符可以用 DOS 功能调用的 1 号功能实现。输入后 AL 寄存器保存的是按键的 ASCII 码。键盘输入功能见 4.4 节。

4.3.2 逻辑地址的获得

1. LEA 有效地址传送指令

格式：LEA 寄存器，存储单元

功能：将存储单元的有效地址传送给寄存器。其作用与伪指令 OFFSET 操作符的作用一样。

例 LEA BX,TABLE
    LEA DX,[BX]
    LEA BX,COUNT[SI]

2. LDS 数据段地址传送指令

格式：LDS 寄存器，双字存储单元

功能：将双字单元中的低字送入寄存器，高字传送给 DS 数据段寄存器。

例 指令执行前：

已知 (DS)=1300H, (BX)=0032H, (13032H)=3504H, (13034H)=2936H

执行指令：LDS SI, [BX]

源操作数的有效地址 EA=(BX)=0032H

物理地址 =(DS)×10H+EA=1300H×10H+0032H=13032H

存储单元中的第一个字为 3504H，送入 SI，第二个字是 2936H，送入 DS。
指令执行后：
（SI）= 3504H，（DS）= 2936H

3. LES 附加段地址传送指令

格式：LES 寄存器，双字存储单元
功能：将双字单元中的低字送入寄存器，高字传送给 ES 附加段寄存器。

例 指令执行前：
已知（DS）= 1400H，（BX）= 0046H，（14046H）= 2307H，（14048H）= 5640H
执行指令：LES DI，[BX]
源操作数的有效地址 EA =（BX）= 0046H
物理地址 =（DS）× 10H + EA = 1400H × 10H + 0046H = 14046H
存储单元中的第一个字为 2307H，送入 DI，第二个字是 5640H，送入 ES。
指令执行后：
（DI）= 2307H，（ES）= 5640H

4.3.3 符号位扩展

1. CBW 字节扩展为字指令

格式：CBW
功能：将 AL 扩展到 AX。如果 AL 的符号位为 0，则 AH 为 0，如果 AL 的符号位为 1，则（AH）= FFH

2. CWD 字扩展为双字指令

格式：CWD
功能：将 AX 扩展到 DX。如果 AX 的符号位为 0，则 DX 为 0，如果 AX 的符号位为 1，则（DX）= FFFFH

4.3.4 双精度数运算

无论是单精度数运算还是双精度数运算，都要用到算术运算类指令。算术运算类指令包括加法指令、减法指令、乘法指令、除法指令 4 种类型。这些指令有双操作数指令也有单操作数指令，运行的结果会影响标志位。

1. ADD 加法指令

格式：ADD DST, SRC
执行的操作：（DST）←（DST）+（SRC）
功能：目的操作数和源操作数相加，结果再放入目的操作数 DST。

例
```
ADD  AX,5
ADD  AL,30H
ADD  BH,CL
ADD  AX,[SI]
ADD  BYTE PTR[BX],2
```

2. ADC 带进位加法指令

格式：ADC DST, SRC
执行的操作：（DST）←（DST）+（SRC）+ CF
功能：目的操作数加上源操作数再加上进位标志 CF，结果放入目的操作数 DST。

说明：ADC 带进位加法指令一般用在双精度加法操作中。当两个低字相加后，两个高字相加时要考虑来自低字的进位，把产生的进位加上。

示例 4-4　编程序实现两个双精度数 20034980H 和 1008E699H 加法运算。

设计思路：

1) 两个双精度数存放在数据段中。相加后的结果也放在数据段中。
2) 程序中用 DX、AX 存放第一个双精度数 20034980H，用 CX、BX 存放第二个双精度数 1008E699H。

程序如下：

```
;4-4.asm 两个双精度数加法
data segment
  dd 20034980h
  dd 1008e699h
  dd ?
data ends
code segment
  assume cs:code,ds:data
start:mov ax,data
      mov ds,ax
      mov ax,ds:[0]     ;第一个双精度数的低字
      mov dx,ds:[2]     ;第一个双精度数的高字
      mov bx,ds:[4]     ;第二个双精度数的低字
      mov cx,ds:[6]     ;第二个双精度数的高字
      add ax,bx         ;低字相加
      adc dx,cx         ;高字带进位加
      mov ds:[8],ax     ;保存结果
      mov ds:[10],dx
      mov ah,4ch
      int 21h
code ends
      end start
```

运行结果：

```
C:\hb>debug 4-4.exe
-U
0B52:0000 B8510B           MOV     AX,0B51
0B52:0003 8ED8             MOV     DS,AX
0B52:0005 A10000           MOV     AX,[0000]
0B52:0008 8B160200         MOV     DX,[0002]
0B52:000C 8B1E0400         MOV     BX,[0004]
0B52:0010 8B0E0600         MOV     CX,[0006]
0B52:0014 03C3             ADD     AX,BX
0B52:0016 13D1             ADC     DX,CX
0B52:0018 A30800           MOV     [0008],AX
0B52:001B 89160A00         MOV     [000A],DX
0B52:001F B44C             MOV     AH,4C
-G16

AX=3019  BX=E699  CX=1008  DX=2003  SP=0000  BP=0000  SI=0000  DI=0000
DS=0B51  ES=0B41  SS=0B51  CS=0B52  IP=0016   NV UP EI PL NZ NA PO CY
0B52:0016 13D1             ADC     DX,CX
-
```

我们先来观察运行完第一条加法指令后的情况：先执行 G16 命令，此时，AX 寄存器的值为 3019，这是低字相加的结果，进位标志 CF 显示为 CY，表示有进位；然后接着用 G1F 命令执行 ADC 指令以及其他指令，显示结果：

```
-G1F
AX=3019  BX=E699  CX=1008  DX=300C  SP=0000  BP=0000  SI=0000  DI=0000
DS=0B51  ES=0B41  SS=0B51  CS=0B52  IP=001F   NV UP EI PL NZ NA PE NC
0B52:001F B44C             MOV     AH,4C
-d ds:0
0B51:0000  80 49 03 20 99 E6 08 10-19 30 0C 30 00 00 00 00   .I. .....0.0....
```

先看寄存器：相加的结果在 DX、AX 中，即双精度数为 300C3019H。

再看存储单元：从 0 号单元开始，共占用了 12 个字节单元，从右向左保存的是 4980、2003、E699、1008，相加的结果紧接着存放为 3019、300C。

3. INC 加 1 指令

格式：INC OPR

执行的操作：(OPR) ← (OPR) + 1

功能：将操作数 OPR 加 1。

例　　INC　AX
　　　INC　BL
　　　INC　BYTE PTR[BX]
　　　INC　[COUNT]

4.3.5　多字节数运算

在数值运算程序中，还可以编写两个多字节数值的运算。除了加法指令有带进位加指令，减法指令也有带借位减指令。

1. SUB 减法指令

格式：SUB　DST, SRC

执行的操作：(DST) ← (DST) - (SRC)

功能：目的操作数减去源操作数，结果再放入目的操作数 DST。

例　　SUB　CX,13
　　　SUB　AH,BL
　　　SUB　BYTE PTR[VALUE],AL
　　　SUB　DX,[SI]

2. SBB 带借位减法指令

格式：SBB　DST, SRC

执行的操作：(DST) ← (DST) - (SRC) - CF

功能：目的操作数减去源操作数后再减去进位标志 CF，结果放入目的操作数 DST。

说明：SBB 带借位减法指令一般用在双精度减法操作中。当两个低字相减后，有可能向高位借位，因此两个高字相减时要考虑来自低字的借位，要把产生的借位也减掉。

示例 4-5　编程序实现两个三字节数 220D34H 和 14584CH 相减运算。

设计思路：

1）在数据段中定义两个三字节数 X、Y，相减后的结果放在 Z 中。

2）程序中用字节型寄存器存放字节数，并作相减运算。注意，定义 X 和 Y 时，低字节放在低地址单元中，高字节依次存放在高地址单元中。

3）两个高字节要用带借位减法指令。

程序如下：

```
;4-5.asm   两个三字节数减法
data segment
  x db  34h,0dh,22h
  y db  4ch,58h,14h
  z db  ?,?,?
data ends
code segment
assume cs:code,ds:data
```

```
        start:mov ax,data
              mov ds,ax
              mov al,x[0]              ;直接寻址方式
              sub al,y[0]              ;x 的低字节与 y 的低字节相减
              mov ah,x[1]
              sbb ah,y[1]              ;x 的中间字节与 y 的中间字节带借位减
              mov dl,x[2]
              sbb dl,y[2]              ;x 的最高字节与 y 的最高字节带借位减
              mov z[0],al
              mov z[1],ah              ;保存结果
              mov z[2],dl
              mov ah,4ch
              int 21h
        code ends
              end start
```

运行结果：

用 DEBUG 的 U 命令显示的汇编指令如下：

```
C:\hb>debug 4-5.exe
-U
0B52:0000 B8510B          MOV     AX,0B51
0B52:0003 8ED8            MOV     DS,AX
0B52:0005 A00000          MOV     AL,[0000]
0B52:0008 2A060300        SUB     AL,[0003]
0B52:000C 8A260100        MOV     AH,[0001]
0B52:0010 1A260400        SBB     AH,[0004]
0B52:0014 8A160200        MOV     DL,[0002]
0B52:0018 1A160500        SBB     DL,[0005]
0B52:001C A20600          MOV     [0006],AL
0B52:001F 88260700        MOV     [0007],AH
-
```

可以看出，经过汇编之后，程序中的直接寻址方式中的符号地址 X、Y 和 Z 已经变为实际存储单元的偏移地址了。如 Y[0] 变为 [0003]，Z[1] 为 [0007]。而 [0003] 单元中的值为 4C，[0007] 单元中的值等于 B4。

```
-dds:0
0B51:0000  34 0D 22 4C 58 14 E8 B4-0D 00 00 00 00 00 00 00   4."LX.........
```

程序计算结果为：X - Y = 0DB4E8H

思考：本程序为两个三字节数运算，如果是十字节，那么要写出十条传送和减法指令，显然这种程序结构不合理。利用循环程序结构就可以有效地解决这个问题。第 6 章中我们会举例说明。

3. DEC 减 1 指令

格式：DEC   OPR

执行的操作：(OPR) ← (OPR) - 1

功能：将操作数 OPR 减 1。

4. NEG 求补指令

格式：NEG   OPR

执行的操作：(OPR) ←   0 - (OPR)

功能：用 0 减去操作数，相当于求补操作。

说明：对正数的补码求补变为其负数的补码，对负数的补码求补变为其正数的补码。利用 NEG 指令可以求负数的绝对值。

例   MOV AX,-6
      NEG AX
      MOV BX,7
      NEG BX

运行后，(AX) = 6，(BX) = FFF9H。

5. CMP 比较指令

格式：CMP OPR1，OPR2

执行的操作：(OPR1) - (OPR2)

功能：将两个操作数作相减运算，结果不回送，改变标志位。通常后跟条件转移指令，根据 CMP 比较之后标志位的值进行转移。

例　　CMP AX,BX
　　　CMP DX,[SI]
　　　CMP CX,8

4.3.6　混合算术运算

乘法指令和除法指令与加、减指令不同，它们要考虑操作数的符号情况。在十进制乘除运算中我们都知道负负得正、正负得负，二进制也是如此。因此乘法指令要分为无符号数乘法指令和带符号乘法指令两类，除法指令也这样划分。由于操作数有属性的要求，两个字节数相乘，乘积要用字来保存；而两个字操作数相乘，乘积就要用双字保存。所以，乘法指令又分为字节乘法和字乘法两种指令形式。除法指令也一样。乘法指令对 CF 和 OF 标志有影响，对其他标志位无定义。除法指令对所有标志位无定义。

对于乘、除指令而言，都是单操作数指令。一个操作数在指令中给出，另一个操作数默认为 AL 寄存器、AX 寄存器或者 DX、AX 寄存器。

1. MUL 无符号数乘法指令

乘法指令是单操作数指令。字节乘法的 8 位被乘数隐含在 AL 中，字乘法的 16 位被乘数隐含在 AX 中；乘数 SRC 写在指令中。

（1）字节乘法

格式：MUL SRC

执行的操作：(AX) ← (AL) × (SRC)

功能：将 AL 与字节型源操作数 SRC 相乘，乘积放入 AX 寄存器。即两个 8 位数相乘，乘积为 16 位数。

（2）字乘法

格式：MUL SRC

执行的操作：(DX、AX) ← (AX) × (SRC)

功能：将 AX 与字型源操作数 SRC 相乘，乘积放入 DX、AX 寄存器，即乘积为双精度数。

2. IMUL 带符号数乘法指令

与无符号数乘法指令格式一样，但是指令的操作码改为 IMUL。执行带符号数乘法指令时，系统将把操作数作为补码进行运算。

（1）字节乘法

格式：IMUL SRC

执行的操作：(AX) ← (AL) × (SRC)

功能：将 AL 与字节型源操作数 SRC 相乘，乘积放入 AX 寄存器。

（2）字乘法

格式：IMUL SRC

执行的操作：(DX、AX) ← (AX) × (SRC)

功能：将 AX 与字型源操作数 SRC 相乘，乘积放入 DX、AX 寄存器。

例 1　设 (AL)=35H，(BL)=89H。用无符号乘法指令做乘法操作，用 DEBUG 观察运行结果。35H=53，89H=137，乘积（AX）=1C5DH=7261。

```
MOV AL,35H
MOV BL,89H
MUL BL
```

运行结果：

```
C:\hb>debug
-a
0AF6:0100 mov al,35
0AF6:0102 mov bl,89
0AF6:0104 mul bl
0AF6:0106
-t
AX=0035  BX=0000  CX=0000  DX=0000  SP=FFEE  BP=0000  SI=0000  DI=0000
DS=0AF6  ES=0AF6  SS=0AF6  CS=0AF6  IP=0102   NV UP EI PL NZ NA PO NC
0AF6:0102 B389           MOV     BL,89
-t
AX=0035  BX=0089  CX=0000  DX=0000  SP=FFEE  BP=0000  SI=0000  DI=0000
DS=0AF6  ES=0AF6  SS=0AF6  CS=0AF6  IP=0104   NV UP EI PL NZ NA PO NC
0AF6:0104 F6E3           MUL     BL
-t
AX=1C5D  BX=0089  CX=0000  DX=0000  SP=FFEE  BP=0000  SI=0000  DI=0000
DS=0AF6  ES=0AF6  SS=0AF6  CS=0AF6  IP=0106   OV UP EI PL NZ NA PO CY
```

用 A 命令将指令输入后，单步执行 T 命令。观察 AX 寄存器，乘积在 AX 中，AX=1C5DH。

例 2　设（AL）=35H，（BL）=89H。用带符号乘法指令做乘法操作，观察运行结果。补码 35H=53，89H=-119，乘积（AX）=E75DH=-6307。

```
MOV AL,35H
MOV BL,89H
IMUL BL
```

运行结果：

```
C:\hb>debug
-a
0AF6:0100 mov al,35
0AF6:0102 mov bl,89
0AF6:0104 imul bl
0AF6:0106
-g 106

AX=E75D  BX=0089  CX=0000  DX=0000  SP=FFEE  BP=0000  SI=0000  DI=0000
DS=0AF6  ES=0AF6  SS=0AF6  CS=0AF6  IP=0106   OV UP EI PL NZ NA PO CY
```

用 G 命令执行三条指令，乘积在 AX 中，(AX)=E75DH。

3. DIV 无符号数除法指令

除法指令也是单操作数指令。字节除法的 16 位被除数默认在 AX 中，8 位除数在指令中；字除法的 32 位被除数默认在 DX、AX 中，16 位除数写在指令中。

（1）字节除法

格式：DIV SRC

执行的操作：(AL) ← (AX) / (SRC) 的商

　　　　　　(AH) ← (AX) / (SRC) 的余数

功能：16 位被除数 AX 与 8 位源操作数 SRC 相除，8 位的商放入 AL 寄存器，8 位余数在 AH 寄存器中。

（2）字除法

格式：DIV SRC

执行的操作：(AX) ← (DX、AX) / (SRC) 的商

　　　　　　(DX) ← (DX、AX) / (SRC) 的余数

功能：32 位被除数 DX、AX 与 16 位源操作数 SRC 相除，16 位的商放入 AX 寄存器，16 位余数在 DX 寄存器中。

4. IDIV 带符号数除法指令

指令的操作码为 IDIV。指令格式与无符号数除法一样。执行带符号数除法指令时，系统把操作数作为带符号数补码进行运算，商和余数也都是带符号数。

（1）字节除法

格式：IDIV SRC

执行的操作：(AL) ← (AX) / (SRC) 的商
　　　　　　(AH) ← (AX) / (SRC) 的余数

功能：16 位被除数 AX 与 8 位源操作数 SRC 相除，8 位的商放入 AL 寄存器，8 位余数在 AH 寄存器中。

（2）字除法

格式：IDIV SRC

执行的操作：(AX) ← (DX、AX) / (SRC) 的商
　　　　　　(DX) ← (DX、AX) / (SRC) 的余数

功能：32 位被除数 DX、AX 与 16 位源操作数 SRC 相除，16 位的商放入 AX 寄存器，16 位余数在 DX 寄存器中。

注意：无论是无符号数除法还是带符号数除法，都要考虑溢出问题。对字节除法，如果被除数 AX 中 AH 的绝对值≥8 位除数 SRC 的绝对值；或者对字除法，被除数 DX、AX 中 DX 的绝对值≥16 位除数 SRC 的绝对值，商就会产生溢出。这时系统会进入 0 号除法溢出中断进行处理。因此要避免这种情况发生。

下面用我们所学过的各种基本操作指令尝试编写混合算术运算程序。

示例 4-6 编写程序，实现混合算术运算。算术表达式如下：

$$W = (X + 3 \times Y - 45) / Z$$

其中，X、Y、Z 均为 16 位带符号数。要求运算结果的商保存在 W、余数保存在 W+2 单元中。

设计思路：

1）在数据段中定义 4 个字型变量 X、Y、Z、W。

2）采用带符号数乘除指令，要注意操作数的属性问题。

3）假定 X、Y、Z 的值如程序所示，则结果应为：商在 W 单元 = FFFCH = -4，余数 -4 在 W+2 单元 = FFFCH。

程序如下：

```
;4-6.asm  W=(X+3×Y-45)/Z
data segment
  x dw 48
  y dw -21
  z dw 14
  w dw ?,?
data ends
code segment
assume cs:code,ds:data
start:mov ax,data
      mov ds,ax
      mov ax,3
      imul y                    ;3×Y
      mov bx,ax                 ;乘积保存到 CX、BX
      mov cx,dx
      mov ax,x
      cwd                       ;将 X 扩展为双字
```

```
            add ax,bx
            adc dx,cx                    ;高字带进位加
            sub ax,45
            sbb dx,0                     ;高字带借位减
            idiv z
            mov w,ax                     ;商→W
            mov w+2,dx                   ;余数→W+2
            mov ah,4ch
            int 21h
       code ends
            end start
```

运行结果：

```
-g 0029
AX=FFFC  BX=FFC1  CX=FFFF  DX=FFFC  SP=0000  BP=0000  SI=0000  DI=0000
DS=0B51  ES=0B41  SS=0B51  CS=0B52  IP=0029   NV UP EI NG NZ NA PE NC
0B52:0029 B44C             MOV      AH,4C
-d ds:0
0B51:0000  30 00 EB FF 0E 00 FC FF-FC FF 00 00 00 00 00 00   0...............
```

在指令的运行时间和指令长度方面，乘法指令和除法指令的执行比较费时，乘法指令大约需要 80~160 个时钟周期，除法指令大约需要 101~190 个时钟周期；两种指令的长度最短为 2 字节。而其他基本指令大约为几个~十几个时钟周期（见附录 A）。从编写高效、快速的汇编语言程序的目标出发，应该尽量使用执行时间短的指令来实现相应功能。

对于操作数中有 2^n 的乘除运算，就可以用移位指令实现乘除操作。例如 4.1.1 节第一个程序的例子，就是用左移 3 位相当于乘以 8，右移 1 位相当于除以 2 来取代乘除指令的。移位指令的具体用法将在第 5 章介绍。

练习

1）将示例 4-6 的公式改为 W = ((X+3)×Y-45) /Z，各变量值同上。编程序，并解释运行结果。（代码可参考汇编语言课程网站上 4-6a.ASM，网址见附录 D）

2）编程序。用乘除指令实现 Z = (5X-6Y) /7。

4.3.7　十进制数运算

在第 1 章中我们学过用 BCD 码表示十进制数，我们也希望在计算机中按十进制运算规则进行运算。但是 8086 系统并没有提供十进制运算指令，前面学习的加减乘除指令都是针对二进制而言的。由于 BCD 码是用二进制编码来表示十进制数，因此计算机实际上进行的还是二进制运算。例如，十进制运算 5+7=12，用 BCD 码表示为 0101+0111。按照二进制相加，结果等于 1100，而这个结果不是 BCD 码；那么再把它加 6，结果就是 00010010，即 BCD 码表示的 12。通过观察二进制数运算结果和对应的十进制运算结果的差别可知，只要是结果大于 9，就应该对计算结果做修正调整，这样获得的数值就符合逢十进一的十进制运算规则。8086 指令系统中提供了相关的十进制调整指令。

注意：调整指令要紧跟在加减乘运算指令之后。对于加、减、乘运算，要先计算再调整；而对于除法运算，则要先调整被除数再计算。由于调整指令是对 AL 或 AX 寄存器中的值进行调整，因此要把运算结果放在 AL 或 AX 中后再执行调整。如果用压缩 BCD 码，只能做加法和减法运算调整。

1. 压缩的 BCD 码加法调整

格式：DAA（Decimal Adjust Addition）

功能：如果 AL 的低 4 位大于 9，则将 AL 加 6，并将辅助进位标志 AF 置 1。如果 AL 的高 4 位大于 9（或等于 9、同时辅助进位 AF 为 1），将 AL 加 60H，并将进位标志 CF 置 1。此时 CF=1，可看作百位上的 1。

例1 十进制计算 5+7=12，用 BCD 码做计算。

```
X  DB  05H
Y  DB  07H
……
MOV  AL,X
ADD  AL,Y           ;相加后,(AL)=00001100=0CH
DAA                 ;加6调整后,(AL)=00010010=12H(压缩的BCD码)
```

例2 十进制计算 35+68=103，用 BCD 码做计算。

```
S1  DB  35H         ;BCD码表示的十进制35
S2  DB  68H         ;BCD码表示的十进制68
……
MOV  AL,S1
ADD  AL,S2          ;相加后,(AL)=9DH
DAA                 ;加66H调整后,(AL)=03H,CF=1
```

2. 压缩的 BCD 码减法调整

格式：DAS（Decimal Adjust Subtraction）

功能：如果辅助进位 AF 为 1（AC），则将 AL 减 6，AF 置 1。如果 AL 的高 4 位大于 9，将 AL 减 60H，并将 CF 置 1。

例 十进制计算 62-38=24。

```
W1  DB  62H         ;BCD码表示的十进制62
W2  DB  38H
……
MOV  AL,W1
SUB  AL,W2          ;相减后,AF=1,(AL)=2AH
DAS                 ;减6调整后,(AL)=24H
```

3. 非压缩的 BCD 码加法调整

格式：AAA（ASCII Adjust Addition）

功能：如果 AL 的低 4 位大于 9，将 AL 加 6、AH 加 1，AL 的高 4 位清零、CF 与 AF 置 1。由于非压缩的 BCD 码用 1 个字节表示 1 个十进制数，调整后若加上 30H 就是该数值的 ASCII 码，所以 AAA 的含义为加法执行后可调整为 ASCII。

注意：AAA 指令适用于百位以内的加法运算调整；如果运算结果超过百位（200 以内），则需用其他方法调整。例如 97+45=142，运算后（AX）=0D0CH，可改用加 0F6F6H 作修正，此时 CF=1，可看作百位上的 1。

例1 十进制计算 6+8=14，用非压缩的 BCD 码表示并显示在屏幕上。

```
T1 DB 06H
T2 DB 08H
……
MOV AL,T1           ;(AL)=00000110=06H
ADD AL,T2           ;(AL)=00001110=0EH
AAA                 ;调整后(AH)=01H,(AL)=04H
ADD AX,3030H        ;AH、AL分别加上30H,变成ASCII码
MOV BX,AX           ;用BX保存
MOV DL,BH           ;显示"1"
MOV AH,2            ;2号显示功能
INT 21H             ;DOS中断调用
MOV DL,BL           ;显示"4"
INT 21H
```

例2 十进制计算 57 + 36 = 93，用非压缩的 BCD 码进行加法运算。

```
MOV AX,0507H          ;57 的非压缩 BCD 码
MOV BX,0306H          ;36 的非压缩 BCD 码
ADD AX,BX             ;相加后(AX)=080DH
AAA                   ;调整后(AX)=0903H
```

4. 非压缩的 BCD 码减法调整

格式：AAS（ASCII Adjust Subtraction）

功能：如果辅助进位 AF 为 1（AC），将 AL 减 6、AH 减 1，AL 的高 4 位清零、CF 置 1。

例 十进制计算 57 − 18 = 39，用非压缩的 BCD 码表示。

```
MOV AX,0507H
MOV BX,0108H
SUB AX,BX             ;(AX)=03FFH
AAS                   ;减法调整,CF=1,(AX)=0209H
ADC AH,0              ;AH 高字节带进位加 0,调整后(AX)=0309H
```

5. 非压缩的 BCD 码乘法调整

格式：AAM（ASCII Adjust Multiply）

功能：将乘积 AX 调整为两个非压缩的 BCD 码。AL 除以 0AH，得到的商送 AH，余数送入 AL。即乘积的高位数在 AH、低位数在 AL 中。

注意：乘积不能超过 99。

例 十进制乘法 6 × 8 = 48，用非压缩的 BCD 码表示，并显示。

```
P1 DB 06H
P2 DB 08H
……
MOV AL,P1             ;(AL)=00000110=06H
IMUL P2               ;(AL)=00110000=30H
AAM                   ;调整后(AH)=04H,(AL)=08H
ADD AX,3030H          ;AH、AL 分别加上 30H,变成 ASCII 码
MOV BX,AX             ;用 BX 保存
MOV DL,BH             ;显示"4"
MOV AH,2
INT 21H
MOV DL,BL             ;显示"8"
INT 21H
```

6. 非压缩的 BCD 码除法调整

格式：AAD（ASCII Adjust Division）

功能：在做除法之前，将被除数 AX 中的两个非压缩的 BCD 码调整为二进制数。
    （AL）=（AL）+（AH）×10，AH 清零。除法运算之后，商在 AL、余数在 AH 中。

例 十进制计算 35 ÷ 4 = 8…3

```
MOV AX,0305H
AAD                   ;被除数调整,(AX)=0023H
MOV BL,4
IDIV BL               ;带符号除法,运算后(AL)=8,(AH)=3
```

4.4 屏幕显示和键盘输入

在前面的例子中，我们用到了 DOS 功能调用在屏幕上显示字符。凡是涉及键盘输入、屏幕

显示等输入/输出操作,都可以用软件中断指令 INT n 的功能调用来实现。所谓功能调用是计算机系统设计的简单 I/O 子程序,能方便地访问系统的硬件资源。在微机系统中,功能调用分两个层次,最底层的是 BIOS 功能调用,其次是 DOS 功能调用,它们都是通过软件中断指令 INT n 来进行调用的。除了用 INT 指令实现输入和显示之外,还可以通过直接写显示缓冲区的方式显示字符。

4.4.1 DOS 功能调用

DOS 的功能调用采用 INT 21H 指令,调用时要求在 AH 中提供功能号,在其他的寄存器和存储单元中提供调用必需的参数和缓冲区地址,执行后系统在 AL 中放入返回参数。常用的 DOS 功能调用有 5 个:

键盘输入 1 个字符:　　1 号 DOS 功能调用
显示器输出 1 个字符:　2 号 DOS 功能调用
键盘输入缓冲区:　　　10 号 DOS 功能调用
显示字符串:　　　　　9 号 DOS 功能调用
返回 DOS 控制:　　　　4CH 号 DOS 功能调用

注意:I/O 处理操作的都是 ASCII 码,对于键盘输入的数字,做计算时需将 ASCII 码转变为二进制数,输出显示数据时需将二进制数转为 ASCII 码。数字 0~9 的 ASCII 码为 30H~39H,可以看出两者之间相差 30H。

1. 单字符的输入/输出

(1) 1 号功能键盘输入

格式:AH = 1
　　　INT 21H

功能:从键盘输入一个字符并将该字符的 ASCII 码送入 AL 中。

(2) 2 号功能显示器输出

格式:AH = 2
　　　DL = 字符
　　　INT 21H

功能:输出 DL 中的一个字符到显示器的光标处。

注意:执行后 AL 寄存器被修改为 DL 的值。

例 1　从键盘输入一个字符后,接着再显示出来。

```
MOV AH,1
INT 21H
MOV DL,AL
MOV AH,2
INT 21H
```

例 2　键盘输入的大写字母换成小写字母显示。

```
MOV AH,1
INT 21H
ADD AL,20H              ;大写转换为小写
MOV DL,AL
MOV AH,2
INT 21H
```

2. 键盘输入字符串

格式:AH = 10

DS：DX = 字节缓冲区首址
INT 21H

功能：从键盘输入一串 ASCII 字符到缓冲区，用"回车"结束输入。回车符 0DH 占用一个单元。若输入字符超过缓冲区能容纳的个数，则系统忽略此字符并响铃警告。

说明：定义缓冲区的第 1 个字节单元为允许输入的最大字符数，第 2 个单元为实际键入个数（由系统自动填入），从第 3 个单元开始存放键入字符。

例　设置缓冲区，允许从键盘输入 10 个字符。

```
BUFFER DB 10,?,11 DUP(?)
……
MOV AX,SEG BUFFER
MOV DS,AX
MOV DX,OFFSET BUFFER
MOV AH,10
INT 21H
```

执行结果：例如从键盘输入 Hello↓ （回车）
缓冲区存储情况：

10	5	48	65	6c	6c	6f	0d	…

3. 显示字符串

格式：AH = 9

DS：DX = 字符串地址

INT 21H

功能：显示一个以"$"结尾的 ASCII 码字符串。

注意：执行后 AL 寄存器被修改为 $ 的 ASCII 码 24H。

例 1　
```
DISPLAY DB 'Very Good!','$'
……
MOV AX,SEG DISPLAY
MOV DS,AX
LEA DX,DISPLAY
MOV AH,9
INT 21H
```

屏幕上显示出：Very Good!

例 2　显示两行字符串（回车换行功能）。第 1 行为"Input x:"，第 2 行为"Output y:"。
程序如下：

```
data segment
    mess1 db 'Input x:','$'
    mess2 db 0ah,0dh,'Output y:$'
data ends
code segment
  assume cs:code,ds:data
    start:mov ax,data
    mov ds,ax
    mov dx,offset mess1
    mov ah,9                    ;显示提示信息"Input x:"
    int 21h
    mov dx,offset mess2
    mov ah,9                    ;在下一行显示提示信息"Output y:"
    int 21h
```

```
        mov ah,4ch
        int 21h
code ends
        end start
```

4.4.2 直接写显存显示字符

显示器的屏幕划分为行列表示。在 25×80 彩色字符模式下,从 0 行 0 列到 24 行 79 列共有 2000 个字符位置。对于屏幕上的每个字符,内存的显示缓冲区中都有相应的存储单元与之对应。在内存的 B8000H～BFFFFH 共 32KB 的区域是 25×80 彩色字符模式的显示缓冲区。如果向这个地址范围的单元中写入数据,写入的字符就可立即显示在屏幕上。

屏幕上显示的每个字符用两个字节表示,第 1 个字节为字符的 ASCII 码,第 2 个字节为字符的属性。字符的属性代表了字符的显示特性,如颜色、闪烁、高亮和反相显示等。

1. 字符属性

(1) 单色字符显示属性

字符可以是单色的和彩色的。对于单色字符来说,属性字节的表示如右图所示:

通常的属性值=07H,(00000111)表示黑底白字、正常显示。属性值可以任意组合,组合的属性如表 4-2 所示。

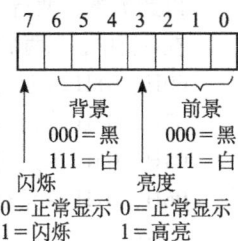

表 4-2 单色显示属性

属性值		显示效果	属性值		显示效果
00000000	00H	不显示	01110000	70H	白底黑字、反相显示
00000111	07H	黑底白字、正常显示	10000111	87H	黑底白字、闪烁
00001111	0FH	黑底白字、高亮	11110000	F0H	白底黑字、反相、闪烁

(2) 彩色字符显示属性

彩色字符的背景色有 8 种颜色,前景色可以有 16 种颜色。其属性字节表示如右图所示:

前景色由 4 位(0~3 位)组合,背景色由 3 位(4~6 位)组合。最高位 BL 表示闪烁,RGB 为红、绿、蓝,I 代表亮度。表 4-3 列出了 16 种颜色组合。

前景色可以用 16 种颜色,如果不考虑闪烁,背景色也可以有 16 种颜色。例如,属性值为 02H,表示黑底绿字;1EH 为蓝底黄字。应避免前景、背景颜色一致,否则字符看不出来。

表 4-3 颜色组合

IRGB	颜色	IRGB	颜色
0000	黑	1000	灰
0001	蓝	1001	浅蓝
0010	绿	1010	浅绿
0011	青	1011	浅青
0100	红	1100	浅红
0101	紫	1101	浅紫
0110	棕	1110	黄
0111	灰白	1111	白

单色字符和彩色字符的闪烁效果要在全屏纯 DOS 方式下才可看到。

2. 显示位置

对于 25×80 彩色字符模式，一屏字符需要占用 4000 个字节，因此 32KB 的显示缓冲区分为 8 页，每页 4KB。B8000H ~ B8F9FH（4000 个字节）为第 0 页的内容。由于一行有 80 个字符，共占用 160（A0H）个字节，因而显存单元和显示器中的行对应关系为：

000H ~ 09FH 单元对应显示器上的第 0 行
0A0H ~ 13FH 单元对应显示器上的第 1 行
140H ~ 1DFH 单元对应显示器上的第 2 行
1E0H ~ 27FH 单元对应显示器上的第 3 行
……
F00H ~ F9FH 单元对应显示器上的第 24 行

以此类推，两行之差为 A0H。

在一行中，每两个字节单元为一个字符，高字节为字符的属性、低字节为字符的 ASCII 码。这样：

00H、01H 单元对应第 0 列
02H、03H 单元对应第 1 列
04H、05H 单元对应第 2 列
06H、07H 单元对应第 3 列
……
9EH、9FH 单元对应第 79 列

规定偶地址单元存放字符的 ASCII 码，奇地址单元存放字符的属性。

这样一来，我们就可以利用上述这些特性，随意在显示器的任意位置上显示字符了。字符的位置计算公式：位置 = 行号 ×160 + 列号 ×2。

示例 4-7 在屏幕的 2 行 3 列上显示蓝底黄字的字符串"Good!"。

设计思路：

1) 第 2 行行首是显存的 140H 单元，第 3 列为显存的 06H、07H 单元。因此第 2 行第 3 列对应的起始字符存储单元的偏移地址应为 140H + 06H 和 140H + 07H 这两个字节单元；
2) 字符的属性为蓝底黄字 1EH；
3) 将显存设置在 ES 附加段，把数据段中的字符串写入附加段中的显存里。

程序如下：

```
;4-7.asm 用写显存方法在 2 行 3 列显示蓝底黄字的字符串.
data segment
  disp db 'Good!'
data ends
code segment
  assume cs:code,ds:data
    start:
    mov ax,data
    mov ds,ax
    mov ax,0b800h              ;显存首址→es
    mov es,ax
    mov al,disp[0]             ;数据段中的第 1 个字母 G→al
    mov es:[146h],al           ;第一个字母→es:146h 单元
    mov byte ptr es:[147h],1eh ;属性→es:147h 单元,下同
    mov al,disp[1]             ;第 2 个字母 o
    mov es:[148h],al
    mov byte ptr es:[149h],1eh
```

```
            mov al,disp[2]
            mov es:[14ah],al
            mov byte ptr es:[14bh],1eh
            mov al,disp[3]
            mov es:[14ch],al
            mov byte ptr es:[14dh],1eh
            mov al,disp[4]
            mov es:[14eh],al
            mov byte ptr es:[14fh],1eh
            mov ah,4ch
            int 21h
        code ends
            end start
```

运行结果：

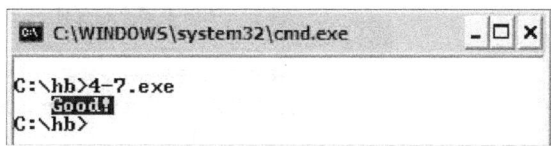

这个程序通过直接写显示缓冲区的方法显示字符。但是当字符串较长时，需要重复写相同的语句，这种顺序程序就太冗长也没必要，重复执行的部分应该用循环程序实现。

注意：如果屏幕太乱，可先用 C：\ hb > CLS 清屏命令后再执行程序。

4.5 实例四 带彩色显示的算术程序

4.5.1 简化的程序结构

从 MASM5.0 开始，提供了简化的段定义结构，这种结构用于小规模的程序设计中。一般格式为 .MODEL SMALL。这种格式是小型模式，程序可以有一个代码段、一个数据段，每段不大于 64KB。数据段是和堆栈段、附加段共用的。因此，小规模的程序最大不能超过 128KB。使用简化段结构便于汇编语言模块与高级语言模块的连接。在下面的例子中，我们采用简化的段定义结构来编写程序。

本章介绍了汇编语言的基本指令、伪指令和程序设计方法。例如，要实现从键盘输入十进制数，进行运算后再显示出结果，可以有多种方法实现。

下面通过设计含有键盘输入和定位显示的十进制数运算程序，来复习 BCD 码的概念、算术运算指令、十进制调整指令、键盘输入、光标定位、中断调用、屏幕及显示缓冲区等内容，以加深对汇编语言程序设计的理解。

示例 4-8 用简化的程序格式从键盘输入两个一位的十进制数，做加法运算。相加后以蓝底黄字显示在屏幕上。

设计思路：
1）键盘输入用 DOS 中断调用 1 号功能；显示采用写显存方法。
2）经非压缩 BCD 码加法调整指令 AAA 调整后会将 AL 的高 4 位清零，因此键盘输入的数字不必去掉 30H，可直接运算。
3）用 BIOS 中断调用 INT 10H 的 3 号功能获得光标的位置，让结果显示在光标处；
4）由于计算结果不会超过两位十进制数，可用 SI 寄存器保存十进制数的 ASCII 码。

程序如下：

```
    ;4-8.asm  用简化的程序格式。加法结果蓝底黄字显示在屏幕上
```

```
        .model small
        .stack 100h
        .code
        start:
            mov ah,1                    ;键盘输入
            int 21h
            mov bl,al                   ;保存第 1 个数
            int 21h                     ;输入第 2 个数
            add al,bl                   ;直接相加
            mov ah,0
            aaa                         ;非压缩 BCD 码加法调整
            add ax,3030h                ;变为 ASCII 码
            mov si,ax                   ;结果保存在 SI
            mov ax,0b800h               ;显存首址
            mov es,ax
            mov ah,3                    ;用 int 10h 获得光标位置
            mov bh,0
            int 10h                     ;返回 dh = 行号,dl = 列号
            mov al,160                  ;计算结果显示的位置 = 行号×160 + 列号×2
            mul dh                      ;行号×160
            mov dh,0
            shl dl,1                    ;列号×2
            add ax,dx                   ;相加
            mov bx,ax
            mov ax,si
            mov byte ptr es:[bx+0],3dh  ;显示'='
            mov es:[bx+2],ah            ;显示蓝底黄字的数值
            mov byte ptr es:[bx+3],1eh
            mov es:[bx+4],al
            mov byte ptr es:[bx+5],1eh
            mov ah,4ch
            int 21h
        end start
```

运行结果：

```
C:\hb>4-8a
56=11
C:\hb>4-8a
78=15
```

程序运行时，当输入 5、6 之后，显示等号和加法结果。有关 BIOS 中断调用 INT 10H 除了用 3 号功能获得光标的位置之外还有其他功能，在第 9 章将详细介绍。

4.5.2 实验示例

示例 4-9 从键盘输入两个一位的十进制数，做乘法运算。相乘的结果保存在存储单元 X 中，算式显示在屏幕上。用简化的程序格式。

设计思路：

1）用 DOS 中断调用的 1 号功能输入数据，用 2 号功能显示结果，9 号功能显示提示信息；
2）做乘法时必须将输入数字的 ASCII 码去掉，转换成数值；
3）乘法之后用十进制调整指令 AAM；
4）将要显示的数值变为 ASCII 码。

程序如下：

```
;4-9.asm  用 1 号功能从键盘输入两个一位的十进制数,相乘的结果保存并显示
```

```
        .model small
        .data
          x db ?,?
          infor db 'input:',' $'
        .stack 100h
        .code
        start:
        mov ax,@data
        mov ds,ax
        mov dx,offset infor
        mov ah,9                      ;显示提示信息"input:"
        int 21h
        mov ah,1                      ;键盘输入
        int 21h
        sub al,30h                    ;去掉 ASCII 码
        mov bl,al
        mov dl,2ah                    ;显示乘号*
        mov ah,2
        int 21h
        mov ah,1
        int 21h                       ;输入第 2 个数
        sub al,30h
        mov ah,0
        mul bl                        ;相乘
        aam                           ;十进制乘法调整,乘积的高位数在 ah,低位数在 al 中
        mov x,al                      ;保存结果
        mov x+1,ah
        add ax,3030h                  ;加上 ASCII 码
        mov bx,ax
        mov ah,2
        mov dl,3dh                    ;显示"="
        int 21h
        mov dl,bh                     ;显示结果
        int 21h
        mov dl,bl
        int 21h
        mov ah,4ch
        int 21h
        end start
```

运行结果：

```
C:\hb>4-9
input:2*4=08
C:\hb>4-9
input:6*9=54
C:\hb>_
```

实验结果分析如下：

DOS 中断调用的 1 号、2 号、9 号功能提供了对键盘和显示器的操作和控制，为用户提供了方便的调用指令。本程序的输入和显示在同一行上，没有换行。

4.5.3 实验任务

实验目的

通过设计顺序程序，掌握汇编语言程序设计思路和编写方法，并通过实验观察和分析程序的执行结果。熟练掌握数值计算程序设计方法。

实验内容

参考示例 4-9，完成下列实验内容：

1) 设计程序。实现 Y = 2X + 3，X 是一位十进制数。要求 X 从键盘输入，在下一行上显示"Y = 2X + 3 = "以及十进制计算结果。

参考结果：(4-10. ASM，见网站)

```
C:\hb>4-10
input x:2
y=2X+3=07
C:\hb>4-10
input x:5
y=2X+3=13
C:\hb>4-10
input x:9
y=2X+3=21
C:\hb>_
```

2) 设计程序。分别从键盘输入一位十进制数 X 和 Y，用乘除指令实现 Z = (X + 20) /6 + Y，显示出计算结果。

实验要求

1) 写出设计思路和程序源码；
2) 实验内容用截图形式记录实验结果；
3) 写出实验结果分析。

实验拓展

1) 如果以黄底红字显示结果，程序应该怎么改？
2) 自由设计一个计算型实验题目并编程实现。

习题四

4.1 汇编语言程序有什么特点？什么是源程序？

4.2 简要说明从源程序到可执行程序的操作过程。

4.3 什么是伪指令？汇编指令与伪指令有何区别？写出 4 种常用的伪指令。

4.4 8086 指令系统分为哪几类？举例说明算术运算类指令的用法。

4.5 在 8086 汇编语言中，哪些段寄存器可以用 MOV 指令赋值，哪些段寄存器不允许？

4.6 堆栈段寄存器 SS 和栈指针 SP 可以修改吗？如何修改？

4.7 入栈指令 PUSH 和出栈指令 POP 可以保存字节数据吗？要保存的话，如何实现？

4.8 有哪些方法可以获得操作数的有效地址？

4.9 解释下列伪指令的作用：
1) ASSUME CS：CODE，DS：DATA
2) END START
3) VALUE DW 12，35，-6
4) STRING DB 'INPUT:'
5) MESS DB 5 DUP（？）
6) XX DD 12345678H
7) ORG 0320H
8) CONT EQU 2 * 3.14

4.10 根据题目，写出相关伪指令：
1) 定义数据段 DATA，并在数据段中定义两个字单元 X、Y，初始值都是 0。
2) 定义一个字符串 SRING，保存英文单词 Computer。
3) 定义有 100 个字节单元的 COUNT 数组，初始值均为空。
4) 用赋值伪指令定义 PI 为 3.14。
5) 用类型操作符 LABEL 将 VALUE 单元定义为字节型。

4.11 下列伪指令有错吗？如果有错，请指出错误原因：
1) X1 DB 35H，0，-80
2) X2 DB 35，260，-1
3) X3 DB 1234H
4) X4 DW 100

5) X5 DW 100 （?）
6) X6 DD 'AB'

4.12 写出下列指令的执行结果：
TABLE DB 3, 33, 33 H
1) MOV AL, TABLE
2) MOV AX, WORD PTR TABLE
3) MOV DX, OFFSET TABLE
4) MOV CL, TABLE + 2
5) MOV BX, SEG TABLE
6) MOV BX, TYPE TABLE
7) LEA DX, TABLE

4.13 写出指令序列，分别求两个双精度数 20125D68H 和 100349A6H 的相加和相减运算。

4.14 写出将 DX、AX 中的 32 位无符号数减 CX 中的 16 位无符号数，结果存放在 DX、AX 中的指令序列。

4.15 写出将 EXTRA 段的段地址传送给 ES 寄存器的指令序列。

4.16 根据给出的算式，写出指令序列（设 X、Y、W 为字节型，Z 为字型）：
1) $Z = 5(X + 16)$
2) $Z = X/4 - Y$
3) $Z = 8X + Y/16 - W^2$
4) $Z = (X + Y)(X - Y) - X/Y$

4.17 分析下列程序段执行情况，给出结果：

```
X DB 5,15,30
Y DB 22,14,6
Z DW ?
……
MOV BX,OFFSET X
MOV AL,[BX]
ADD AL,Y
INC BX
SUB AL,[BX]
MOV BL,Y + 1
IMUL BL
MOV Z,AX
```

4.18 源程序在汇编过程中，系统是如何获知程序从哪儿开始执行的？

4.19 两个数 8576H 和 9988H，分别作减法和加法运算，写出指令及运算结果。运算结果影响哪些标志？

4.20 乘法和除法指令对于字和字节操作是如何进行的？

4.21 写出指令，用压缩 BCD 码实现下列运算：
1) $Y1 = 56 + 34$
2) $Y2 = 128 - 35$
3) $Y3 = 68 + 23 - 45$

4.22 写出指令，用非压缩 BCD 码实现下列运算：
1) $Z1 = 78 + 46$
2) $Z2 = 95 - 27$
3) $Z3 = 12 \times 6 - 33$
4) $Z4 = (74 + 18)/6$

4.23 编写程序，从键盘输入一个数字，去掉 ASCII 码后保存到 BUFF 单元。

4.24 编写程序，将键盘输入的小写字母变为大写字母显示在屏幕上。

4.25 X 和 Y 都是字节型数据，编写将两数相加的结果显示出来的程序段。

4.26 编写程序，建立一个 0~9 的平方根表，查表可得某数的平方根。

4.27 编写查表程序。建立一个班级姓名表，给出学号，可显示出其姓名。

4.28 编程实现公式计算 $Z = X/4 + 16Y$。

4.29 编写程序段，将 AL 中的数乘以 6，与 CL 相减后再除以 3；把商保存到 Y 单元，余数保存到 Y+1 单元。

4.30 用简化的程序格式编程序，在屏幕的 5 行 12 列上显示红底白字的字符串"Come"。

测验四

1. 经过汇编产生的二进制目标文件的后缀是_____。
   A. .ASM B. .OBJ
   C. .EXE D. .MAP

2. 汇编语言源程序是指_____。
   A. 系统提供的 MASM
   B. 用户编写的 .ASM
   C. 汇编生成的 .LST
   D. 连接生成的 .EXE

3. 在汇编期间，为汇编程序提供分段信息的是_____。
A. ASSUME 伪指令　　B. SEGMENT 伪指令
C. 标号 START　　　　D. MOV 指令

4. 不能用 MOV 指令赋初值的段寄存器是_____。
A. DS　　　　　　　B. ES
C. CS　　　　　　　D. SS

5. 在 COUNT DB 5 这条存储单元定义伪指令中，COUNT 称为_____。
A. 助记符　　　　　B. 变量
C. 符号　　　　　　D. 标号

6. 将 10 个字数据 3456H 存放在存储单元中的伪指令是_____。
A. DW　10H　DUP（3456H）
B. DW　10　DUP（3456H）
C. DW　10H　DUP（5634H）
D. DW　10　DUP（5634H）

7. 将字符串"INPUT"保存到存储单元 MESS，正确的伪指令是_____。
A. INPUT DB MESS
B. MESS DB INPUT
C. INPUT DB "MESS"
D. MESS DB "INPUT"

8. 若 X 已经定义为字型，可以用_____改变为字节型。
A. BYTE PTR X　　　B. OFFSET X
C. TYPE X　　　　　D. LABEL X

9. INC WORD PTR [BX] 指令中的操作数的数据类型是_____。
A. 字节　　　　　　B. 字
C. 双字　　　　　　D. 四字

10. ABC DW 1，$+2，5，7，其中 $ 代表_____。
A. 当前的偏移地址值为 0
B. 当前的偏移地址值为 1
C. 当前的偏移地址值为 2
D. 当前的偏移地址值为 3

11. 如果想让程序从 100H 开始存放及执行，用指令_____。
A. START EQU 100H
B. ORG 100H
C. END START
D. MOV START, 100H

12. _____可用来指出一条汇编指令所在存储单元的符号地址。
A. 变量　　　　　　B. 数组名
C. 标号　　　　　　D. 偏移量

13. 汇编语言中存储单元的属性不能是_____。
A. 字符 CHAR 型　　B. 字节 BYTE 型
C. 字 WORD 型　　　D. 双字 DWORD 型

14. 用指令 MOV BX, SEG COUNT 指令，可以得到存储单元 COUNT 的_____。
A. 物理地址　　　　B. 段地址
C. 偏移地址　　　　D. 属性

15. 下列传送指令中，有错误的是_____。
A. MOV AH, BL　　　B. MOV DS, AX
C. MOV CL, DX　　　D. MOV SI, 90

16. 若 AX=1E30H，BX=12E4H 则 ADD AL, BL 的执行结果为 AL = _____，CF = _____。
A. 14H, 0　　　　　B. 24H, 0
C. 14H, 1　　　　　D. 24H, 1

17. 若 AX = 1240H，CX = 9939H，则 ADD AX, CX 执行后，AH =_____。
A. ABH　　　　　　B. 79H
C. AB79H　　　　　D. 79ABH

18. 若 BL=83H，CF=1，则 ADC BL, 90H 执行后，BL =_____。
A. 14H　　　　　　B. 15H
C. 16H　　　　　　D. 17H

19. 若 DX=1010H，BX=0923H，则 SUB DX, BX 的执行结果为_____。
A. 168DH　　　　　B. 06EDH
C. F6DDH　　　　　D. 0087H

20. 从键盘输入一串字符使用 DOS 功能调用的_____。
A. 1 号功能　　　　B. 2 号功能
C. 9 号功能　　　　D. 10 号功能

21. DOS 功能调用中，功能号应写入_____寄存器中。
A. AL　　　　　　　B. AH
C. DL　　　　　　　D. DH

22. SP 栈指针内容是 1200H，执行两条 PUSH 指令之后，SP 的值为_____。
A. 1202H　　　　　B. 1204H

C. 11FCH   D. 11FEH

23. 换码指令 XLAT 要求给出存储单元的有效地址为_____。
    A.（BX）+（AL）   B.（BX）+（AX）
    C.（BX）   D.（AL）

24. 显示一个字符的 DOS 功能调用要求将字符放入_____。
    A. DS：DX   B. DS：BX
    C. BL   D. DL

25. 获得 BUFFER 单元有效地址的汇编指令为_____。
    A. MOV BX，BUFFER
    B. LEA BX，BUFFER
    C. MOV BX，[BUFFER]
    D. LDS BX，BUFFER

26. 下列哪个指令可以把字扩展为双字_____。
    A. CBW   B. CWD
    C. CWB   D. CDW

27. 关于字节乘法指令错误的说法是_____。
    A. 被乘数隐含在 AL 中
    B. 乘数和被乘数都是字节型
    C. 被乘数隐含在 AX 中
    D. 乘积是字型

28. 关于字除法错误的说法是_____。
    A. 16 位被除数 AX 与 8 位源操作数相除
    B. 32 位被除数 DX、AX 与 16 位源操作数相除
    C. 商在 AX 寄存器，余数在 DX 寄存器中
    D. 带符号除法的商和余数都是补码表示的数

29. 非压缩的 BCD 加法调整指令是_____。
    A. DAA   B. DAS
    C. AAS   D. AAA

30. 用直接写显存的方法显示字符，把 3 行 1 列上的字符及属性输入到显存_____单元。
    A. 140H+06H，140H+07H
    B. 1E0H+02H，1E0H+03H
    C. 140H+02H，140H+03H
    D. 1E0H+01H，1E0H+02H

第 5 章

分支程序设计

设问：
1. 分支程序结构有哪几种？
2. 哪些指令可以实现分支？
3. CPU 如何知道下一条要执行的指令在哪儿？
4. 可以对二进制的某一位操作的指令有哪些？
5. 系统是如何把程序调入内存执行的？
6. 菜单程序如何设计？

计算机程序在执行过程中，可以改变程序的执行顺序，根据一定的条件进行转移，使程序完成更复杂的功能。本章将介绍与转移地址有关的寻址方式以及与转移有关的指令用法。分支程序由于涉及修改程序的走向，因此需要了解分支程序的结构和转移指令的特点。

5.1 分支的概念

5.1.1 分支结构

分支程序结构分为两路分支、多级分支和多路分支。无论是何种分支结构，最后都要归结到公共出口，以保证程序的正确运行。

1. 两路分支结构

两路分支根据条件满足与否分别执行两段程序或者绕过某段程序，如图 5-1 所示。

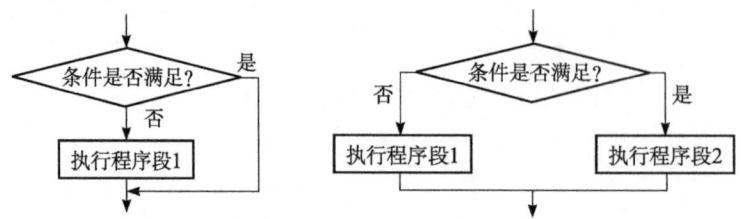

图 5-1 两路分支结构

两路分支结构相当于高级语言中的 IF – THEN – ELSE 分支结构。用一条条件转移指令实现两路分支。

由于计算机系统结构设计时,一次可以取出多条指令放在 CPU 的指令队列中,条件判断转移指令就有可能和它下面的程序段 1 一起放入 CPU。如果条件满足,就会转移,那样的话已经取出的程序段 1 就要作废。因此,在设计分支程序(包括循环程序)时,要尽量按条件不满足时执行一段程序的形式来编写(如图 5-1 左图的分支判断),这样可以提高系统效率,减少指令作废的几率。

2. 多级分支结构

多级分支程序可以实现多种条件下的程序转移。形式为分支嵌套结构,如图 5-2 所示。

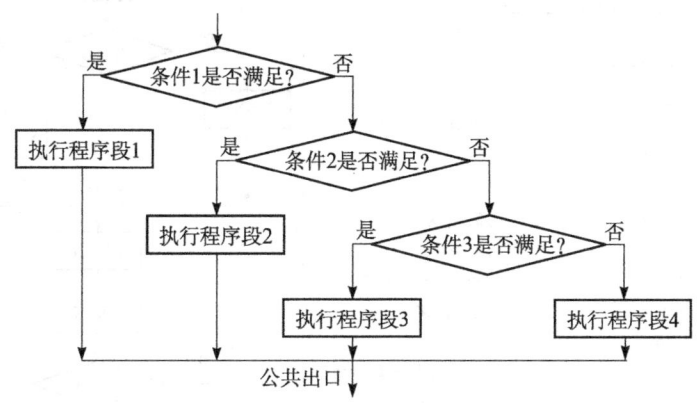

图 5-2　多级分支结构

可以看出,如果有 n 个功能程序段,用 n−1 条条件指令进行判断就可实现多级 n 个分支。

3. 多路分支结构

多路分支程序可以根据一条判断指令实现多种情况下的程序转移。形式为 SWITCH 结构,如图 5-3 所示。

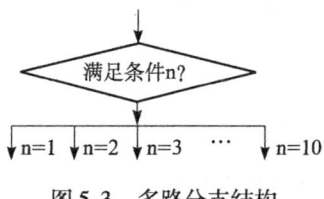

图 5-3　多路分支结构

可以看出,如果有 n 种情况,满足条件 n 就可实现 n 路分支。

5.1.2　分支程序例子

示例 5-1　设计分支程序,实现下列公式计算。X、Y 为字型。假设 X 单元中保存三个数:9,−6,34,分别作判断和计算。

$$Y = \begin{cases} X^2 & X < 0 \\ 2X+3 & 0 \leqslant X < 10 \\ X/6 & X \geqslant 10 \end{cases}$$

设计思路:
1) 在数据段中定义两个字型变量 X、Y,均为带符号数;
2) 在 X 单元中依次取出三个数分别作判断,根据 X 的大小作分支转移;
3) 采用寄存器相对寻址方式(MOV AX,X[SI])取出 X 的三个值;
4) 标号 OUT1 是各路分支的公共出口。
程序框图见下页。

程序如下:

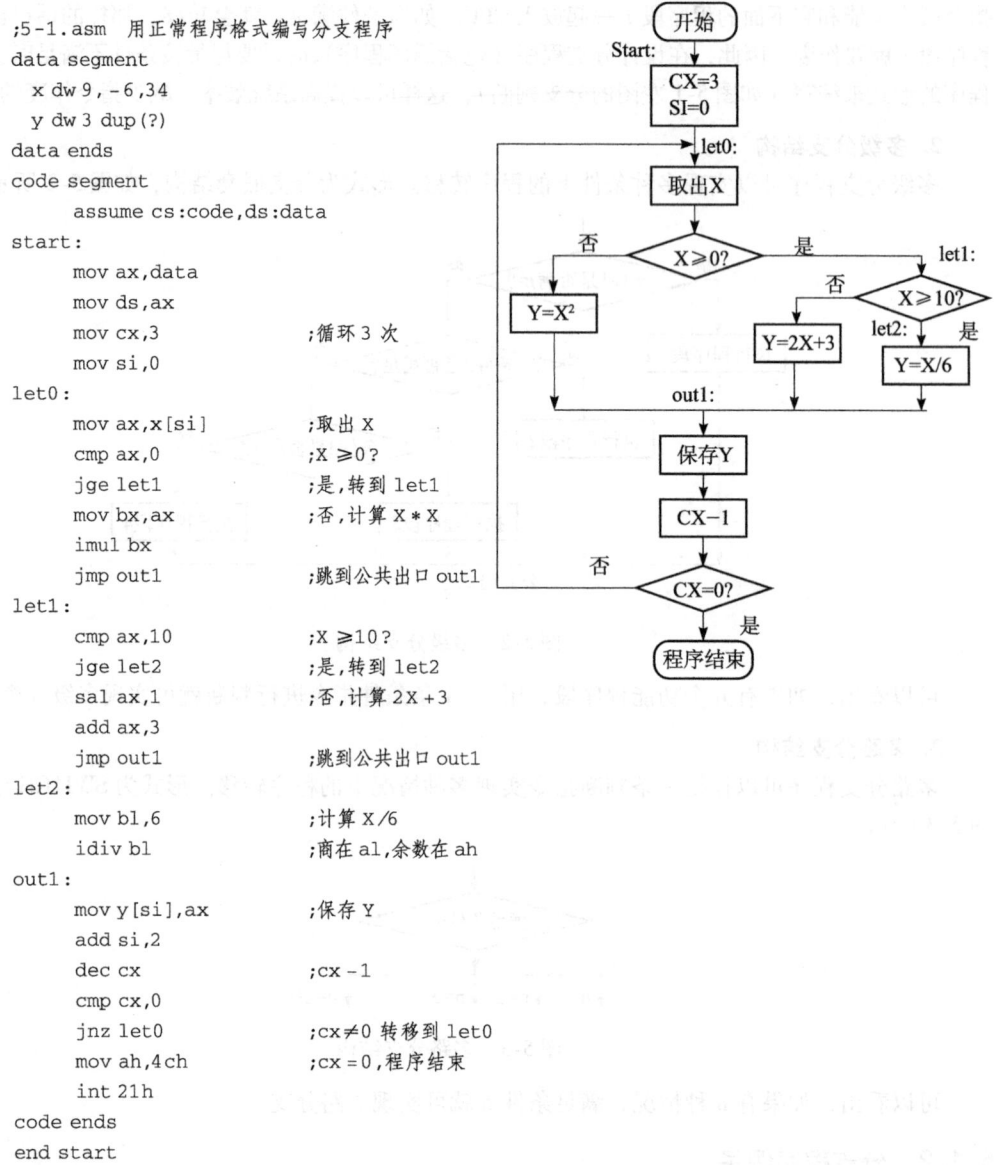

```
;5-1.asm   用正常程序格式编写分支程序
data segment
   x dw 9,-6,34
   y dw 3 dup(?)
data ends
code segment
       assume cs:code,ds:data
start:
       mov ax,data
       mov ds,ax
       mov cx,3              ;循环3次
       mov si,0
let0:
       mov ax,x[si]          ;取出X
       cmp ax,0              ;X≥0?
       jge let1              ;是,转到let1
       mov bx,ax             ;否,计算X*X
       imul bx
       jmp out1              ;跳到公共出口out1
let1:
       cmp ax,10             ;X≥10?
       jge let2              ;是,转到let2
       sal ax,1              ;否,计算2X+3
       add ax,3
       jmp out1              ;跳到公共出口out1
let2:
       mov bl,6              ;计算X/6
       idiv bl               ;商在al,余数在ah
out1:
       mov y[si],ax          ;保存Y
       add si,2
       dec cx                ;cx-1
       cmp cx,0
       jnz let0              ;cx≠0 转移到let0
       mov ah,4ch            ;cx=0,程序结束
       int 21h
code ends
end start
```

运行结果:

在 DOS 下执行程序 5-1. EXE 后又返回到 DOS,没有显示。要观察运行结果,采用 DEBUG 执行 5-1. EXE。在 DEBUG 下,用 U 命令查看;找到断点 0039,用 "G 0039" 执行;再用 D 命令查看结果。

```
C:\hb>5-1.exe

C:\hb>debug 5-1.exe
-g 0039

AX=0405  BX=FF06  CX=0000  DX=0000  SP=0000  BP=0000  SI=0006  DI=0000
DS=0B51  ES=0B41  SS=0B51  CS=0B52  IP=0039   NV UP EI PL ZR NA PE NC
0B52:0039 B44C           MOV     AH,4C
-d ds:0 f
0B51:0000  09 00 FA FF 22 00 15 00-24 00 05 04 00 00 00 00   ...."...$.......
-
```

前三个字单元分别是 9,-6,34,从 6 号单元开始存放三个结果。若 X = 9,Y = 0015H = 21;若 X = -6,Y = 0024H = 36;若 X = 34,Y 的商 = 5,余数 = 4。

对上述分支程序的分析:

1）程序中采用 CMP 比较指令对分支的条件进行判断；
2）根据判断的结果用条件转移指令 JGE、JNZ 等进行转移。条件满足转移到标号处执行程序，条件不满足则继续执行转移指令的下一条；
3）无条件转移指令 JMP 直接跳到标号处执行；
4）转移指令所跳转的方向，既可以是正方向跳转，也可以向反方向跳转。例如，程序后部的指令"JNZ LET0"，标号 LET0 在程序的前部，因此是往回跳转。可以看出，向反方向跳转构成了循环。

5.2 与分支有关的指令

汇编语言提供了无条件转移指令和条件转移指令，利用这些指令可以编制分支程序。条件转移指令是对标志位进行判断之后作转移的，也就是说在转移指令之前应该执行那些能使标志发生改变的指令。本章将介绍转移指令和位操作指令。主要的指令在表 5-1 中列出。

表 5-1 主要转移指令、位操作指令

指令	格式	作用	举例
无条件转移指令	JMP OPR	(IP) ← (IP) + 位移量 OPR	JMP AA1
条件转移指令（10 条）	JZ、JNZ、JC、JNC、JS、JNS、JO、JNO、JP、JNP	条件满足转移到标号处	JZ LET1
无符号数比较转移（4 条）	JB、JBE、JA、JAE	条件满足转移到标号处	JB BELOW
带符号数比较转移（4 条）	JL、JLE、JG、JGE	条件满足转移到标号处	JG MAX1
CX 值为 0 则转移	JCXZ OPR	(CX)=0 则转移到标号处	JCXZ OUT1
逻辑与 AND	AND DST, SRC	(DST) ← (DST) ∧ (SRC)	AND AL, 0FH
逻辑或 OR	OR DST, SRC	(DST) ← (DST) ∨ (SRC)	OR AL, 0FH
逻辑非 NOT	NOT OPR	(OPR) ← ¬ (OPR)	NOT AL
逻辑异或 XOR	XOR DST, SRC	(DST) ← (DST) ⊕ (SRC)	XOR AL, 0FH
测试指令 TEST	TEST OPR1, OPR2	(OPR1) ∧ (OPR2)	TEST AX, 0004H
算术左移	SAL OPR, CNT	操作数左移，最高位移入 CF，最低位补 0	SAL AX, 1
算术右移	SAR OPR, CNT	操作数右移，最低位移入 CF，最高位右移的同时保持不变	MOV CL, 2 SAR AX, CL
逻辑左移	SHL OPR, CNT	操作数左移，最高位移入 CF，最低位补 0	MOV CL, 3 SHL AL, CL
逻辑右移	SHR OPR, CNT	操作数右移，最低位移入 CF，最高位补 0	SHR AL, 1
循环左移、循环右移	ROL、ROR	操作数循环左（右）移，最高（低）位移入 CF 同时移入最低（高）位	ROL AX, 1 ROR AL, 1
带进位的循环左移、循环右移	RCL、RCR	操作数和进位一起循环左（右）移，CF 移入最低（高）位，同时最高（低）位移入 CF	RCL AX, 1 RCR AL, 1

在第 3 章中，我们介绍了与数据有关的寻址方式，也知道指令是由操作码和操作数组成的。对于转移指令而言，指令的操作数是下一条要执行指令的偏移地址，也可称为转移地址。如何得到下一条要执行指令的偏移地址与转移地址的寻址方式有关。

5.2.1 转移地址的寻址

当程序执行到无条件转移指令 JMP 标号时，改变程序的执行顺序，立即跳到标号处的指令接着执行；而在 JMP 指令到标号处指令之间的程序段除非由相关的转移指令进入，否则不会被执行。那么 CPU 是如何知道应该执行哪条指令，不执行哪条指令呢？这是因为 CPU 可以从它的段寄存器 CS 和指令指针寄存器 IP 中获得转移地址信息。

我们知道，指令的执行顺序是根据程序的书写顺序以及转移指令的条件判断决定的，无论是顺序程序还是分支程序，都是改变指令指针寄存器 IP 的值，使它指向下一条要执行的指令，这样 CPU 就只需按照 IP 中的地址转到相应的程序去执行了。这也说明，只要改变 IP 的值，程序的执行顺序就会改变。当然，如果跳得更远，还有可能改变段地址，做跨段转移。这时，就必须修改 CS 段寄存器的值，使之指向将要执行的指令所在的代码段。

转移指令中的操作数（即偏移地址）寻址方式，主要是用来改变 IP 和 CS 的。另外，转移的范围也必须说明。

与转移地址有关的寻址方式分为段内寻址和段间寻址：

（1）段内寻址

段内直接寻址（Intrasegment direct addressing）

段内间接寻址（Intrasegment indirect addressing）

（2）段间寻址

段间直接寻址（Intersegment direct addressing）

段间间接寻址（Intersegment indirect addressing）

对于无条件转移指令 JMP 来说，这 4 种寻址方式都可采用。也就是说，JMP 指令既可以在段内转移，也可以在段间跨段转移。JMP 指令不影响条件码。

段内转移——是指在同一代码段的范围之内进行转移，此时只需改变 IP 寄存器的内容。

段间转移——是要转到另一个代码段去执行。此时不仅要修改 IP 寄存器的内容，还要修改 CS 寄存器的内容才能达到目的。

下面结合无条件转移指令 JMP 的用法介绍与转移地址有关的寻址方式的概念和特点。

1. 段内直接短转移

格式：JMP　SHORT　OPR

执行的操作：(IP) ← (IP) + 8 位位移量 OPR

说明：1) 这种转移格式只允许在 – 128 到 + 127 字节的范围内转移。

　　　2) "直接"可解释成标号直接写在指令中。

例　代码段内有一无条件转移指令如下：

```
        ⋮
JMP  SHORT  HELLO
        ⋮
HELLO:MOV AL,3
```

2. 段内直接近转移

格式：JMP　NEAR　PTR　OPR

执行的操作：(IP) ← (IP) + 16 位位移量

说明：转移范围在 – 32768 到 + 32767 字节之间

例　
```
JMP  AA1                ;等同下一条指令
JMP  NEAR  PTR AA1
     ⋮
AA1:MOV AX,6
```

3. 段内间接转移

格式：JMP　WORD PTR OPR

执行的操作：(IP) ← (EA)

说明：转移地址由 EA 单元的内容给出。其中有效地址 EA 值由 OPR 的寻址方式确定。它可以使用除立即数以外的任何一种数据寻址方式。如果是寄存器寻址，则把 16 位寄存器的内容送到 IP 寄存器中；如果指定的是存储单元中的一个字，则取出该存储单元的内容送到 IP 寄存器中去。转移的地址（即标号）保存在寄存器或者存储器中，因此称为间接转移。

例　　JMP　BX
　　　　JMP　WORD PTR [BX + SI]

设 (BX) = 0120H，(SI) = 0534H

第 1 条指令执行后，转移到标号为 0120H 处执行。

第 2 条指令执行时，先计算操作数的有效地址 EA = (BX) + (SI) = 0654H，在数据段的 0654H 单元中取出一个字放入 IP，然后转移到 IP 所指处。

4. 段间直接（远）转移

格式：JMP FAR PTR OPR

执行的操作：(IP) ← OPR 的段内偏移地址
　　　　　　(CS) ← OPR 所在段的段地址

说明：1）直接写在指令中的标号的属性为 FAR 型。
　　　2）标号的偏移地址送入 IP，标号的段地址送入 CS。

例　代码段 CODE1 中的 JMP 指令要远程转移到 CODE2 代码段的 AA2 标号去执行。实现跨段远转移。

```
CODE1   SEGMENT                CODE2 SEGMENT
         ⋮                              ⋮
JMP  FAR  PTR  AA2             AA2:MOV CX,5
         ⋮                              ⋮
CODE1   ENDS                   CODE2   ENDS
```

5. 段间间接转移

格式：JMP DWORD PTR OPR

执行的操作：(IP) ← (EA)
　　　　　　(CS) ← (EA + 2)

说明：转移的地址存放在数据段的某双字单元中，其中低字为 IP 值，高字为 CS 值。

例　JMP DWORD PTR [BX]

已知 (DS) = 1200H，(BX) = 2350H，(14350H) = 0060H，(14352H) = 1900H

该指令执行时，先计算存储单元的物理地址 = (DS) × 10H + (BX) = 14350H，这是一个双字单元，把低字 0060H 放入 IP，高字 1900H 放入 CS。指令跳转到另一个代码段 (CS) = 1900H 中，从 (IP) = 0060H 处继续执行程序。

5.2.2　条件转移方式

在第 2 章讲 CPU 的标志寄存器时，我们知道标志寄存器中的标志会随着指令的执行结果而改变。那么利用标志位进行判断就可以实现分支。8086 系统的条件转移为短转移（short jump），转移的范围在 -128 到 +127 之间。条件转移指令可分为四组来讨论。

1. 根据条件标志转移

在程序执行过程中，如果指令的执行影响标志，那么就可以根据标志设置条件转移指令。条件转移指令的格式都是由转移指令操作码和标号 OPR 构成。

格式：转移指令操作码　OPR

例如：JZ　LET1

功能：结果为 0 就转移到标号为 LET1 的指令执行；不为 0，则接着执行下一条指令。

条件转移指令包括 10 种指令：

JZ（或 JE）	结果为 0（或相等）则转移	测试条件：ZF = 1
JNZ（或 JNE）	结果不为 0（或不相等）则转移	测试条件：ZF = 0
JC	结果有进位则转移	测试条件：CF = 1
JNC	结果无进位则转移	测试条件：CF = 0
JS	结果为负则转移	测试条件：SF = 1
JNS	结果为正则转移	测试条件：SF = 0
JO	结果溢出则转移	测试条件：OF = 1
JNO	结果不溢出则转移	测试条件：OF = 0
JP	结果为偶数个 1 则转移	测试条件：PF = 1
JNP	结果为奇数个 1 则转移	测试条件：PF = 0

例 1　两数相减，结果为 0 转移到 EQUAL，执行 CX + 1；否则执行 CX − 1。

```
            SUB AX,BX
            JZ EQUAL
            DEC CX
            JMP OUT1
EQUAL:INC CX
OUT1:HLT                ;停机指令,是处理机控制指令类
```

例 2　两数相加，没有进位则转移到 NCARRY 将结果入栈保存，否则将结果清 0。

```
            ADD AX,BX
            JNC NCARRY
            MOV AX,0
            JMP OUT1
NCARRY:PUSH AX
OUT1:HLT
```

例 3　从键盘输入三位以内的十进制负数。

```
DECIM DB 3 DUP(?)
SIGN DB ?
……
  MOV BX,0
LET0:
  MOV AH,1              ;键入负号
  INT 21H
  CMP AL,'-'            ;判断负号
  JNE OUT1              ;不相等则退出
  MOV SIGN,AL           ;保存负号
LET1:
  MOV AH,1              ;键入一个数字
  INT 21H
  CMP AL,0DH            ;键入回车转到 CHANGE
  JE CHANGE
  SUB AL,30H            ;去掉数字的 ASCII 码
  MOV DECIM[BX],AL      ;保存到 DECIM 单元
```

```
        INC BX                  ;统计位数
        JMP LET1                ;继续输入下一个数
    CHANGE:
;根据 BX 中的位数将保存在 DECIM 中的数值分别扩大百倍、十倍再加上个位形成十进制数
;如果有负号(-),将该数求补变为补码
;(可参考示例 5-6,示例 8-4)
    OUT1:HLT
```

示例 5-2 设计分支程序。计算 $Y = 5X - 18$,如果结果为负,求绝对值。并显示十进制结果。

设计思路:

1) 用数据段保存 X、Y。为简便,X 定义为字节,Y 定义为字;
2) 用符号位 SF 判断运算结果的正负,为负数则求补(绝对值),如果是正数,直接保存结果;
3) 采用将 AX 中的结果除以 10、取得余数的方法获得结果的十进制数;
4) 将余数变为 ASCII 码,用 DOS 中断调用的 2 号功能显示出来;
5) 用 9 号功能显示提示信息。

程序框图见右图。
程序如下:

```
;5-2.asm   计算 Y=5X-18,用正常程序格式
data segment
  x db    -6
  y dw    ?
  cc db   0ah,0dh,'Y = $'
data ends
code segment
    assume cs:code,ds:data
start:
    mov ax,data
    mov ds,ax
    mov al,5                ;5X
    imul x
    sub ax,18               ;-18
    jns let0                ;结果不为负则转移
    neg ax                  ;结果为负,求绝对值
let0:
    mov y,ax                ;保存结果
;将 ax 中的二进制数变为十进制数,并显示
    mov cx,0
    mov bx,10
let1:
    mov dx,0
    inc cx                  ;统计余数个数
    idiv bx                 ;ax/10,商在 ax,余数在 dx
    push dx                 ;保存余数
    cmp ax,0                ;商为 0,则退出循环
    jnz let1
    mov dx,offset cc
    mov ah,9                ;9 号功能显示提示
    int 21h
let2:                       ;循环执行 cx 次,显示十进制结果
    pop ax                  ;将余数弹入 ax
    add ax,0030h            ;调整为 ASCII 码
    mov dl,al               ;2 号功能,显示一个字符
```

```
            mov ah,2
            int 21h
            dec cx
            cmp cx,0
            jnz let2
            mov ah,4ch
            int 21h
    code ends
    end start
```

运行结果：

```
C:\hb>5-2
Y=48
C:\hb>_
```

思考：如果从键盘输入 X，并且允许输入负数 –6，程序如何修改？

练习 编写程序，X、Y 都是大于 0 的数。若 X≥Y，Z = X – Y；否则，Z = Y/X，以十进制显示结果。除法运算仅显示商。（代码见 5 – 2a. ASM）

思考：如果除法运算既要显示商又要显示余数，程序如何修改？（代码见 5 – 2b. ASM）

2. 无符号数比较转移

格式：转移指令操作码　OPR

功能：条件满足转移到标号 OPR 所指出的指令执行。在对两个无符号数作比较（例如执行 CMP　AX，BX）之后，可根据比较结果转移。

无符号数比较转移指令包括 4 种指令：

JB	低于则转移（Below），或 JNAE　不高于等于则转移		(A < B)
	测试条件：CF = 1 且 ZF = 0		
JBE	低于等于则转移（Below or Equal），或 JNA　不高于则转移		(A ≤ B)
	测试条件：CF = 1 或 ZF = 1		
JA	高于则转移（Above），或 JNBE　不低于等于则转移		(A > B)
	测试条件：CF = 0 且 ZF = 0		
JAE	高于等于则转移（Above or Equal），或 JNB　不低于则转移		(A ≥ B)
	测试条件：CF = 0 或 ZF = 1		

3. 带符号数比较转移

由于带符号数的最高位为符号位，因此带符号数的数值与无符号数不一样，要用另外的比较转移指令：

JL　　　小于则转移（Less），　　或 JNGE　不大于等于则转移　　　　　(A < B)
　　　测试条件：SF ≠ OF 且 ZF = 0
JLE　　小于等于则转移（Less or Equal），或 JNG　不大于则转移　　　(A ≤ B)
　　　测试条件：SF ≠ OF 或 ZF = 1
JG　　　大于则转移（Greater），或 JNLE　不小于等于则转移　　　　　(A > B)
　　　测试条件：SF = OF 且 ZF = 0
JGE　　大于等于则转移（Greater or Equal），或 JNL　不小于则转移　　(A ≥ B)
　　　测试条件：SF = OF 或 ZF = 1

例1　无符号数比较。如果 A > B，做相减运算，否则做相加。结果放在 RESULT 单元。

```
        MOV AX,8007H
        MOV BX,0006H
```

```
        CMP AX,BX
        JA  MAX1
        ADD AX,BX
        JMP OUT1
MAX1:   SUB AX,BX
OUT1:   MOV RESULT,AX
```

执行结果：

因为 8007H > 0006H，条件满足，转移到 MAX1 作减法运算。

例 2 带符号数比较。上例中的数值看成带符号数，进行比较。

```
        MOV AX,8007H
        MOV BX,0006H
        CMP AX,BX
        JG  MAX1
        ADD AX,BX
        JMP OUT1
MAX1:   SUB AX,BX
OUT1:   MOV RESULT,AX
```

执行结果：

由于 8007H 是负数的补码 < 正数 0006H，因此条件不满足，要执行 JG MAX1 指令的下一条，即加法指令处。

上两例中，数值是一样的；但是分别用无符号数比较转移和带符号数比较转移，其结果是不一样的。因此，在编写程序时一定要注意这个问题。

4. CX 值为 0 则转移

格式：JCXZ　OPR

测试条件：(CX)=0

功能：测试 CX 的值为 0 则转移。

CX 寄存器经常用来设置计数值，所以这条指令可以根据 CX 寄存器的内容来产生两个不同的分支。

5.3　位操作的分支程序

分支程序设计时对各种情况要多加考虑。根据标志的变化选择转移，需要注意标志的改变是由前面指令的执行结果引起的；根据无符号数或者带符号数的比较进行转移的，则要在转移之前先执行比较指令。

能够引起标志改变的指令除了算术运算指令之外，位操作的逻辑运算指令和移位指令也会使标志发生变化。充分利用这些指令，可以编写出更巧妙、功能更强的程序。

5.3.1　逻辑运算

逻辑运算包括逻辑与 AND、逻辑或 OR、逻辑非 NOT、逻辑异或 XOR 等操作。在汇编语言中逻辑指令和移位指令都是按位操作的指令，因此也称为位操作指令。

1. 逻辑与 AND

格式：AND DST, SRC

执行的操作：(DST) ← (DST) ∧ (SRC)

功能：目的操作数和源操作数按位相与，结果送到目的操作数。

例1 MOV AL,36H   00110110
　　　　 AND AL,0FH   ∧00001111
　　　　　　　　　　　　　00000110
执行结果：(AL) = 06H

例2 MOV AL,36H   00110110
　　　　 AND AL,0F0H   ∧11110000
　　　　　　　　　　　　　00110000
执行结果：(AL) = 30H

例3 MOV AL,36H   00110110
　　　　 AND AL,AL   ∧00110110
　　　　　　　　　　　　　00110110
执行结果：(AL) = 36H

注意：自身相与结果不变，但是改变标志位。

例4 将 AL 的 1、6 位屏蔽为 0，其余位保持不变。

　　　MOV AL,36H   00110110
　　　AND AL,0BDH   ∧10111101
　　　　　　　　　　　　　00110100
执行结果：(AL) = 34H

例5 将小写字母变为大写字母。大写字母的第 5 位为 0，而小写字母的第 5 位为 1。

　　　MOV AL,'a'   01100001
　　　AND AL,0DFH   ∧11011111
　　　　　　　　　　　　　01000001
执行结果：(AL) = 41H

小写字母 a 的 ASCII 码是 61H，大写字母 A 的 ASCII 码是 41H。

练习 1) (AL) = 57H，将 0、2、7 位屏蔽为 0。
　　　　 2) (AX) = 1234H，用 AND 指令实现 (AX) = 1030H。
　　　　 3) (AL) 为小写字母 h，变为大写字母 H。

2. 逻辑或 OR

格式：OR DST, SRC

执行的操作：(DST) ← (DST) ∨ (SRC)

功能：目的操作数和源操作数按位相或，结果送到目的操作数。

例1 MOV AL,36H   00110110
　　　　 OR AL,0FH   ∨00001111
　　　　　　　　　　　　　00111111
执行结果：(AL) = 3FH

例2 MOV AL,36H   00110110
　　　　 OR AL,0F0H   ∨11110000
　　　　　　　　　　　　　11110110
执行结果：(AL) = F6H

例3 将 AL 的第 6 位置 1，其余位不变。

　　　MOV AL,36H   00110110
　　　OR AL,40H   ∨01000000
　　　　　　　　　　　　　01110110
执行结果：(AL) = 76H

例4 将大写字母变为小写字母。

　　　MOV AL,'U'   01010101
　　　OR AL,20H   ∨00100000
　　　　　　　　　　　　　01110101
执行结果：(AL) = 75H

大写字母 U 的 ASCII 码是 55H，小写字母 u 的 ASCII 码是 75H。

练习 1)（AL）= 3CH，将 0、7 位置 1，其余位不变。

2)（AL）= 3CH，用逻辑指令将 1、4 位置 1，其余位清 0。

3)（AL）为大写字母 Q，变为小写字母 q。

3. 逻辑非 NOT

格式：NOT OPR

执行的操作：(OPR) ← ¬ (OPR)

功能：操作数取反，结果送回操作数。

例　MOV AL,54H
　　NOT AL

执行结果：(AL) = ABH

4. 逻辑异或 XOR

格式：XOR DST, SRC

执行的操作：(DST) ← (DST) ⊕ (SRC)

功能：目的操作数和源操作数按位异或，结果送到目的操作数。

例 1　MOV AL,36H
　　　XOR AL,0FH

$$\begin{array}{r}00110110\\ \oplus\ 00001111\\ \hline 00111001\end{array}$$

执行结果：(AL) = 39H

例 2　MOV AL,36H
　　　XOR AL,AL

$$\begin{array}{r}00110110\\ \oplus\ 00110110\\ \hline 00000000\end{array}$$

执行结果：(AL) = 00H

例 3　将 AL 的 0、1 位取反，其余位不变。

　　　MOV AL,36H
　　　XOR AL,03H

$$\begin{array}{r}00110110\\ \oplus\ 00000011\\ \hline 00110101\end{array}$$

执行结果：(AL) = 35H

练习 1)（AL）= 5AH，将 1、5 位取反，其余位不变。

2)（AX）= 6230H，用异或指令将 AH 清 0，AL 不变。

5.3.2 测试指令 TEST

在分支程序设计中，采用 TEST 测试指令对操作数的特定位进行测试，即对操作数做相与操作，结果不回送但改变标志位，这样可以根据标志实现转移。

1. 测试指令

格式：TEST OPR1, OPR2

执行的操作：(OPR1) ∧ (OPR2)

功能：两个操作数相与，结果不回送，改变标志位。

例　测试 AL 的第 3 位是否为 0；如果为 0，转移到 LET1 执行 AL + 3，否则执行 AL 取反操作。公共出口为 OUT1，将 AL 保存到 Y 单元。

```
        MOV AL,35H      ;00110101
        TEST AL,08H     ;00001000
        JZ LET1
        NOT AL
        JMP OUT1
LET1:   ADD AL,3
OUT1:   MOV Y,AL
        ……
```

2. 数字和字母的判断

从前面章节的学习中我们知道，无论是键盘输入的数字或字母，还是在存储区中定义的字符，都是以 ASCII 码形式表示的，在程序中经常要对它们进行判断。对数字或字母的判断有多种方法。本节我们采用位操作的方法来区分数字和大小写字母。

示例 5-3 从键盘输入一串字符，如果是数字存入 NUMB 单元，如果是字母，将大写字母存入 CAPI 单元，小写字母存入 LETT 单元，分别统计个数，输入回车时退出。

设计思路：

1）用 TEST 测试指令来区分数字和字母：

　　数字的 ASCII 码：　　　30H~39H　　00110000B~00111001B
　　大写字母的 ASCII 码：41H~5AH　　01000001B~01011010B
　　小写字母的 ASCII 码：61H~7AH　　01100001B~01111010B

　　数字和字母的第 6 位不同。因此，区别数字和字母用 TEST AL, 40H；第 6 位为 0 是数字，第 6 位为 1 则为字母。

　　大小写字母为第 5 位不同。区别大小写字母用 TEST AL, 20H；第 5 位为 0 是大写字母，第 5 位为 1 则为小写字母。

2）用 CMP 指令排除其他字符；

3）数字、大写字母、小写字母的个数分别放在 DI、SI、BX 中。

程序如下：

```
;5-3.asm  分支程序。区分和统计键入的数字、大写字母、小写字母
data segment
    numb db 10 dup(?)
    capi db 10 dup(?)
    lett db 10 dup(?)
data ends
code segment
    assume cs:code,ds:data
start:
    mov ax,data
    mov ds,ax
let0:mov ah,1              ;键盘输入
    int 21h
    cmp al,0dh             ;回车?
    jz exit                ;是,转 EXIT
    test al,40h            ;区分数字和字母
    jz let1                ;是数字,转 LET1
    test al,20h            ;区分大小写字母
    jz let2                ;是大写,转 LET2
    cmp al,7ah             ;排除不是小写字母
    ja exit
    mov lett[bx],al
    inc bx                 ;小写个数加 1
    jmp let0
let2:cmp al,5ah            ;排除大小写之间的字符
    ja exit
    mov capi[si],al
    inc si                 ;大写个数加 1
    jmp let0
let1:cmp al,'0'            ;排除其他字符
    jb exit
    cmp al,'9'
    ja exit
    mov numb[di],al
```

```
        inc di                  ;数字个数加 1
        jmp let0
exit:mov ah,4ch
        int 21h
code ends
        end start
```

运行结果：

由于本程序没有输出功能，若要查看运行结果，需要在 DEBUG 下运行。

设置本程序的断点在 0032，即“MOV AH，4CH”处。执行“G 32”之后，从键盘输入若干字符“23sdfAZ”（如图 5-4 所示），回车后显示出各个寄存器的值。其中，数字个数 DI = 2，大写字母个数 SI = 2，小写字母个数 BX = 3。在数据段内存中，分别保存了键入的数字和大小写字母。

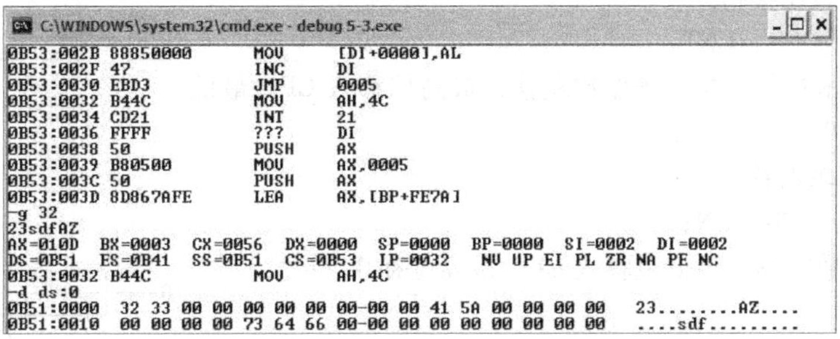

```
C:\WINDOWS\system32\cmd.exe - debug 5-3.exe
0B53:002B 88850000      MOV     [DI+0000],AL
0B53:002F 47            INC     DI
0B53:0030 EBD3          JMP     0005
0B53:0032 B44C          MOV     AH,4C
0B53:0034 CD21          INT     21
0B53:0036 FFFF          ???     DI
0B53:0038 50            PUSH    AX
0B53:0039 B80500        MOV     AX,0005
0B53:003C 50            PUSH    AX
0B53:003D 8D867AFE      LEA     AX,[BP+FE7A]
-g 32
23sdfAZ
AX=010D  BX=0003  CX=0056  DX=0000  SP=0000  BP=0000  SI=0002  DI=0002
DS=0B51  ES=0B41  SS=0B51  CS=0B53  IP=0032   NV UP EI PL ZR NA PE NC
0B53:0032 B44C          MOV     AH,4C
-d ds:0
0B51:0000  32 33 00 00 00 00 00 00-00 00 41 5A 00 00 00 00   23........AZ....
0B51:0010  00 00 00 00 73 64 66 00-00 00 00 00 00 00 00 00   ....sdf.........
```

图 5-4　程序 5-3. EXE 的执行情况

练习　1）画出 5-3. ASM 的流程图。

2）在 5-3. ASM 中增加显示功能，分别显示提示信息和统计个数值。（代码见 5-3a. ASM）

5.3.3 移位操作

在二进制数按权展开表示法中我们知道，n 位二进制的权是 2^{n-1}，高位是低位的 2 倍。因此把二进制数左移 1 位相当于乘以 2，右移 1 位相当于除以 2。汇编语言提供了算术移位指令、逻辑移位指令、循环移位指令三类移位操作。移位指令都是双操作数指令，格式均为：

移位操作码　OPR，CNT

其中，操作数 OPR 是寄存器或者存储单元，CNT 是移位位数，如果超过 1 位则必须用 CL 寄存器指出移位位数。

1. 算术移位操作

算术移位用于带符号数操作，算术左移和算术右移可分别看作带符号数乘以 2^n 和除以 2^n（n = 移位位数）。

（1）SAL 算术左移指令

格式：SAL　OPR，CNT

功能：操作数左移，最高位移入 CF，最低位补 0。若 CNT > 1，则用 CL 寄存器存放次数。

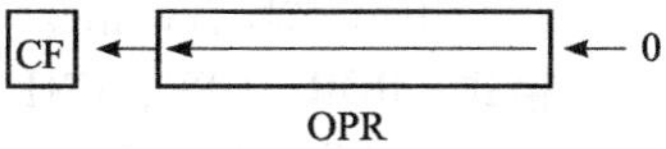

例 1
```
MOV AL,06H          ;00000110
SAL AL,1            ;00001100
```

例 2
```
MOV CL,2            ;左移 2 位,乘以 2²
MOV AL,06H          ;00000110
SAL AL,CL           ;00011000
```

（2）SAR 算术右移指令

格式：SAR OPR，CNT

功能：操作数右移，最低位移入 CF，最高位右移的同时最高位保持不变。即如果原来是 0 则仍为 0，原来是 1，则仍为 1。若 CNT>1，则用 CL 寄存器存放次数。

例 1　　MOV AL,8AH　　;10001010
　　　　SAR AL,1　　　;11000101

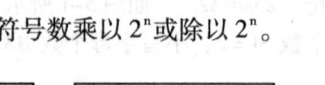

例 2　　MOV CL,3　　　;右移 3 位,除以 2^3
　　　　MOV AL,60H　　;01100000
　　　　SAR AL,CL　　 ;00001100

2. 逻辑移位操作

逻辑移位可用于无符号数操作。逻辑左移或逻辑右移相当于无符号数乘以 2^n 或除以 2^n。

（1）SHL 逻辑左移指令
格式：SHL　OPR，CNT
功能：与算术左移一样。操作数左移，最高位移入 CF，最低位补 0。

（2）SHR 逻辑右移指令
格式：SHR　OPR，CNT
功能：操作数右移，最低位移入 CF，最高位补 0。

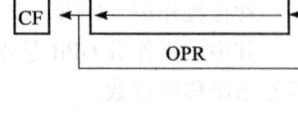

例 1　　MOV AL,0AH　　;00001010
　　　　SHR AL,1　　　;00000101

例 2　　MOV CL,2　　　;右移 2 位
　　　　MOV AL,0AH　　;00001010
　　　　SHR AL,CL　　 ;00000010

可以看出，无论是算术右移还是逻辑右移，用移位实现除法时，会出现余数丢失现象。

3. 循环移位操作

（1）ROL 循环左移指令
格式：ROL OPR，CNT
功能：操作数循环左移，最高位移入 CF 同时移入最低位。

例 1　　MOV AL,8AH　　;10001010
　　　　ROL AL,1　　　;00010101

例 2　　MOV CL,4　　　;循环左移 4 位
　　　　MOV AL,8AH　　;10001010
　　　　ROL AL,CL　　 ;10101000 = A8H

例 3　设（AX）= 0012H,（BX）= 0034H。把它们拼接在一起变成（AX）= 1234H。

　　　　MOV CL,8
　　　　ROL AX,CL
　　　　ADD AX,BX

（2）ROR 循环右移指令
格式：ROR　OPR，CNT
功能：操作数循环右移，最低位移入 CF 同时移入最高位。

例 1　　MOV AL,8AH　　;10001010
　　　　ROR AL,1　　　;01000101

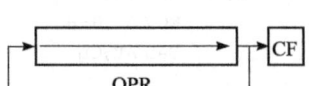

例 2　　MOV CL,8　　　;循环右移 8 位
　　　　MOV AL,8AH　　;10001010

```
        ROR AL,CL          ;10001010
```

（3）RCL 带进位的循环左移指令

格式：RCL OPR，CNT

功能：操作数和进位一起循环左移，CF 移入最低位，同时最高位移入 CF。

（4）RCR 带进位的循环右移指令

格式：RCR OPR，CNT

功能：操作数和进位一起循环右移，CF 移入最高位，同时最低位移入 CF。

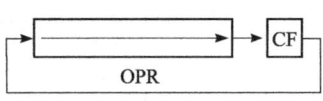

5.3.4　处理机控制指令

8086 CPU 提供的第六类指令是处理机控制指令，常用的有以下几种：

1. 标志位操作指令

这类指令均为零地址指令，只有操作码没有操作数。可对 CPU 中的标志寄存器的进位标志 CF、方向标志 DF 和中断标志 IF 进行修改和设置。

CLC	将进位标志清零，CF = 0
STC	将进位标志置1，CF = 1
CMC	将进位标志取反，CF ← ¬ CF
CLD	将方向标志清零，DF = 0，串操作时地址自动增加
STD	将方向标志置1，DF = 1，串操作时地址自动减少
CLI	将中断标志清零，IF = 0，（关中断）禁止可屏蔽硬件中断
STI	将中断标志置1，IF = 1，（开中断）允许可屏蔽硬件中断

2. 空操作指令

格式：NOP

功能：CPU 执行一次空操作，不影响标志位。占用 3 个时钟周期。

3. 暂停指令

格式：HLT

功能：遇到该指令 CPU 暂停执行。

5.3.5　分支程序举例

示例 5-4　从键盘输入英文单词，将其中的小写字母变为大写。

设计思路：

1）将小写字母的 ASCII 码的第 5 位变为 0 即为大写字母；

2）用 DOS 的 9 号功能显示提示信息；

3）用 DOS 的 10 号功能输入英文字母。

程序如下：

```
;5-4.asm   输入英文单词,将小写字母转换为大写
data segment
    mess1 db 0ah,0dh,'input:$'
    mess2 db 0ah,0dh,'output:$'
    buff db 10,?,10 dup(?)
data ends
code segment
    assume cs:code,ds:data
start:
```

```
        mov ax,data
        mov ds,ax
    prog1:
        mov dx,offset mess1         ;显示提示1
        mov ah,9
        int 21h
        mov dx,offset buff          ;输入字串
        mov ah,10
        int 21h
        mov cl,buff+1               ;实际输入的字母个数
        mov bx,2                    ;第一个字母的地址
        mov dx,offset mess2         ;显示提示2
        mov ah,9
        int 21h
    let1:
        and buff[bx],0dfh           ;小写字母变为大写
        mov dl,buff[bx]             ;循环显示每个字母
        mov ah,2
        int 21h
        inc bx
        dec cl
        jnz let1
        mov ah,4ch
        int 21h
    code ends
        end start
```

运行结果：

```
C:\hb>5-4

input:Teacher
output:TEACHER
C:\hb>
```

示例 5-5 计算 0~9 的立方值并显示。

设计思路：

1）从键盘输入 0~9；可多次输入，按 ESC 键退出；

2）将输入的数字去掉 ASCII 码；

3）用连乘计算立方值，注意百位的判断；

4）用除以 10 取余得到百位、十位、个位数，并用 X 的三个单元分别存放；

5）显示十进制结果。

程序如下：

```
    ;5-5.asm  计算0-9立方值。ESC退出
    data segment
        mess1 db 0ah,0dh,'input:$'
        mess2 db 0ah,0dh,'output:$'
        x     db ?,?,?
    data ends
    code segment
        assume cs:code,ds:data
    start:
        mov ax,data
        mov ds,ax
    let0:mov dx,offset mess1        ;显示提示
        mov ah,9
        int 21h
```

```
        mov ah,1                    ;输入 0~9
        int 21h
        cmp al,27                   ;按 ESC 退出
        jz out1
        cmp al,'0'                  ;输入限制
        jb let0
        cmp al,'9'
        ja let0
        and al,0fh                  ;去掉 ASCII 码
        mov ah,0
        mov bl,al                   ;求立方
        mul bl
        mul bl                      ;立方值在 ax
        mov bl,10                   ;立方值变为十进制
        div bl
        add ah,30h                  ;个位加上 ASCII 码
        mov x,ah                    ;x 保存个位
        cmp al,10                   ;高位≥10？
        jb let2                     ;小于转移
        mov ah,0                    ;≥10 继续除以 10
        div bl
        add ah,30h                  ;十位加上 ASCII 码
        mov x+1,ah                  ;x+1 十位
        add al,30h
        mov x+2,al                  ;x+2 百位
        jmp let3
let2:   add al,30h                  ;十位数
        mov x+1,al
let3:   mov ax,0
        mov dx,offset mess2
        mov ah,9
        int 21h
        mov dl,x+2                  ;显示立方值
        mov ah,2
        int 21h
        mov dl,x+1
        int 21h
        mov dl,x
        int 21h
        mov word ptr x,0            ;将 x 单元清 0
        mov word ptr x+2,0          ;将 x+2 单元清 0
        jmp let0                    ;返回,再输入数字
out1:   mov ah,4ch                  ;退出
        int 21h
code ends
        end start
```

运行结果：

```
C:\hb>5-5

input:3
output: 27
input:6
output:216
input:2
output: 08
input:9
output:729
input:←
C:\hb>
```

思考：求立方值还可以用查立方表的方法实现。结合查表操作，修改程序。

示例 5-6 从键盘输入两个两位的十进制数，做加法运算，并显示结果。

从键盘输入数字 0～9 的 ASCII 码为 30H～39H，要想用它们做十进制运算可以将其转换为 BCD 码。数字的 ASCII 码与压缩 BCD 码之间的转换有多种方式，此处采用位运算实现。

设计思路：

1）键盘输入一个两位数之后回车，再输入另外一个两位数。将 4 个数去掉 30H 保存到 X 单元。比如输入 12 和 34，相加结果应为 46；

2）用移位操作将 4 个数据两两合并为相应的 BCD 码；

3）相加后用 DAA 十进制调整指令调整，如果有百位的进位，用变量 Z 记住；

4）用移位以及加 3030H 操作将 BCD 码再变为 ASCII 码，显示百位、十位、个位数值。

程序如下：

```
;5-6.asm   输入两个2位十进制数,相加并显示结果
data segment
    x db   4 dup(?)
    z db   ?
data ends
code segment
assume cs:code,ds:data
start:
    mov ax,data
    mov ds,ax
    mov cx,2              ;允许输入两个数据
    mov si,0
let0:
    mov ah,1              ;键盘输入12↵34↵
    int 21h
    cmp al,0dh            ;回车?
    jz let1               ;是,转let1输入第2个数
    and al,0fh            ;去掉30h
    mov x[si],al          ;保存到x
    inc si
    jmp let0
let1:
    mov ah,2              ;换行
    mov dl,0ah
    int 21h
    dec cx
    jnz let0
    ;将保存在x单元中的01、02、03、04合并为BCD码
    mov ax,0
    mov al,x              ;第1个数变为BCD码12H
    mov cl,4
    shl al,cl             ;01左移4位后变为10
    add al,x+1
    mov bl,x+2            ;第2个数变为BCD码34H
    shl bl,cl             ;03左移4位后变为30
    add bl,x+3
    add al,bl             ;BCD码相加后ax=0046
    daa                   ;对ax作十进制调整
    ;显示十进制结果
    jnc let2              ;没有百位则转let2
```

```
            mov z,'1'           ;标记有百位进位
    let2:
            mov cl,4
            shl ax,cl           ;左移 4 位,ax=0460
            rol al,cl           ;al 左移 4 位后 ax=0406
            add ax,3030h        ;ax=3436——将 BCD 码变为 ASCII 码
            mov bx,ax
            mov dl,0ah          ;换行显示
            mov ah,2
            int 21h
            cmp z,'1'           ;有百位?
            jnz out1
            mov dl,z            ;显示百位数 1
            int 21h
    out1:
            mov dl,bh           ;显示十位
            int 21h
            mov dl,bl           ;显示个位
            int 21h
            mov ah,4ch
            int 21h
    code ends
            end start
```

运行结果：

```
C:\hb>5-6
12
34

46
C:\hb>5-6
78
89

167
C:\hb>_
```

第 1 次执行 12+34=46，第 2 次执行 78+89=167。

注意：若只输入个位数，必须输入 01、02 等，保持两位数的输入。

思考：如果显示提示信息，程序如何修改？

5.4 深入分析转移特征

在汇编语言的学习中，除了学习相关的指令和编程方法之外，我们还要尽量深入了解机器的运行原理，通过汇编语言来获得底层的控制方法和直接对硬件编程的体验。程序的执行离不开 CPU 对指令的理解和判断。通过前面的学习我们知道，CPU 是根据 CS 和 IP 中的地址找到指令后再执行的，那么 CS 和 IP 的值是如何分配的呢？我们先来了解一下内存空间分布情况和系统启动以及程序加载过程。

5.4.1 内存空间分配

在 8086 系统中，内存空间分布情况如图 5-5 所示。

其中，00000H～9FFFFH 为主存 RAM 区，共 640KB，由 DOS 进行管理。其中的前 1KB 单元为中断向量表。除系统程序占一部分空间外，其余的空间供用户程序和应用程序使用，但具体的存放位置由操作系统决定。

A0000H～BFFFFH 的 128KB 地址空间系统用作显示缓冲区。这段地址可以访问到显卡上的 RAM 芯片。在内存的 B8000H～BFFFFH 共 32KB 的区域是 25×80 彩色字符模式的显示缓冲区，如果向这个区域写数据，就把数据写入了显卡的 RAM 中，这些数据马上会被显示到屏幕上。

C0000H～DFFFFH 为扩展 ROM 区，也有 128KB 的地址空间。这段区间用于 I/O 接口卡上的 ROM 芯片，比如网卡和显卡的 ROM 芯片。

E0000H～FFFFFH 为系统 ROM 区，128KB。在 FE000H 开始的 8KB 装载了基本输入/输出程序 ROM－BIOS（Basic Input Output System）程序，而 FFFF0H 为开机启动时的入口地址；此区域中还有 CMOS 设置程序，显示输出用的字符点阵信息等。

00000H	中断向量表1KB
00400H	主存RAM 640KB
9FFFFH	
A0000H	显存RAM 128KB
BFFFFH	
C0000H	扩展ROM 128KB
DFFFFH	
E0000H	系统ROM 128KB
FFFFFH	

内存的 RAM 区域可以进行读写操作，而 ROM 区域则只能进行读操作。即使向这片 ROM 空间做了写操作，也不会改变存储单元的内容。

图 5-5 8086 内存分布

5.4.2 系统启动

在计算机开机加电时，系统产生 RESET 信号，使 CPU 处于复位状态，内存单元清零，CS 段寄存器设置为 FFFFH，指令指针寄存器 IP 设置为 0。这样，逻辑地址 CS：IP 就为 FFFF：0000H，对应的物理地址为 FFFF0H。这个地址单元是 ROM-BIOS 的入口。BIOS 入口只放了 1 条指令是 JMP START，跳转到 BIOS 的硬件自检程序。至此，强制系统进入了 BIOS 程序区。接着进行一系列的检测，包括对 RAM、显卡、键盘、I/O 接口、中断控制器、定时器、IDE 接口、软驱等的检查。如果没有问题，系统将对这些部件进行初始化。然后 BIOS 在内存中建立两个数据区，一个是中断向量表，另一个是 BIOS 数据区。

BIOS 在内存的 0 号单元开始到 003FFH 建立 1KB 的中断向量表，共占有 256 个 4 字节的空间，即可以有 256 个中断向量，每个向量（中断子程序的入口地址）占 4 字节。

BIOS 的数据区从 00400H 开始到 004FFH 单元。主要保存 I/O 设备适配器的地址、安装标志以及系统的状态信息等。例如，00400H 字单元中保存计算机上 0 号 RS232－1 适配器的基地址，通常为 3F8H。00402H 字单元中为 1 号 RS232－1 适配器的基地址 2F8H。又如，00417H 字节单元中的每位表示一个键盘按键状态，包括键盘右边的 Shift 键当前是否按下、键盘左边的 Shift 键当前是否按下、Ctrl 键当前是否按下、Alt 键当前是否按下、数字（Num Lock）锁定开关键状态、大写字母（Caps Lock）开关键状态等。再如，00472H 字单元可由软件设置复位功能标志或直接跳转到 FFFF：0 重新启动。当该单元内容为 1234H 时，表示热启动，5678H 代表系统中止，如果是 9ABCH 则为制造商检测时使用。

接着 BIOS 检查系统磁盘，从系统盘的 0 号扇区中将主引导记录读入内存。然后 BIOS 将控制权交给主引导纪录，主引导（记录）程序再将操作系统加载到内存。之后，控制权交给了操作系统。一旦操作系统得到了控制权，就可以在操作系统环境下运行各种程序了。

5.4.3 程序的加载

1. 操作系统模块

DOS（Disk Operating System，磁盘操作系统）是在 BIOS 之上的系统软件，DOS 通过 BIOS 访问外设，因而 DOS 对硬件的依赖性更少些。DOS 提供了两个模块 IBMDOS.COM 和 IBMBIOS.COM，实现从 DOS 到 BIOS 到硬件外设的访问过程，如图 5-6 所示。

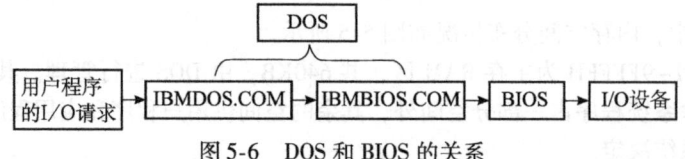

图 5-6 DOS 和 BIOS 的关系

IBMDOS.COM 主要是文件管理和 DOS 功能调用程序,IBMBIOS.COM 是输入/输出处理程序。用户的 I/O 请求通过 DOS 功能调用发出,IBMDOS.COM 将信息传送给 IBMBIOS.COM,由 IBMBIOS.COM 调用 BIOS 完成对外设的访问。

2. 用户程序执行

DOS 系统的 Shell 是 COMMAND.COM,也称为命令解释器。操作系统获得了控制权之后,运行 COMMAND.COM 进入操作系统环境,屏幕上出现 DOS 提示符 C:\>。在系统提示符下可以输入各种 DOS 命令,而直接输入用户的可执行文件名则执行该程序。

当用户输入文件名时,COMMAND 将这个可执行文件程序加载到内存中,将操作系统中的 CS:IP 设置为用户程序的 CS 和 IP,这样就从操作系统程序转入用户程序执行。这个过程相当于跨段转移,也就是远程转移。当用户程序执行完之后,又返回到操作系统 DOS 下(远程返回)。比如 5.1 节中的例题 5-1.EXE 在 DOS 下执行后又返回到 DOS。实际上操作系统进行了如下操作:

1)将用户程序调入内存;
2)建立 256 字节的程序段前缀 PSP 区;
3)用 DS 和 ES 寄存器保存 PSP 区的段地址;
4)在 PSP 后面定义代码段,将程序代码紧接着 PSP 存放;
5)程序代码所在的段地址放入 CS 寄存器,偏移地址 0000H 放入 IP 寄存器;
6)如果用户程序定义了数据段,则在 PSP 和代码段之间预留部分空间;
7)设置堆栈区的段地址 SS 寄存器和堆栈指针 SP;
8)将控制权交给用户程序,开始执行。

3. 用户程序加载

要观察程序 5-1.EXE 加载时系统的状况可通过 DEBUG 调入 5-1.EXE 程序。我们在 DEBUG 下观察可执行文件加载和转移过程:

```
C:\hb>debug 5-1.exe
-r
AX=0000  BX=0000  CX=004D  DX=0000  SP=0000  BP=0000  SI=0000  DI=0000
DS=0B41  ES=0B41  SS=0B51  CS=0B52  IP=0000     NU UP EI PL NZ NA PO NC
0B52:0000 B8510B          MOV     AX,0B51
-d 0b41:0
0B41:0000  CD 20 FF 9F 00 9A F0 FE-1D F0 4F 03 5A 05 8A 03   . .........O.Z...
0B41:0010  5A 05 17 03 5A 05 49 05-01 01 01 00 02 FF FF FF   Z...Z.I.........
0B41:0020  FF FF FF FF FF FF FF FF-FF FF FF FF 07 0B 4C 01   ..............L.
0B41:0030  80 E9 1A 0A 14 00 18 00-41 0B FF FF FF 00 00 00   ........A.......
0B41:0040  00 05 00 00 00 00 00 00-00 00 00 00 00 00 00 00   ................
0B41:0050  CD 21 CB 00 00 00 00 00-00 00 00 00 00 20 20 20   .!...........
0B41:0060  20 20 20 20 20 20 20 20-00 00 00 00 00 20 20 20
0B41:0070  20 20 20 20 20 20 20 20-00 00 00 00 00 00 00 00
-d
0B41:0080  00 0D 35 2D 31 2E 65 78-65 0D 0D 41 53 54 45 45   ..5-1.exe..ASTEE
```

进入 DEBUG 之后不执行程序,先用 R 命令查看各个寄存器内容,此时是操作系统分配给用户程序的初始状态。数据段寄存器 DS 为 0B41H,从 0B41:0000 开始到 0B41:00FF 的 256 个字节单元是用户程序的 PSP 程序段前缀数据区。

PSP 含有许多有用信息,DOS 要利用 PSP 与加载的用户程序通信。其中 PSP 数据区的 0 号、1 号字节单元为 CD20,是 INT 20H 指令的机器码,表示程序终止、退出。用户程序只要设法进入 PSP 的偏移 0 处,就能终止程序;例如在程序开始标号"START:"后面加入三条指令:

```
PUSH DS
SUB AX,AX
PUSH AX
```

这三条指令实际上是将 PSP 区 0 号单元的地址 DS:0 入栈保存。在程序的最后用 RET 指令取代 "MOV AH, 4CH" 和 "INT 21H",就可结束程序返回 DOS;因为 RET 指令正好将开始时保存的 DS:0 弹出存入 CS:IP 里。PSP 数据区的 2、3 单元为 FF9F,即内存可用区域的最高单元地址 9FFFH

（640KB）；在 82H 单元开始存放用户程序的文件名 5-1. EXE 等。可用 D 0B41：0 查看。

如果用户程序中需要数据段来保存数据，要在程序中用伪指令定义自己的数据段，并用汇编指令将数据段的段地址放入 DS 寄存器中。如在 5-1. EXE 中执行"MOV AX，DATA"和"MOV DS，AX"之后用户的数据段段地址就被分配为 0B51H，DS 变为 0B51H。

```
C:\hb>debug 5-1.exe
-r
AX=0000  BX=0000  CX=004D  DX=0000  SP=0000  BP=0000  SI=0000  DI=0000
DS=0B41  ES=0B41  SS=0B51  CS=0B52  IP=0000   NV UP EI PL NZ NA PO NC
0B52:0000 B8510B        MOV     AX,0B51
-t2

AX=0B51  BX=0000  CX=004D  DX=0000  SP=0000  BP=0000  SI=0000  DI=0000
DS=0B41  ES=0B41  SS=0B51  CS=0B52  IP=0003   NV UP EI PL NZ NA PO NC
0B52:0003 8ED8          MOV     DS,AX

AX=0B51  BX=0000  CX=004D  DX=0000  SP=0000  BP=0000  SI=0000  DI=0000
DS=0B51  ES=0B41  SS=0B51  CS=0B52  IP=0005   NV UP EI PL NZ NA PO NC
0B52:0005 B90300        MOV     CX,0003
```
（DS修改了）

用户程序进入 DEBUG 后代码段寄存器 CS 为 0B52H，指令指针寄存器 IP 为 0000H，表示用户程序的存放位置从 0B52：0000 开始。

CX 寄存器存放的是程序所需的代码和数据单元的总长度 004DH，表示该程序占有 4DH 个字节单元。我们用 U 命令查看一下最后一条指令所在单元的地址就可算出该程序代码指令的长度。

```
0B52:0028 B306          MOV     BL,06
0B52:002A F6FB          IDIV    BL
0B52:002C 89840600      MOV     [SI+0006],AX
0B52:0030 83C602        ADD     SI,+02
0B52:0033 49            DEC     CX
0B52:0034 83F900        CMP     CX,+00
0B52:0037 75D2          JNZ     000B
0B52:0039 B44C          MOV     AH,4C
0B52:003B CD21          INT     21
```

由于程序较长，输入两次 U 命令后找到程序的结束部分"MOV AH，4CH"和"INT 21H"。"INT 21H"对应的段地址为 0B52，偏移地址为 003B，"INT 21H"指令本身占 2 字节。程序从 0000H 开始存放，可算出整个程序代码长度为 003DH（0～3CH）。由于这个程序还定义了数据段，占用的数据单元按 16 字节为单位计算，因此总长度为 004DH。

5.4.4 JMP 转移特征

汇编指令和机器指令之间有某种关系，汇编指令中的标号或者符号地址在汇编之后由汇编程序翻译成相应的偏移地址，这些地址是由操作系统分配的；指令中的立即数也会反映在其指令代码中。我们来看一下这些标号、符号地址和立即数的情况。观察 5-1. EXE 程序：

```
C:\hb>debug 5-1.exe
-u 0 2c
0B52:0000 B8510B        MOV     AX,0B51
0B52:0003 8ED8          MOV     DS,AX
0B52:0005 B90300        MOV     CX,0003
0B52:0008 BE0000        MOV     SI,0000
0B52:000B 8B840000      MOV     AX,[SI+0000]
0B52:000F 3D0000        CMP     AX,0000
0B52:0012 7D07          JGE     001B
0B52:0014 8BD8          MOV     BX,AX
0B52:0016 F7EB          IMUL    BX
0B52:0018 EB12          JMP     002C
0B52:001A 90            NOP
0B52:001B 3D0A00        CMP     AX,000A
0B52:001E 7D08          JGE     0028
0B52:0020 D1E0          SHL     AX,1
0B52:0022 050300        ADD     AX,0003
0B52:0025 EB05          JMP     002C
0B52:0027 90            NOP
0B52:0028 B306          MOV     BL,06
0B52:002A F6FB          IDIV    BL
0B52:002C 89840600      MOV     [SI+0006],AX
```
（两条JMP转移指令）

5-1. EXE 程序中第 1 条指令"MOV AX，DATA"经翻译后 DATA 变为 0B51，机器指令为 3 字节 B8510B，最后两字节就是 0B51；"MOV CX，3"的机器指令为 B90300，后 2 字节就是立即数 3。

无条件转移指令"JMP OUT1"的标号 OUT1 由操作系统确定为 002C，该指令变为 JMP 002C。可以看到，002C 处是"MOV [SI+6]，AX"指令，这是源程序中的"out1：mov y [si]，ax"指令。我们进一步观察一下，程序中第 1 条"JMP 002C"的机器码为 EB12，第 2 个字节为 12H，其转移地址 002C 并没有出现在机器指令中；第 2 条"JMP 002C"指令的机器码为 EB05，第 2 个字节为 05H。再看条件转移指令"JGE 001B"（JGE LET1），标号 LET1 已经翻译为 001B，001B 处是"CMP AX，10"指令。而"JGE 001B"的机器码为 7D07，第 2 个字节为 07，也不是 001B。这说明转移指令的机器码中并没有要转移的目标地址，那么程序是如何实现转移的呢？

来看一下第 1 条"JMP 002C"和 002C 处的指令之间的距离，偏移地址从 001A 到 002C 正好是 12H，其机器码为 EB12，也说明这两条指令之间相隔 18 个（12H）字节单元；再看第 2 条"JMP 002C"与 002C 处的指令之间的距离，从 0027 到 002C 是 05H，其机器码为 EB05；其他的转移指令也是一样。那我们就可以得出转移指令的机器代码中保存的是转移的距离值，也称为位移量，而不把转移的目标地址写在机器代码中。在程序执行到转移指令时，要转移的距离值与 IP 寄存器的值相加后再放入 IP 寄存器中，这样就转移到 IP 所指的指令执行了。

这种方式的优点是无论程序从哪个段地址开始存放，系统只要得到转移的相对距离值就可执行转移，而不必每次修改目标地址值。这种定位方式便于程序的浮动装配和程序重定位。

5.5 实例五 走向分支

分支判断是计算机具有智能的表现，而这种智能是受控于人的意志的。也就是说，需要编写程序人员的智慧和判断，设计出计算机能理解的指令程序供机器运行。针对不同问题有不同的解决方法。俗话说，条条大路通罗马。在分支程序设计中，也有许多条路能达到目的。只不过有的简便，有的精巧，有的严谨，有的拙朴而已。本节我们通过几个例子来看一下分支程序的设计方法和技巧。

5.5.1 分支的选择

在分支程序设计中，要通过条件判断做转移。而条件转移指令有 4 种类型：根据标志的转移、无符号数比较转移、带符号数比较转移和 CX 为 0 转移。具体用哪种转移指令更好呢？这需要根据题目内容来选择。

示例 5-7 十进制与十六进制转换。将键盘输入的一个两位十进制数以十六进制形式显示在屏幕上。可多次输入直到按下 ESC 键。

设计思路：
1）用 DOS 的 1 号功能输入一个两位数，以回车结束；
2）将输入的数字减去 30H 保存在 X 单元，第 1 个数扩大 10 倍再与第 2 个数相加，变为十进制数；
3）用 9 号功能显示提示信息；
4）将十进制数除以 16，形成十六进制数；
5）再将十六进制数转换为 ASCII 码，用 2 号功能显示。

程序如下：

```
;5-7.asm  可多次输入一个两位十进制数并以十六进制显示出来,按 ESC 键退出
data segment
    x db 2 dup(?)
```

```
            mess1 db 0dh,0ah,'decimal = $'
            mess2 db 0dh,0ah,'HEX = $'
      data ends
      code segment
            assume cs:code,ds:data
      start:
            mov ax,data
            mov ds,ax
      let0:
            mov x,0
            mov x+1,0
            mov si,0
            mov dx,offset mess1            ;显示提示 1
            mov ah,9
            int 21h
      let1:
            mov ah,1                       ;键盘输入十进制数
            int 21h
            cmp al,27                      ;是 ESC 键?
            jz out1
            cmp al,0dh                     ;回车?
            jz let2                        ;是,转 let2
            and ax,000fh                   ;去掉 ASCII 码
            mov x[si],al                   ;保存到 x
            inc si                         ;统计输入的位数
            jmp let1
      let2:
            mov dx,offset mess2            ;显示提示 2
            mov ah,9
            int 21h
            cmp si,1                       ;判断输入的位数
            ja let3                        ;输入了两位数转 let3
            mov bl,x
            mov cl,1
            jmp let5                       ;只输入 1 位数则直接去显示
      let3:
            mov al,x
            mov cl,10
            mul cl                         ;形成两位十进制数
            add al,x+1
            mov ah,0
            mov bl,16                      ;除以 16,转换为十六进制
            div bl
            mov bx,ax                      ;ah 为余数即低位,al 为商即高位
            ;分别显示十六进制高位、低位
            mov cl,2
      let4:
            cmp bl,10                      ;判断十六进制数码
            jl let5
            add bl,7                       ;≥10 则加 7(是字母 A~F)
      let5:
            add bl,30h                     ;加上 ASCII 码
            mov dl,bl
            mov ah,2                       ;显示
            int 21h
```

```
            mov bl,bh                    ;再去显示低位
            dec cl
            jnz let4
            jmp let0                     ;返回 let0 继续输入
    out1:
            mov ah,4ch
            int 21h
    code ends
            end start
```

运行结果:

```
C:\hb>5-7

decimal=26
HEX=1A
decimal=14
HEX=0E
decimal=45
HEX=2D
decimal=3
HEX=3
decimal=99
HEX=63
decimal=↵
C:\hb>_
```

分析思考：
1) 键盘输入和结果显示是一个用户程序的常用功能。我们希望键盘输入的是十进制数，进行运算后能显示出十进制或者十六进制数。而键盘输入和屏幕显示涉及对外设硬件的访问，由于汇编语言是直接控制机器的符号语言，没有提供类似的功能函数或语句，需要自己设计相关的程序段实现这个功能。如果我们把具有这种功能的程序或程序段作为一个子程序或者一个宏，那么就相当于高级语言中的函数或者命令语句了。也就是说，高级语言函数库中的功能函数实际上就是一段程序，把我们编写的程序作为一个独立功能也可以放入函数库中。在以后的章节中，我们就可以为这种键盘输入程序或屏幕显示程序起一个名字，作为一个子程序（函数）或者宏来多次调用它。
2) 这段程序中用到的转移指令有一些是往回跳转的，无论是无条件转移 JMP 还是条件转移指令 JNZ 等都有这种转移方向。这种分支走向已经把程序的流程构成了一个环，就是循环结构。下一章中我们要重点讨论循环结构的特点。
3) 画出 5-7.ASM 程序流程图。
4) 这个程序只能输入一个两位的十进制数，如果能输入多位十进制数转换成十六进制数，那么就是一个小的工具软件了。程序的修改可参考 7.1.2 节示例 7-1。

5.5.2 菜单程序设计

当我们设计菜单程序时，如果有 3 项功能，希望分别按下 1、2、3 键就转移到 3 个不同的程序段执行。菜单程序的设计可以利用分支程序实现。

示例 5-8 设计菜单程序。实现三个功能：
- 小写字母转换为大写。
- 计算立方值。
- 退出。

设计思路：
1) 在数据段中定义菜单。每行换行显示；
2) 用 9 号功能显示菜单；

3）根据输入选择执行某段程序。

程序如下：

```
;5-8.asm  菜单程序设计1、输入字串,将小写转换为大写2、计算0~9立方值3、退出
    data segment
        mess0 db 0ah,0dh,'1.input string'
              db 0ah,0dh,'2.calculate cube'
              db 0ah,0dh,'3.exit'
              db 0ah,0dh,'select:$'
        mess1 db 0ah,0dh,'input:$'
        mess2 db 0ah,0dh,'output:$'
        buff  db 10,?,10 dup(?)
        x     db ?,?,?
    data ends
    code segment
        assume cs:code,ds:data
      start:
        mov ax,data
        mov ds,ax
      let0:
        mov dx,offset mess0            ;显示菜单
        mov ah,9
        int 21h
        mov ah,1                       ;输入选择
        int 21h
        cmp al,'1'
        jz prog1
        cmp al,'2'
        jz prog2
        jmp prog3                      ;按其他键均退出
       prog1:                          ;菜单1
        ;5-4.asm  程序部分
        ;输入英文单词,将小写字母转换为大写
        ;……
        jmp let0                       ;返回主菜单
       prog2:                          ;菜单2
        ;5-5.asm  程序部分
        ;计算0~9立方值
        ;……
        jmp let0                       ;返回主菜单
       prog3:                          ;菜单3,退出
        mov ah,4ch
        int 21h
    code ends
        end start
```

分析思考：

1）这个菜单中的前两个功能程序在前几节中我们已经编写过，加入程序中就可通过菜单的选择将它们联系起来。

2）菜单选择部分采用比较指令和条件转移指令"CMP AL, '1'"及"JZ PROG1"实现分支，这种设计思想对于菜单项较少的情况比较简便；当菜单项增多时，比较指令和条件转移指令就要多次使用，程序冗长。在这种情况下，可以采用下一节中介绍的分支表的方法。

运行结果：

```
C:\hb>5-8

1. input string
2. calculate cube
3. exit
select:1
input:aasDDF
output:AASDDF
1. input string
2. calculate cube
3. exit
select:2
input:3
output: 27
1. input string
2. calculate cube
3. exit
select:2
input:6
output:216
1. input string
2. calculate cube
3. exit
select:3
C:\hb>
```

5.5.3 用分支表实现多路转移

所谓分支表是在数据段中建立一个表，表中存放要转移的程序段的名字（标号），也就是偏移地址，称为分支表。在程序中访问这个分支表，取得程序段名字，就可以转移到相应的标号去执行。

示例 5-9 用分支表设计多路分支。实现：输入 1，则计算并显示 Z = X + Y，输入 2，则将输入的字母改变大小写，输入 0，则退出。

设计思路：

1) 在数据段中建立分支表 TABLE，保存分支转移的标号；
2) 根据输入的 0~2，计算出分支标号在 TABLE 表中的地址；
3) 采用"JMP TABLE [BX]"实现多路转移。

程序如下：

```
;5-9.asm  用分支表设计多路分支:1.计算并显示 z=x+y,2.将输入的字母改变大小写,0.退出
    data segment
      table dw prog0,prog1,prog2,prog0    ;分支表
      mess1 db 0ah,0dh,'input 0-2 : $'
      mess2 db 0ah,0dh,'z = x + y = $'
      x  db  3
      y  db  6
      z  db  ?
    data ends
    code segment
      assume cs:code,ds:data
start:
      mov ax,data
      mov ds,ax
let0:
      mov dx,offset mess1              ;显示输入信息
      mov ah,9
```

```
        int 21h
        mov ah,1                    ;键盘输入分支选择
        int 21h
        and al,03h                  ;保留 al 最低 2 位,其余位清 0
        mov ah,0
        shl ax,1                    ;左移 1 位乘以 2,计算分支表地址
        mov bx,ax
        jmp table[bx]               ;按分支表转移
    prog1:                          ;第 1 路分支
        mov dx,offset mess2         ;显示输出信息
        mov ah,9
        int 21h
        mov al,x
        add al,y
        mov z,al                    ;z = x + y
        add al,30h                  ;显示结果
        mov dl,al
        mov ah,2
        int 21h
        jmp let0                    ;返回菜单
    prog2:                          ;第 2 路分支
        mov dl,0ah                  ;换行,光标在下一行
        mov ah,2
        int 21h
        mov ah,1                    ;输入字母
        int 21h
        test al,20h
        jz let1                     ;是大写转
        and al,0dfh                 ;小写变为大写
        jmp let2
    let1:
        or al,20h                   ;大写变为小写
    let2:
        mov dl,al                   ;显示转换后的字母
        mov ah,2
        int 21h
        jmp let0
    prog0:                          ;按 0 退出
        mov ah,4ch
        int 21h
        code ends
        end start
```

执行结果:

```
C:\hb>5-9

input0-2:1
z=x+y=9
input0-2:2
        Aa
input0-2:2
        dD
input0-2:3
C:\hb>
```

思考:这个程序没有判断输入的按键是否在 0 ~ 2 之间,如果要加上判断,应如何修改程序?

5.5.4 实验示例

示例 5-10 用查表的方法将内存单元中的字用十六进制显示出来。

设计思路：
1) 设内存单元 X1 中共有 4 个字。这些数据以十进制形式书写，在汇编时，系统自动变为二进制保存，我们可以将其看成是十六进制。比如 49 保存后是 0031H，298 是 012AH。
2) 建立一个十六进制数码表 HEX。用查表方式可取得相对应的十六进制数的字符。
3) 1 位十六进制数是由 4 位二进制组成，用循环左移 4 位的方式将要显示的数位移到最低 4 位处，将其余的高 12 位都清零。
4) 采用 HEX [DI] 寄存器相对寻址方式查表，以 HEX 表地址作为相对量，用 DI 寄存器存放十六进制某一位数，对应取出字符；改变 DI 的值可取出不同的数位值。
5) 用 DOS 的 2 号功能显示该数位值。

程序如下：

```
;5-10.asm  用查表方法将内存单元中的字以十六进制显示出来
data segment
    x1 dw 49,298,23456,65530
    count db 4
    hex db '0123456789ABCDEF'
    mess db 0dh,0ah,'HEX = $'
data ends
code segment
    assume cs:code,ds:data
start:
    mov ax,data
    mov ds,ax
    mov si,0
let0:
    mov dx,offset mess          ;显示提示
    mov ah,9
    int 21h
    mov bx,x1[si]               ;取出 x1,如 49 = 0031h
    mov ch,4
    mov cl,4
let1:                           ;每次循环左移 4 位
    rol bx,cl                   ;0031→0310→3100→1003→0031
    mov ax,bx
    and ax,000fh                ;保留最低 4 位
    mov di,ax                   ;放入 di
    mov dl,hex[di]              ;查表显示某位
    mov ah,2                    ;显示
    int 21h
    dec ch
    jnz let1                    ;返回 let1 显示十六进制数的下一位
    add si,2
    dec count                   ;x1 的 4 个字都显示了?
    jnz let0                    ;返回 let0,显示下一字
out1:
    mov ah,4ch
    int 21h
```

```
code ends
    end start
```

运行结果：

```
C:\hb>5-10

HEX=0031
HEX=012A
HEX=5BA0
HEX=FFFA
C:\hb>
```

分析思考：

1）这个程序也是要显示十六进制数，但是不采用将数值除以 16 的方法，而是用查字符表的方式。可以对多位十进制数（不超过 65535）转换，方法简便。
2）本程序结合了移位指令、逻辑指令和转移指令实现分支。
3）由于是字单元，因此最多显示 4 位十六进制数。如果要显示更多位，如何编程？

5.5.5 实验任务

实验目的

通过分析和运行示例程序，对分支程序设计有更深一步的了解。掌握分支程序设计方法，设计出具有自己风格的分支程序。

实验内容

1. 菜单程序设计

参考示例 5-8 设计菜单程序，包含示例 5-2、示例 5-3 及退出三个菜单项。将示例 5-2 改为从键盘输入 X；示例 5-3 增加显示功能，显示出统计个数。

2. 分支程序设计

参考示例 5-10 和示例 5-7，完成下列实验内容：

1）修改示例程序，显示出二进制数（代码见 5-10a. ASM）。显示结果供参考：

```
C:\hb>5-10a

binary=0000000000110001
binary=0000000100101010
binary=0101101110100000
binary=1111111111111010
C:\hb>
```

2）5-7. ASM 是一个十进制与十六进制转换的小工具，改写为输入十进制数 0～255，显示出相应的十六进制数。

实验要求

1）画出程序框图；
2）实验内容用截图形式记录实验结果；
3）写出实验结果分析。

实验拓展

1）参考第 9 章示例 9-3，在屏幕上清屏、开窗口，将菜单程序带颜色地显示在窗口中。提示：可利用宏库 9-4. MAC 中的功能。
2）编写一个将 AX 寄存器中的值依次循环左移 1 位、并依次显示出该十六进制数的程序。

习题五

5.1 转移指令分为哪两大类？转移指令的操作码和操作数如何表示？

5.2 写出与转移地址有关的寻址方式。

5.3 根据标志位转移的指令有哪些？执行什么操作时可以改变标志？

5.4 简述 CPU 实现分支的过程。

5.5 在短转移格式下，指令跳转的范围是多少？

5.6 在比较转移指令之前可以用什么指令进行判断？

5.7 比较转移指令为什么要分为无符号数比较和带符号数比较两类？

5.8 汇编语言可以控制和改变二进制某一位。有哪些指令可执行位操作？

5.9 TEST 指令是如何实现判断的？请举例说明。

5.10 移位指令影响标志位吗？影响哪些标志位？

5.11 已知（BX）=7890H，写出指令实现逻辑左移 2 位。请问哪个标志位改变了？

5.12 分析下列程序段，给出执行结果：

```
MOV AX,1234H
MOV CL,3
SAR AX,CL
AND AX,0FH
ADD AL,30H
MOV DL,AL
MOV AH,2
INT 21H
```

5.13 试说明下列程序段完成了什么操作？

```
       MOV AX,X
       MOV BX,Y
       CMP AX,0
       JGE AA1
       NEG AX
       JMP AA2
AA1:SUB AX,BX
AA2:MOV Z,AX
```

5.14 指出下列指令的错误。

1) AND [SI], 3
2) SUB DS, AX
3) PUSH 5
4) OR 80H, AL
5) CMP [BX], TABLE
6) ROL AL, 3

5.15 写出将 AL.4 清零的指令。（AL 中除第 4 位外的其他位保持不变）。

5.16 分别指出每条指令的执行结果：
MOV AL, 37H
1) AND AL, 0F0H
2) OR AL, 83H
3) NOT AL
4) XOR AL, 0FH

5.17 简述操作系统对可执行程序的加载和执行过程。

5.18 PSP 程序段前缀是什么时候建立的？占用多大内存空间？保存了什么内容、作用是什么？

5.19 转移指令中的标号在汇编时被翻译成什么值？这种方法的优点是什么？

5.20 无条件转移指令 JMP \$ +2 作用是什么？其转移地址是多少？

5.21 什么是分支表？怎样用分支表实现多路分支？

5.22 哪些逻辑指令可以使操作数清零？请写出指令。

5.23 用逻辑指令实现将 AX 的低 4 位清 0。

5.24 用移位指令实现 AX 的高 8 位和低 8 位交换。

5.25 写出判断一个操作数是否为负数的程序段。

5.26 写出程序段。判断字节单元 X 中的数是否为偶数，是偶数则显示 Y，否则显示 N。

5.27 分支程序设计。完成如下公式的计算，请写出程序。

$$Y = \begin{cases} (X+3)/2 & X>0 \\ 0 & X=0 \\ X \times 4 & X<0 \end{cases}$$

5.28 设 X、Y、Z 为字节单元。如果 X≥0，Z=4X−Y/16，否则，Z=X 的绝对值。编程序实现。

5.29 字数组 M 中有 10 个数据，分类统计其中正数、负数、0 的个数，分别存入 POSI、NEGA、ZERO 单元。

5.30 试编写程序，从键盘接收一英文单词，以空格结束，将其存入 BUF 开始的存储单元中，并在最后加上字符串结束符'\$'。

5.31 编写程序，将 AX 寄存器中的 16 位数分成4组，每组4位，从低到高分别放在 AL、BL、CL、DL 中。

测验五

1. 在分支指令中，利用符号进行判断的指令是_____。
   A. JC　　B. JS　　C. JZ　　D. JO
2. 当一个带符号数大于 FFH 时程序转移，满足条件的是_____。
   A. 正数和零　　B. 负数
   C. 负数和零　　D. 大于 255 的数
3. 在执行条件转移指令前，不能形成条件的指令有_____。
   A. CMP　　B. SUB　　C. AND　　D. MOV
4. 无条件转移指令中，段内直接近转移到标号 LET1 的指令是_____。
   A. JMP SHORT LET1
   B. JMP LET1
   C. JMP BX
   D. JMP WORD PTR LET1
5. 条件转移指令的转移范围是_____字节。
   A. −32768 到 +32767
   B. 0 到 255
   C. −128 到 127
   D. 0 到 65535
6. 要实现段间转移，下列说法正确的是_____。
   A. 标号的属性为 NEAR 型的
   B. 标号的偏移地址送入 CS
   C. 既要改变 IP 又要改变 CS
   D. 转移地址不能用存储单元给出
7. 在条件转移指令中，结果不为0则转移的指令是_____。
   A. JNS　　B. JZ　　C. JS　　D. JNZ
8. 两个带符号数比较，不大于则转移的指令是_____。
   A. JLE　　B. JBE　　C. JL　　D. JAE
9. 设 A = 9210H，B = 4582H，如果 A > B，做相减运算，否则做相加。执行 JG 指令后，结果是_____。
   A. 做相减运算
   B. 做相加运算
   C. 先做相减再做相加
   D. 什么都不做
10. 在条件判断时，采用操作数相与运算的判断指令是_____。
    A. TEST　　B. CMP　　C. AND　　D. JCXZ
11. 8086 的转移指令根据转移的范围分为段内转移及段间转移，下列_____是错误的。
    A. 无条件指令既可以段内转移，也可以段间转移
    B. 无条件转移指令既可以直接转移，也可以间接转移
    C. 条件转移指令既可以段内转移，也可以段间转移
    D. 条件转移指令是段内的直接短转移
12. 带符号数乘以2操作用_____移位指令实现。
    A. SAL AL, 1　　B. SAL AL, 2
    C. SHR AL, 1　　D. ROL AL, 2
13. 将 AL 的 2、6 位屏蔽为 0，其余位保持不变，指令为_____。
    A. AND AL, 42H　　B. AND AL, 0BBH
    C. OR AL, 26H　　D. ADD AL, 0FBH
14. 将 AL 的第 4 位置 1，其余位不变，指令为_____。
    A. OR AL, 40H　　B. AND AL, 40H
    C. OR AL, 10H　　D. AND AL, 1FH
15. 将 AL 清 0 的指令为_____。
    A. AND AL, AL　　B. OR AL, 0
    C. XOR AL, AL　　D. XOR AL, 0
16. 对键盘输入的数字和字母进行判断，用指令_____。
    A. TEST AL, 40H　　B. TEST AL, 20H
    C. CMP AL, 40H　　D. CMP AL, 20H
17. 将键盘输入的小写字母变为大写，用指令_____。
    A. AND AL, 20H　　B. AND AL, 0DFH
    C. OR AL, 20H　　D. OR AL, 0DFH
18. 在操作系统下执行用户程序，属于_____。
    A. 段内直接转移
    B. 段间直接转移
    C. 段内间接转移

D. 段间间接转移
19. 如无特殊指定，操作系统将用户程序调入内存时，代码段中第一条机器指令的_____。
   A. 段地址为0
   B. 段地址由DS指出
   C. 偏移地址为0
   D. 偏移地址由SP指出
20. 用户程序中的数据段的段地址，用_____指令给出。
   A. MOV AX, CODE MOV CS, AX
   B. MOV CS, CODE MOV DS, CS
   C. MOV CS, DATA MOV DS, CS
   D. MOV AX, DATA MOV DS, AX

第 6 章

循环程序设计

设问:
1. 怎样用分支结构构成循环?
2. 循环指令有哪些?
3. 串处理操作是循环执行的吗?
4. 多重循环有什么特点?
5. 如何实现排序?

6.1 循环的概念

在第 5 章中,我们看到分支程序在执行过程中改变了程序的执行顺序。如果转移的方向是往回跳转,那么程序的流程势必形成回路,这种回路就称为循环。在汇编语言中,程序的循环可以用分支转移指令实现,也可以用 8086 指令系统中提供的专门的循环指令实现,后者使程序更清晰、简便。

除了循环指令之外,还有很多地方用到了循环的概念。例如串处理,需要对串中的字符循环地进行操作。

6.1.1 循环结构

循环结构有两种形式。一种是 DO WHILE 结构,另一种是 DO UNTIL 结构,如图 6-1 所示。

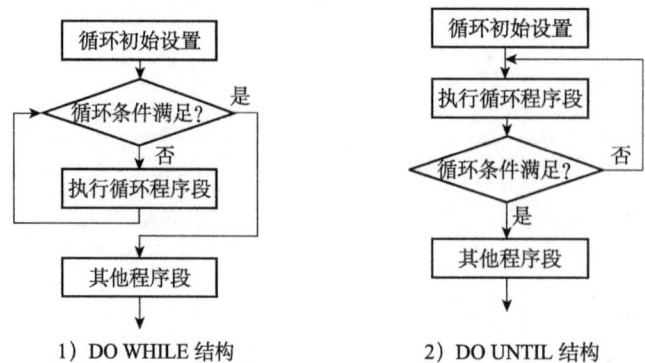

图 6-1 循环结构

其中，DO WHILE 结构是先判断循环的条件，条件不满足执行循环程序段，如果满足则退出循环。这种结构有可能一次也没有执行循环。这种结构的循环需要用 CMP 指令和条件转移指令构成，即先判断后执行。第 5 章的示例 5-3 中，如果从键盘输入回车则退出输入就是采用 DO WHILE 结构控制的循环。

而 DO UNTIL 结构是先执行循环程序段，再判断循环条件，条件不满足继续循环，条件满足则退出循环。这种结构的特点是不管条件满足与否，先执行了一次循环。8086 CPU 指令系统提供了这种结构的循环指令（LOOP 等 3 种指令）。

无条件转移指令构成的循环是死循环。如果程序进入了死循环，则无法自动退出。这种情况发生时，除非人工干预（按 Ctrl + C、Ctrl + Break 键或重启），否则出现死机现象。所以编写程序时，要避免死循环。

从循环结构我们看出，循环程序应该有三部分：
- 设置循环的初始状态
- 循环体
- 循环控制部分

6.1.2 循环程序例子

示例 6-1 在 5 行 16 列上用写显存方法显示多彩字符串。用循环指令实现。

设计思路：
1）用 DH 存放行号，DL 存放列号。
2）BL 存放字符属性，第 1 个字符的属性为 4，红色；其他字符按属性 +1 改变。
3）字符的位置计算公式：行号 ×160 + 列号 ×2。
4）用循环指令 LOOP 实现将多彩字符串循环写入显存。

程序如下：

```
;6-1.asm 在5行16列上用写显存方法显示多彩字符串
data segment
    a1 db 'Hello world!'
    a2 db 0
data ends
code segment
    assume cs:code,ds:data
start:
    mov ax,data
    mov ds,ax
    mov dh,5                    ;行
    mov dl,16                   ;列
    mov bl,4                    ;颜色属性
    mov si,0
show_ str:
    mov ax,0b800h               ;显存首址
    mov es,ax
    mov ax,160
    mul dh                      ;行号×160
    mov di,ax                   ;起始行位置
    sal dl,1                    ;列号×2,2个字节单元为1列
    mov dh,0
    add di,dx                   ;行列相加
    mov cx,a2 - a1              ;字符串长度
let1:mov al,[si]                ;循环写字符和属性到显存
```

```
            mov es:[di],al
            mov byte ptr es:[di +1],bl
            inc si
            inc bl                      ;属性加1
            add di,2                    ;写完即显示完
            loop let1                   ;循环指令
            mov ah,4ch
            int 21h
        code ends
            end start
```

运行结果：

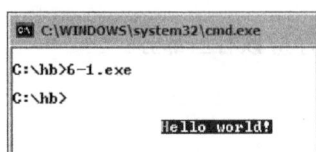

6.1.3 与循环有关的指令

在汇编语言中，有多种指令与循环有关。利用这些指令，可以方便地编写循环程序或者具有循环特点的串处理程序。表6-1列出了与循环和串处理有关的指令，从下一节开始重点介绍这些指令的用法。

表6-1 与循环和串处理有关的指令

指令	格式	作用	举例
循环指令 LOOP	LOOP OPR	（CX）←（CX）-1，CX≠0 循环	LOOP SS1
循环指令 LOOPZ(E)	LOOPZ(E)OPR	CX≠0 且 ZF=1 循环，ZF=0 提前退出循环	LOOPZ AA1
循环指令 LOOPNZ(E)	LOOPNZ(E)OPR	CX≠0 且 ZF=0 循环，ZF=1 提前退出循环	LOOPNZ BB1
串传送指令	MOVSB/ MOVSW 与 REPZ/E 连用	串中的数据按字节传送或按字传送	REP MOVSB
串比较指令	CMPSB/ CMPSW 与 REPZ/E 或 REPNZ/NE 连用	从源串和目的串中逐个取出字节数据或字数据做相减操作（比较）	REPZ CMPSB REPNZ CMPSW
串扫描指令	SCASB/SCASW 与 REPZ/E 或 REPNZ/NE 连用	在目的串 DST 中查找与 AL 或 AX 相同的字节或者字	REPE SCASB REPNE SCASW
串获取指令	LODSB LODSW	从源串 SRC 中取出一字节或者字，放入 AL 或 AX 中	LODSB
串存入指令	STOSB STOSW	将 AL 或 AX 内容存入附加段的目的串中	STOSB

6.2 循环指令

8086 汇编语言提供了三种形式的循环指令。循环指令的结构为 DO UNTIL 型，分别是 LOOP、LOOPZ、LOOPNZ。循环的条件是判断 CX 寄存器的值不为 0 则循环。后两种指令除了判断 CX 的值之外还可以提前结束循环。循环指令涉及的转移为 8 位的短转移。

6.2.1 LOOP

格式：LOOP OPR

执行的操作：（CX）←（CX）-1。若 CX≠0，跳转到标号 OPR 处循环执行；若 CX=0，则退出循环，执行 LOOP 的下一条指令。

说明：目的操作数 OPR 是标号，该标号处的指令应该在 LOOP 指令之前，以构成循环。

例1 求 X = 1 + 2 + 3 + ⋯ + 10 的累加值。

```
        MOV    AL,0
        MOV    BL,1
        MOV    CX,10
SS1:    ADD    AL,BL
        INC    BL
        LOOP   SS1
        MOV    X,AL
```

例2 用循环将 100 个元素的 TABLE 字数组清 0。

```
        MOV    CX,100
        MOV    SI,0
SS2:    MOV    TABLE[SI],0
        ADD    SI,2
        LOOP   SS2
        NOP                  ;不操作指令,属于处理机控制指令类
        ……
```

6.2.2 LOOPZ/LOOPE

格式：LOOPZ/LOOPE   OPR

执行的操作：（CX）=（CX）-1。若 CX≠0，并且 ZF = 1，则跳转到标号 OPR 处循环执行；若 CX = 0，或者 ZF = 0，则执行 LOOP 的下一条指令。

功能：结果为 0 或相等循环。当执行到 LOOPZ/LOOPE 时，如果之前的指令结果为 0 或者相等继续循环，如果结果不为 0 或者不相等，提前退出循环，即使计数值 CX 还未减为 0。

例1 10 个星号字符的 STRING 串中有一个字符不是星号，找出该字符的位置，保存在 Y 单元。

```
        STRING DB '******R***'
        ……
        MOV   CX,10
        MOV   BX,-1
        MOV   AL,0
SS3:    INC   BX
        CMP   STRING[BX],'*'
        LOOPE SS3
        MOV   Y,BX
```

例2 取出字母串 ALPHA 中的第一个小写字母放入 DL。

```
        MOV   BX,-1
        MOV   CX,M
SS4:    INC   BX
        MOV   AL,ALPHA[BX]
        TEST  AL,20H
        LOOPZ SS4
        MOV   DL,AL
```

6.2.3 LOOPNZ/LOOPNE

格式：LOOPNZ/LOOPNE   OPR

执行的操作：（CX）=（CX）-1。若 CX≠0，并且 ZF = 0，则跳转到标号 OPR 处循环执行；

若 CX=0，或者 ZF=1，则执行 LOOP 的下一条指令。

说明：结果不为 0 或不相等循环。当执行到 LOOPNZ/LOOPNE 时，如果之前的指令结果不为 0 或者不相等继续循环，如果结果为 0 或者相等，提前退出循环，即使计数值 CX 还未减为 0。

例1 循环输入字符，并将字符保存在 SYMBOL 数组中，当输入回车时结束。

```
        MOV   BX,0
        MOV   AH,1
SS5:    INT   21H
        MOV   SYMBOL[BX],AL
        INC   BX
        CMP   AL,0DH
        LOOPNE SS5
        MOV   AX,0
```

例2 在长度为 M 的字符串 SYMBOL 中查找大写字母 A，找到后将其变为小写。

```
        MOV   BX,-1
        MOV   CX,M
SS6:    INC   BX
        CMP   SYMBOL[BX],'A'
        LOOPNE SS6
        OR    SYMBOL[BX],20H
```

练习
1) 写出计算 Y=5！的程序段。
2) 写程序段。查找 CATT 表中的字符"@"，找到后将其保存到 SIGN 单元，其位置值保存到 ADDI 单元。
3) 写程序段。在长度为 N 的字数组 VALUE 中取出第一个负数保存到 AX 中（代码参见 6-1a.ASM）。

6.3 串处理

在前面章节中，我们多次用到查 ASCII 码表、求数组元素的累加值、在字符串中查找字母等操作。这些操作都可归结为对数据串的处理，在此之前我们利用其他指令编程实现了串操作。利用汇编语言提供的专门的串处理指令，可以简化程序、方便编程，使程序清晰易读。

6.3.1 串的概念

在汇编语言中，可将连续的 n 个存储单元称为串、表、数组等。根据存储单元中的内容，又可有不同的叫法。如果存放字符，称为字符串或字符表；如果存放数值，称为数组、数值表。这样一来，对于串的概念不是局限于字符串，而是延伸到连续的 n 个存储单元，这 n 个存储单元就称为串，不论单元中存放什么，不论单元是字节单元还是字单元。对于这种数据结构的操作称为串处理。

要想对串进行操作，需要几个参数，如串的长度、串的起始单元地址等；而且串操作大都是循环执行的，那么循环的控制方式、串的存取方式等都不同于其他数据操作。

6.3.2 串处理例子

示例 6-2 将数据段中的字符串 STRG1 传送到附加段的 STRG2 中。

设计思路：
1) 分别定义数据段和附加段。
2) 用 SI 保存源串 STRG1 的偏移地址，DI 保存目的串 STRG2 的偏移地址，传送个数由 CX 指出。
3) 用 CLD 指令将方向标志 DF 清 0，以便从低地址单元开始取数；存储单元地址自动增加，取下一数。

4) 用 "REP MOVSB" 指令实现串传送。

程序如下：

```
;6-2.asm 串传送
data segment
    strg1   db '1234567890'
data ends
extra segment
    strg2   db 10 dup(?)
extra ends
code segment
    assume cs:code,ds:data,es:extra
start:
    mov ax,data
    mov ds,ax
    mov ax,extra
    mov es,ax
    lea si,strg1            ;源串首地址
    lea di,strg2            ;目的串首地址
    cld                     ;方向标志清 0
    mov cx,10
    rep movsb               ;以字节形式重复传送 cx 次
    mov ah,4ch
    int 21h
code ends
    end start
```

运行结果：

要观察运行结果，采用 DEBUG 执行 6-2.EXE。在 DEBUG 下，用 U 命令查看，找到断点 0018，用 "G 0018" 执行，再用 "D ES：0" 命令查看传送结果。

```
C:\hb>debug 6-2.exe
-U
0B47:0000 B8450B        MOV     AX,0B45
0B47:0003 8ED8          MOV     DS,AX
0B47:0005 B8460B        MOV     AX,0B46
0B47:0008 8EC0          MOV     ES,AX
0B47:000A 8D360000      LEA     SI,[0000]
0B47:000E 8D3E0000      LEA     DI,[0000]
0B47:0012 FC            CLD
0B47:0013 B90A00        MOV     CX,000A
0B47:0016 F3            REPZ
0B47:0017 A4            MOVSB
0B47:0018 B44C          MOV     AH,4C
0B47:001A CD21          INT     21
0B47:001C 50            PUSH    AX
0B47:001D 8BC3          MOV     AX,BX
0B47:001F 050C00        ADD     AX,000C
-G 0018

AX=0B46  BX=0000  CX=0000  DX=0000  SP=0000  BP=0000  SI=000A  DI=000A
DS=0B45  ES=0B46  SS=0B45  CS=0B47  IP=0018   NV UP EI PL NZ NA PO NC
```

此时，数据段的段地址为 0B45H，而附加段的段地址为 0B46H。查看的结果在附加段中。

```
-D DS:0 F
0B45:0000  31 32 33 34 35 36 37 38-39 30 00 00 00 00 00 00   1234567890......
-D ES:0 F
0B46:0000  31 32 33 34 35 36 37 38-39 30 00 00 00 00 00 00   1234567890......
-
```

思考：如果采用循环指令实现串传送，程序是什么样？

6.3.3 串处理指令

8086 汇编语言指令系统中提供了 5 种串处理指令。分别是：

　　MOVS(Move String)　　串传送

```
CMPS(Compare String)    串比较
SCAS(Scan String)       串扫描
LODS(Load String)       串获取
STOS(Store String)      串存入
```

上述串指令应该和重复前缀 REP、REPZ/REPE、REPNZ/REPNE 结合使用。

1. 串传送

格式：MOVS DST, SRC
　　　MOVSB
　　　MOVSW

执行的操作：串中的数据按字节传送或按字传送。

格式要求：

1) 串传送指令要求源串的逻辑地址由 DS：SI 寄存器指出，目的串的逻辑地址由 ES：DI 寄存器指出，传送次数由 CX 指出。串传送指令要求和重复前缀 REP 连用。

2) REP 前缀功能为：重复串操作直到（CX）=（CX）-1=0。

3) 串的传送方向由方向标志 DF 指出。若 DF=0，传送时存储单元地址 SI 和 DI 自动加 1（字节单元）或自动加 2（字单元）；若 DF=1，SI 和 DI 自动减量。CLD 指令使 DF=0，STD 指令使 DF=1。

功能：和 REP 连用时以字节或字的形式重复传送，直到 CX 为 0 为止。

说明：第一种格式的双操作数要显式地指出源和目的操作数的地址和属性，例如，传送字节数据串：

```
REP   MOVS BYTE PTR ES:[DI],DS:[SI]
```

后两种格式隐含地指出源和目的串的地址和属性，即指令中没有操作数，只有操作码：

```
REP   MOVSB      以字节形式重复传送
REP   MOVSW      以字形式重复传送
```

2. 串比较

格式：CMPS DST, SRC
　　　CMPSB
　　　CMPSW

执行的操作：分别从源串和目的串中逐个取出字节数据或字数据做相减操作，结果不回送，根据比较结果改变标志位。

说明：第一种格式的双操作数要显式地指出源和目的操作数的地址和属性。后两种格式隐含地指出源和目的串的地址和属性。CMPSB 为字节串比较，CMPSW 为字串比较。

格式要求：

1) 源串的偏移地址由 SI 寄存器指出，目的串的偏移地址由 DI 寄存器指出，比较次数由 CX 指出。串比较指令和重复前缀 REPZ/REPE 或 REPNZ/REPNE 连用。

2) REPZ/REPE 前缀功能为：结果为 0 或相等则重复操作。若 CX≠0，且 ZF=1，则重复，（CX）=（CX）-1，直到 CX=0。如果结果不为 0 或者不相等，提前退出重复操作，此时 CX 还没有减为 0，SI 和 DI 已经增量。

3) REPNZ/REPNE 前缀功能为：结果不为 0 或不相等则重复。若 CX≠0，且 ZF=0，则重复，（CX）=（CX）-1，直到 CX=0。如果结果为 0 或者相等，提前退出重复操作，同样 CX 还没有减为 0，SI 和 DI 已经增量。

例　　REPZ CMPSB   以字节形式重复比较

```
REPNE  CMPSW        以字形式重复比较
```

功能:
1) 和 REPZ/REPE 连用时以字节或字的形式重复比较,直到 CX 为 0 为止;如果两个字符不相等,则退出比较。
2) 和 REPNZ/REPNE 连用时以字节或字的形式重复比较,直到 CX 为 0 为止;如果两个字符相等,则退出比较。

示例 6-3 比较两个字串 BUNCH1 和 BUNCH2,相同打印 Y,不相同打印 N。

程序如下:

```
;6-3.asm   比较两个字串 BUNCH1 和 BUNCH2
data segment
    bunch1  db  'student'
    bunch2  db  'studEnt'
data ends
code segment
    assume cs:code,ds:data,es:data
start:
    mov ax,data
    mov ds,ax
    mov es,ax                   ;附加段与数据段为同一段
    lea si,bunch1
    lea di,bunch2
    cld
    mov cx,7
    repe cmpsb
    jz let1                     ;相等转 LET1
    mov dl,'n'                  ;不相等,显示 N
    jmp print
let1:
    mov dl,'y'                  ;相等,显示 Y
print:
    mov ah,2h
    int 21h
    mov ah,4ch
    int 21h
code ends
    end start
```

3. 串扫描

格式: SCAS DST
      SCASB
      SCASW

执行的操作:在目的串 DST 中查找与 AL 或 AX 相同(或不相同)的字节或者字,结果不保存,根据查找结果改变标志位。

说明:第一种格式的操作数要显式地指出。后两种格式隐含地指出目的串的地址和属性。SCASB 为字节串扫描,SCASW 为字串扫描。

格式要求:
1) 目的串在附加段中,偏移地址由 DI 寄存器指出,扫描次数由 CX 指出;
2) 每扫描一次,DI 自动增量或减量,CX 减 1;
3) 串扫描指令和重复前缀 REPZ/REPE 或 REPNZ/REPNE 连用。

功能：

1) 和 REPZ/REPE 连用时，扫描结果为 0 或相等则在串中重复扫描，直到找到与 AL 或 AX 不相同的数退出扫描。此时 CX 没有减为 0，DI 已经增量。
2) 和 REPNZ/REPNE 连用时，扫描结果不为 0 或不相等则在串中重复扫描，直到找到与 AL 或 AX 相同的数退出扫描。同样 CX 没有减为 0，DI 已经增量。

示例 6-4 在字数组 VALUE 中查找 -1，找到后将其位置保存到 ADDR 单元。

程序如下：

```
;6-4.asm  串扫描。在字数组 VALUE 中查找 -1,找到后将其位置保存到 ADDR 单元
extra segment
    value  dw  1,2,0,3,5,-1,10
    addr   dw  ?
extra ends
code segment
    assume cs:code,es:extra
    start:
    mov ax,extra
    mov es,ax              ;附加段段地址
    mov ax,-1              ;查找 -1
    lea di,value           ;串的偏移地址由 di 指出
    cld
    mov cx,7               ;7 个数值
    repnz scasw
    sub di,2               ;找到后将 di 减 2
    mov addr,di            ;将其位置保存
    mov ah,4ch
    int 21h
code ends
    end start
```

4. 串获取

格式：LODS SRC

　　　LODSB

　　　LODSW

功能：从源串 SRC 中取出一字节或者字，放入 AL 或 AX 中。

格式要求：

1) 源串在数据段定义，偏移地址由 SI 指出。
2) 如果与 REP 连用，则连续取出字节或字。取出次数由 CX 指出。

5. 串存入

格式：STOS DST

　　　STOSB

　　　STOSW

功能：将 AL 或 AX 内容存入附加段的目的串中。

格式要求：

1) 目的串在附加段定义，偏移地址由 DI 指出。
2) 如果与 REP 连用，则将 AL 或 AX 中的内容连续存入目的串。存入次数由 CX 指出。

练习 用串处理指令编程实现（代码见 6-4a.ASM）：

1) 查找 CATT 表中的字符 "@"，找到后将其保存到 SIGN 单元，其位置值保存到 ADDI 单元。

2) 在长度为 N 的字数组 VALUE 中取出第 3 个数保存到 AX 中。

6.3.4 串与循环

循环程序有几种形式，包括用条件转移指令实现、用循环指令实现、用串处理中的重复前缀实现。其中，循环指令和重复前缀的循环次数是已知的，用 CX 保存，以 CX 减到 0 为循环结束条件。如果循环次数未知或者不确定，那么就要用条件转移指令来构成循环了。前者称为计数循环，后者称为条件循环。

实现循环有如下几种形式：
- 条件转移指令。
- 循环指令 LOOP/LOOPE/LOOPNE。
- 重复前缀 REP/REPE/REPNE。

在实际编程中，采用哪种指令实现循环，要从循环执行的条件和退出循环的要求等方面综合考虑。下面通过几个例子来做具体分析。

例 1 将 100 个'a'送入 ALPHA 数组。

（1）用条件转移指令实现循环

```
        MOV   CX,100
        MOV   SI,0
SS0:MOV   ALPHA[SI],'a'
    INC   SI
    DEC   CX
    JNZ   SS0
    ……
```

（2）用 LOOP 指令实现循环

```
        MOV   CX,100
        MOV   SI,0
SS0:MOV   ALPHA[SI],'a'
    INC   SI
    LOOP  SS0
    ……
```

（3）用串处理 REP 前缀实现循环

```
        MOV   CX,100
        MOV   DI,OFFSET ALPHA
        MOV   AL,'a'
→   REP   STOSB
```

分析：由于问题简单，只是做赋值操作，且循环次数已知，可以用这三种方法实现。

例 2 有一个首地址为 ARRAY 的 M 字数组，试编写一程序求出该数组的元素累加和（不考虑溢出），并把结果存入 TOTAL 中。

（1）用条件转移指令实现循环

```
    ARRAY   DW  12,43,17,35,87
        M   DW  5
    TOTAL   DW  ?
        ……
        MOV  CX,M
        MOV  AX,0
        MOV  SI,AX
```

```
RSUM:ADD   AX,ARRAY[SI]
     ADD   SI,2
     DEC   CX
     JNZ   RSUM
     MOV   TOTAL,AX
```

(2) 用 LOOP 指令实现循环

```
ARRAY DW  12,43,17,35,87
    M   DW  5
TOTAL   DW  ?
    ……
    MOV CX,M
    MOV AX,0
    MOV SI,AX
RSUM:ADD AX,ARRAY[SI]
    ADD SI,2
    LOOP RSUM
    MOV TOTAL,AX
```

分析：在这个例子中虽然循环次数已知，但是要做累加求和运算，可以分别用循环指令和条件转移指令实现循环，串处理指令的重复操作前缀则不适合此处的循环。

6.4 多重循环

在循环程序设计中，如果循环内还有一层循环称为双重循环，也称为循环的嵌套；若再有多层嵌套则为多重循环。多重循环除了和单重循环结构要求一样之外，还要考虑多重循环之间的关系，尤其是内外循环的控制条件以及各层循环之间的转移需要特别注意。

6.4.1 多重循环结构

1. 内循环和外循环的控制

双重循环需要两个循环控制变量。双重（多重）循环嵌套时，不允许内外循环交叉，如图 6-2 所示。

2. 内循环和外循环的跳转

在多重循环程序编写过程中，要注意循环体内条件转移指令的转移方向。一般来说，可以从内循环跳入外循环，或者跳出外循环，不允许从外循环跳入内循环或者直接从循环外跳入循环内，如图 6-3 所示。

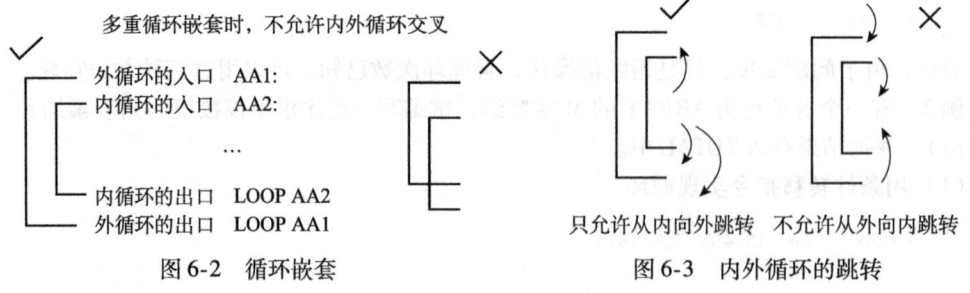

图 6-2 循环嵌套   图 6-3 内外循环的跳转

6.4.2 排序程序

双重循环程序的典型应用是排序。排序有多种算法，其中冒泡算法比较容易理解和实现，但不是最优算法。冒泡算法的主要思想是从第一个元素开始，依次对两个相邻的元素进行比较，如果第一个元素比第二个大,则两数交换位置。第一遍 N-1 次比较之后,最大的数排在最后;再做第二遍 N-2 次比较,比较出第二大的数……以此类推,最多进行 N-1 遍比较,所有的数按从小到大升序排序。

示例 6-5 将字数组 PART 按升序排序

设计思路:

1) 用两条 LOOP 指令实现双重循环时,对 CX 寄存器有冲突。采用 PUSH CX 指令将外循环的 CX 值入栈保存,内循环的 LOOP 结束后,再将外循环的 CX 恢复。
2) 用寄存器相对寻址取出两数进行比较。

程序框图见右图:

程序如下:

```
;6-5.asm   将字数组 part 按升序排序
data segment
    part dw 15,32,6,-27,8
    sign dw  ?
data ends
code segment
    assume cs:code,ds:data
start:
    mov ax,data
    mov ds,ax
    mov cx,sign-part       ;数组长度
    shr cx,1               ;元素个数
    dec cx
loop1:                     ;外循环
    push cx                ;保存外循环次数
    mov bx,0
loop2:                     ;内循环
    mov ax,part[bx]
    cmp ax,part[bx+2]      ;比较大小
    jle next               ;升序
    xchg ax,part[bx+2]     ;交换
    mov part[bx],ax
next:add bx,2
    loop loop2
    pop cx                 ;恢复外循环次数
    loop loop1
    mov ah,4ch
    int 21h
code ends
    end start
```

练习 数组 TABLE 中存放 8 个小写字母 computer。编写程序,将它们按降序排序。

6.5 循环程序举例

在第 4 章中我们用顺序程序结构实现了两个三字节的减法,采用循环程序设计可以使字节数增加到多个,而程序长度却几乎不增加。

示例 6-6 编程实现两个多字节数的相加运算:Z = X + Y。设 X = 5488114433225634H,Y = 3499754783645231H,则 Z = 8921868BB686A865H。

设计思路:

1) 在数据段中定义两个多字节变量，低字节单元存放低位，高字节单元存放高位；
2) 字节的个数 N 采用 EQU 赋值伪指令获得；
3) 多字节相加用带进位加指令 ADC。

程序如下：

```
;6-6.asm 两个多字节数的相加运算
data segment
    x db 34h,56h,22h,33h,44h,11h,88h,54h
    y db 31h,52h,64h,83h,47h,75h,99h,34h
    n equ $-y                    ;n=字节个数
    z db n dup(?)
data ends
code segment
    assume cs:code,ds:data
start:mov ax,data
    mov ds,ax
    mov cx,n
    mov bx,0
    clc                          ;将进位标志 CF 清 0
let1:
    mov al,x[bx]                 ;从低位开始带进位加
    adc al,y[bx]
    mov z[bx],al
    inc bx
    loop let1
    mov ah,4ch
    int 21h
code ends
    end start
```

运行结果：

```
-dds:0
0B45:0000  34 56 22 33 44 11 88 54-31 52 64 83 47 75 99 34   4V"3D..T1Rd.Gu.4
0B45:0010  65 A8 86 B6 8B 86 21 89-00 00 00 00 00 00 00 00   e.....!.........
```

可以看出，0~7 号这 8 个字节单元是 X，8~F 号 8 个单元是 Y，10H~17H 号单元中为相加的结果 Z。

示例 6-7 求出 X 字节数组中的最大数放入 MAX 单元。

设计思路：
1) 先设定一个 MAX，依次从数组中取出元素与之比较，若大于 MAX，将该数送入 MAX，直至数组结束。
2) 用 MAX 和 X 单元地址相减获得数组元素个数。

程序如下：

```
;6-7.asm 求 X 数组中的最大数放入 MAX
data segment
  x db 12,4,55,32,26
  max db 0
data ends
code segment
    assume cs:code,ds:data
start:mov ax,data
    mov ds,ax
    mov cx,max-x                 ;数组长度
    mov bx,0
let1:mov al,x[bx]
```

```
        cmp al,max
        jle let2
        mov max,al                    ;最大的在 max 中
let2:inc bx
        loop let1
        mov ah,4ch
        int 21h
code ends
        end start
```

运行结果：

```
-dds:0
0B45:0000   0C 04 37 20 1A 37 00 00-00 00 00 00 00 00 00 00    ..7 .7..
```

数据段中偏移地址为 0005H 单元是 MAX 单元，存放最大数 37H。

示例 6-8 在 X 字数组中查找 –1，找到后将其删除，后续元素前移，并修改数组单元长度。

设计思路：

1）由于字数组的单元长度是数组元素个数的 2 倍，用右移一位获得元素个数。
2）用串扫描指令查找 –1。找到时，DI 寄存器已经加 2，指向 –1 的下一个单元，因此可以直接将该元素及以后的元素前移，前移的次数由剩余的 CX 值决定。
3）如果 –1 是最后的元素，则不用移动，直接将长度减 2。

程序如下：

```
;6-8.asm    在字数组 x 中查找 –1,找到后将其删除,后续元素前移
data segment
  x dw 2,-4,-1,3,5,6,-8
  n dw $ - x                  ;数组单元长度
data ends
code segment
  assume cs:code,ds:data,es:data
start:mov ax,data
        mov ds,ax
        mov es,ax
        mov cx,n
        shr cx,1              ;除以2,得到元素个数
        mov ax,-1
        mov di,offset x
        cld
        repne scasw           ;在 x 中查找 1,不相等继续查找
        je dele               ;找到转 dele
        jmp out1              ;没找到则退出
dele:jcxz let1                ; –1 是最后元素转 out1
rept1:                        ; –1 在中间,将后续元素前移
        mov ax,x[di]
        mov x[di-2],ax
        add di,2
        loop rept1
let1:sub n,2                  ;数组长度减2
out1:mov ah,4ch
        int 21h
code ends
        end start
```

运行结果：

```
-dds:0 f
0B45:0000   02 00 FC FF FF FF 03 00-05 00 06 00 F8 FF 0E 00    ..........
-g2f
        AX=FFF8  BX=0000  CX=0000  DX=0000  SP=0000  BP=0000  SI=0000  DI=000E
```

```
DS=0B45  ES=0B45  SS=0B45  CS=0B46  IP=002F   NU UP EI PL NZ NA PE NC
0B46:002F B44C          MOV       AH,4C
-dds:0 f
0B45:0000  02 00 FC FF 03 00 05 00-06 00 F8 FF F8 FF 0C 00   ..........
-
```

通过执行查找之前和查找之后的两次 D DS:0 命令，可看出原来数组中的 FFFF（-1）被删除，数组长度也改变为 000CH（12）了。

思考：为什么显示出的内存单元中有两个 FFF8（-8）？后面的 -8 属于数组元素吗？

6.6 实例六 循环之循环

6.6.1 循环的执行

在汇编语言程序设计中，经常要用循环和分支实现复杂的功能。由于循环指令和转移指令都会改变程序的走向，如果程序有编写思路错误，则不容易找到出错原因。在这种情况下，采用 DEBUG 的单步调试命令，跟踪程序的运行就可以及时发现问题所在；如果同时打开源程序，还可方便地修改程序。现在有一些汇编的可视化调试工具软件可以利用，但是有的占用空间较大，有的用起来不太方便。最简便的方法是直接用 DEBUG 工具和记事本，边调试边修改。在下面的例子中，我们用此方法随时观察循环和分支的执行情况。

示例 6-9 将 Y 字节数组分类为正数（Z1）和负数（Z2）两个数组。

设计思路：

1）由于数组定义为字节单元，因此数组元素个数 N 可用当前单元地址 $ 和 Y 数组的首地址相减得到；

2）在循环中用分支指令判断正数和负数，正数、负数的个数分别用 SI 和 DI 表示。

程序如下：

```
;6-9.asm 将字节数组y分为正数和负数两个数组
data segment
    y db 2,-4,-5,3,6,6,-8
    n equ $-y                    ;数组长度
    z1 db n dup(?)
    z2 db n dup(?)
data ends
code segment
    assume cs:code,ds:data
start:mov ax,data
    mov ds,ax
    mov cx,n
    mov bx,0
    mov si,0
    mov di,0
rept1:mov al,y[bx]               ;取出数组元素
    cmp al,0                     ;判断正负数
    jle let1
    mov z1[si],al                ;正数数组
    inc si
    jmp let2
let1:mov z2[di],al               ;负数数组
    inc di
let2:inc bx                      ;下一个元素
    loop rept1
    mov ah,4ch
    int 21h
code ends
    end start
```

程序执行：

(1) 把程序调入 DEBUG，用 U 命令反汇编，显示出机器指令和对应的汇编指令

```
C:\hb>debug 6-9.exe
-u 0 2b
0B47:0000 B8450B        MOV     AX,0B45
0B47:0003 8ED8          MOV     DS,AX
0B47:0005 B90700        MOV     CX,0007
0B47:0008 BB0000        MOV     BX,0000
0B47:000B BE0000        MOV     SI,0000
0B47:000E BF0000        MOV     DI,0000
0B47:0011 8A870000      MOV     AL,[BX+0000]
0B47:0015 3C00          CMP     AL,00
0B47:0017 7E08          JLE     0021
0B47:0019 88840700      MOV     [SI+0007],AL
0B47:001D 46            INC     SI
0B47:001E EB06          JMP     0026
0B47:0020 90            NOP
0B47:0021 88850E00      MOV     [DI+000E],AL
0B47:0025 47            INC     DI
0B47:0026 43            INC     BX
0B47:0027 E2E8          LOOP    0011
0B47:0029 B44C          MOV     AH,4C
0B47:002B CD21          INT     21
```

观察这个程序，在代码段的 0000～002BH 单元中存放。反汇编后，指令中的数据段名、变量名、符号地址、标号等均已变成了地址数据。第 1 条指令"MOV AX,0B45"的机器码是 B8450B，共 3 个字节，其中，后两个字节 0B45 是程序中数据段名 DATA。其他指令的长度可以从它的机器码清楚地看出。又如程序中的指令"jle LET1"变为"JLE 0021"，表示小于等于 0 转到 0021 单元的指令执行，而 0021 处的指令就是程序中标号 LET1 所在处的指令。再来看 LOOP 0011，循环进入 0011 处继续执行，而偏移地址 0011 即是标号 REPT1。

(2) 用 G 命令先执行到 0015 处，再用 D DS:0 命令查看数据段情况

```
-g 0015

AX=0B02  BX=0000  CX=0007  DX=0000  SP=0000  BP=0000  SI=0000  DI=0000
DS=0B45  ES=0B35  SS=0B45  CS=0B47  IP=0015  NV UP EI PL NZ NA PO NC
0B47:0015 3C00          CMP     AL,00
-dds:0
0B45:0000  02 FC FB 03 06 06 F8 00-00 00 00 00 00 00 00 00   ........
0B45:0010  00 00 00 00 00 00 00 00-00 00 00 00 00 00 00 00   ........
```

数据段从 0 号单元开始存放数组 Y 的 7 个元素，正数、负数数组 Z1 和 Z2 都是 0。Y 数组的第 1 个元素 2 已经放入 AL 寄存器中。

(3) 接下来用单步调试 T 命令单步执行，并观察结果

```
-t2

AX=0B02  BX=0000  CX=0007  DX=0000  SP=0000  BP=0000  SI=0000  DI=0000
DS=0B45  ES=0B35  SS=0B45  CS=0B47  IP=0017  NV UP EI PL NZ NA PO NC
0B47:0017 7E08          JLE     0021

AX=0B02  BX=0000  CX=0007  DX=0000  SP=0000  BP=0000  SI=0000  DI=0000
DS=0B45  ES=0B35  SS=0B45  CS=0B47  IP=0019  NV UP EI PL NZ NA PO NC
0B47:0019 88840700      MOV     [SI+0007],AL                    DS:0007=00
```

t2 表示连续执行两条指令 CMP 和 JLE。比较的结果为正数，因此分支判断要执行 JLE 的下一条指令"MOV Z1[SI],AL"，将 AL 保存到正数数组 Z1 中。此时 Z1 数组由 [SI+0007] 表示，0007 是 Z1 数组的首地址，SI 的值为 0，即 Z1 数组的第 1 个元素在 Z1 的 0 号单元。在该行的右边，显示出 DS:0007=00，由于本条指令还未执行，所以 Z1 数组的 0 号单元内容为 0，正数还未存入。随着程序的运行，有正数时，SI 要逐步加 1，正数元素可以不断地存入。

```
-t4

AX=0B02  BX=0000  CX=0007  DX=0000  SP=0000  BP=0000  SI=0000  DI=0000
DS=0B45  ES=0B35  SS=0B45  CS=0B47  IP=001D  NV UP EI PL NZ NA PO NC
0B47:001D 46            INC     SI

AX=0B02  BX=0000  CX=0007  DX=0000  SP=0000  BP=0000  SI=0001  DI=0000
DS=0B45  ES=0B35  SS=0B45  CS=0B47  IP=001E  NV UP EI PL NZ NA PO NC
0B47:001E EB06          JMP     0026

AX=0B02  BX=0000  CX=0007  DX=0000  SP=0000  BP=0000  SI=0001  DI=0000
DS=0B45  ES=0B35  SS=0B45  CS=0B47  IP=0026  NV UP EI PL NZ NA PO NC
0B47:0026 43            INC     BX

AX=0B02  BX=0001  CX=0007  DX=0000  SP=0000  BP=0000  SI=0001  DI=0000
DS=0B45  ES=0B35  SS=0B45  CS=0B47  IP=0027  NV UP EI PL NZ NA PO NC
0B47:0027 E2E8          LOOP    0011
```

再连续执行 4 条指令，可看到 BX 已加 1，程序已经执行到 0B47：0026 处。此时可以用记事本打开源程序，对比一下程序运行是否符合设计要求。

（4）打开两个窗口

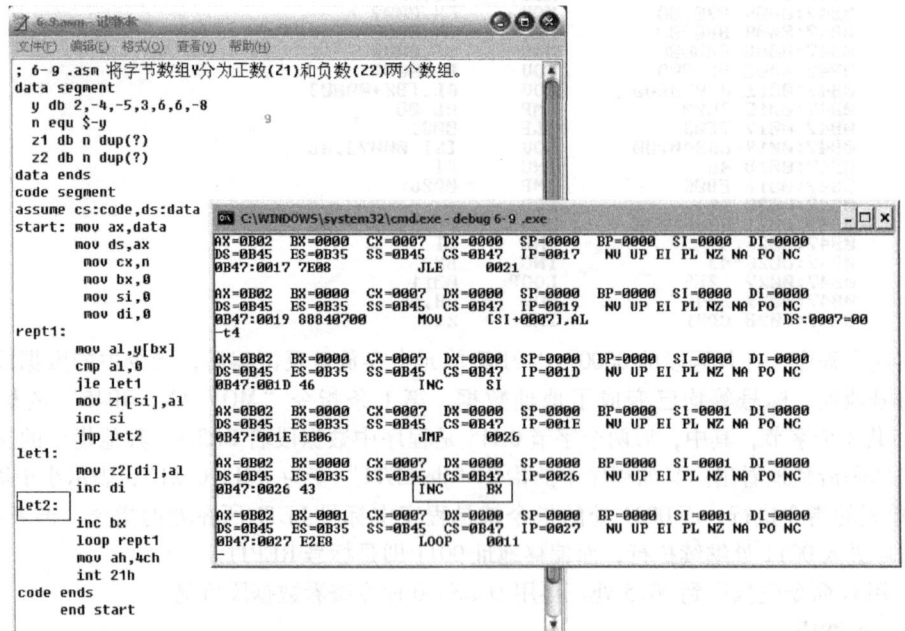

对照两个窗口的程序内容，程序已经跳转到"let2："处，0026 即是标号 let2。程序编写正确。如果有错误，可以随时修改源程序。

（5）执行 LOOP 指令

```
AX=0B02  BX=0001  CX=0007  DX=0000  SP=0000  BP=0000  SI=0001  DI=0000
DS=0B45  ES=0B35  SS=0B45  CS=0B47  IP=0027   NV UP EI PL NZ NA PO NC
0B47:0027 E2E8          LOOP     0011
-t
AX=0B02  BX=0001  CX=0006  DX=0000  SP=0000  BP=0000  SI=0001  DI=0000
DS=0B45  ES=0B35  SS=0B45  CS=0B47  IP=0011   NV UP EI PL NZ NA PO NC
0B47:0011 8A870000      MOV      AL,[BX+0000]                DS:0001=FC
-t
AX=0BFC  BX=0001  CX=0006  DX=0000  SP=0000  BP=0000  SI=0001  DI=0000
DS=0B45  ES=0B35  SS=0B45  CS=0B47  IP=0015   NV UP EI PL NZ NA PO NC
0B47:0015 3C00          CMP      AL,00
```

在执行 LOOP 之前，CX = 0007，用单步 T 命令执行后，CX 变为 0006，而且程序返回到 0B47：0011 处。再执行 T 之后，Y 数组的第 2 个数 -4（FCH）被放入 AL 中。连续执行 5 条指令后，又到 LOOP 指令。这时可以用 P 命令将循环一次执行完。

（6）查看结果

```
AX=0BFC  BX=0002  CX=0006  DX=0000  SP=0000  BP=0000  SI=0001  DI=0001
DS=0B45  ES=0B35  SS=0B45  CS=0B47  IP=0027   NV UP EI PL NZ NA PO NC
0B47:0027 E2E8          LOOP     0011
-P
AX=0BF8  BX=0007  CX=0000  DX=0000  SP=0000  BP=0000  SI=0004  DI=0003
DS=0B45  ES=0B35  SS=0B45  CS=0B47  IP=0029   NV UP EI PL NZ NA PO NC
0B47:0029 B44C          MOV      AH,4C
-d ds:0
0B45:0000  02 FC FB 03 06 06 F8 02-03 06 06 00 00 00 FC FB   ..........
0B45:0010  F8 00 00 00 00 00 00 00-00 00 00 00 00 00 00 00   ..........
```

P 命令之后，用 D DS：0 命令查看数据段存储单元。Y 数组中共有 7 个数据，其中有 4 个正数 2、3、6、6（存放在 0007 开始的单元中）以及 3 个负数 -4、-5、-8（存放在 000E 开始的单元中）。

思考：如果再加上显示正、负数的个数，程序如何改？

6.6.2 实验示例

在 6.5 节中,我们用单循环实现对一维数组求最大值,如果是二维数组求每行中的最大值,就要用双重循环实现。

示例 6-10 查找 3×4 矩阵 A 每行中的最大值,并放入 MAX 矩阵。

设计思路:

1) 外循环控制行数,内循环控制列数并完成最大值判断;
2) 内外循环都用 LOOP 指令,用堆栈保存外循环计数值 CX,从外循环进入内循环时要重置内循环的计数值 CX;
3) 用已存入一维矩阵 MAX 的数据与 A 矩阵的数据做比较,较大的数放入 MAX 后再与其他数继续比较。

程序如下:

```
;6-10.asm  查找3×4矩阵A每行中的最大值放入MAX矩阵
data segment
    a   db 2,-4,-5,10
        db 3,6,-7,-12
        db 14,-5,9,-3
    m   dw 3                    ;3 行
    n   dw 4                    ;4 列
    max db 3 dup(0)
data ends
code segment
  assume cs:code,ds:data
start:mov ax,data
      mov ds,ax
      mov cx,m                  ;共找3次,外循环次数
      mov bx,0
      mov si,0
rept2: push cx                  ;外循环次数入栈保存
       mov cx,n                 ;内循环次数,4 次
rept1: mov al,a[bx]             ;找每行最大值
       cmp al,max[si]
       jle let2
       mov max[si],al           ;最大值放在 max
let2:  inc bx                   ;继续判断下一元素
       loop rept1
       inc si                   ;下一行
       pop cx                   ;弹出外循环次数
       loop  rept2
       mov ah,4ch
       int 21h
code ends
     end start
```

运行结果:

```
-dds:0
0B45:0000   02 FC FB 0A 03 06 F9 F4-0E FB 09 FD 03 00 04 00   ........
0B45:0010   0A 06 0E 00 00 00 00 00-00 00 00 00 00 00 00 00   ........
```

实验结果分析:

1) 虽然 A 矩阵是二维的,但在存储器中实际存放时,是按顺序连续存放的。因此编写程序

时，可以把 A 矩阵的数据用"MOV AL，A [BX]"相对寄存器寻址方式连续取出。此时 BX 的值可以加到 11，就把 A 矩阵的 12 个元素分别取出了。

2）从 0010H 单元开始是 MAX 矩阵，存放 3 个最大值。

3）行列值 M 和 N 定义为字型是与 CX 循环计数器类型相匹配。

6.6.3 实验任务

实验目的

通过分析和运行示例程序，掌握循环程序设计思路和技巧。根据循环程序设计方法，尝试设计出各种风格的循环程序。

实验内容

参考示例 6-10、示例 6-9、示例 6-5（排序），完成下列实验内容：

1）分别统计 3 个班级中某科成绩优秀的人数和不及格的人数。

提示：可以看成 3 × N 二维数组。分别用 MAX 和 MIN 存放 90 分以上和 60 分以下的人数（代码见 6 – 11.ASM）。

2）将上述题目改为用两个数组分别存放每班优秀的成绩和不及格的成绩。

3）分别对两组成绩按降序排序。

实验要求

1）3 个题目可任选 2 个。

2）用截图形式记录实验结果。

3）写出实验结果分析。

实验拓展

1）自己设计一个双重循环的题目并编程实现。

2）分析示例 6 – 8，如果改为在数组中查找某元素，然后在其后插入一个数据，程序怎么设计？

习题六

6.1 循环指令有哪几种？分别写出指令格式及作用。

6.2 循环指令根据什么判断循环是否结束？

6.3 用转移指令能否构成循环？试举例说明。

6.4 多重循环的循环控制如何实现？

6.5 在多重循环中转移指令的使用要注意哪些问题？

6.6 串处理过程中用到循环了吗？怎么使用的？

6.7 列出学过的串处理指令。

6.8 在串处理过程中，如何找到源串和目的串？

6.9 串处理指令都应和哪些重复前缀配合使用？请举例说明。

6.10 在串处理中，方向标志 DF 的作用是什么？方向标志如何设置？

6.11 写出下列程序段的执行结果。

```
BUFF  DB  10,22,14,6,31
TOTAL DB  ?
……
      MOV BX,OFFSET BUFF
      MOV CX,TOTAL - BUFF
      MOV AL,0
AA1:  ADD AL,[BX]
      INC BX
      LOOP AA1
      MOV TOTAL,AL
```

6.12 分析下列程序段的功能。

```
X   DB 2,-3,15,0,9,4
……
      LEA BX,X
      MOV CX,6
      MOV AX,0
AA2:  MOV AL,[BX]
      CMP AL,0
      JNE NEXT
```

```
            INC AH
    NEXT:INC BX
            LOOP AA2
```

6.13 判断下列程序段能否完成给定功能。如有错误，请指出并改正。

（1）统计 AL 中 1 的个数。要求 AL 保持原值。

```
            MOV BL,0
            MOV CX,8
    BB1:RCL AL,1
            JNC NEXT
            INC BL
    NEXT:LOOP BB1
```

（2）在 ALPHA 中查找字母 T，找到后退出循环。

```
    ALPHA   DB   "ERTYU"
    ……
            MOV BX,OFFSET ALPHA
            MOV CX,5
    BB2:CMP  [BX],'T'
            LOOPNE BB2
```

6.14 源串 STRG1 和目的串 STRG2 分别放在数据段和附加段中，请写出含有各种段定义的程序段，完成将 STRG1 传送到 STRG2 的功能。

6.15 写出计算 $Y = 1 \times 2 + 3 \times 4 + 5 \times 6 + 7 \times 8 + 9 \times 10$ 的程序段。

6.16 编写程序，查找 CATT 表中的字符 @，找到后将 SIGN 单元置 1，否则将 SIGN 单元置 0。

6.17 编写程序段，在长度为 N 的字数组 VALUE 中统计负数的个数并保存到 AX 中。

6.18 编写程序，从键盘输入一个数字，在屏幕上显示出以该数字开始的 10 个数字串。

6.19 编写程序，比较两个字符串是否相同，统计并显示出相同的字符个数和不同的字符个数。

6.20 编写程序，在 FOUND 字数组中找出最小数存入 MIN 单元。

6.21 STRI 单元存有 10 个字符的字符串，以 0 结尾，编程去掉其中的空格符，并将后续字符向前递补。

6.22 某班级 30 名学生，编程将全班成绩按升序排序。

6.23 将内存中用 ASCII 码表示的 100 以内的十进制数转变为二进制数。十进制数不够 3 位以 20H（空格）补齐。

测验六

1. 下列描述错误的是_____。
   A. LOOP 指令以 CX 为循环控制计数器
   B. LOOPE 指令循环的条件是 $CX \neq 0$ 且 $ZF = 0$
   C. LOOPE 指令循环的条件是 $CX \neq 0$ 且 $ZF = 1$
   D. LOOPNE 指令循环的条件是 $CX \neq 0$ 且 $ZF = 0$

2. 串处理操作需要循环重复执行，_____不能出现在串处理指令中。
   A. REP   B. REPZ   C. REPNZ   D. LOOP

3. 对于 LOOP LET1 循环指令，构成循环的范围是_____。
   A. 在 -128 字节之内
   B. 在 +127 字节之内
   C. 在 -128～+127 字节之间
   D. 在 -256～+255 字节之间

4. 在串传送指令中，串的传送方向由_____标志位决定。
   A. DF   B. CF   C. ZF   D. OF

5. 串传送指令中，源串和目的串的偏移地址由_____寄存器指出。
   A. BX 和 DX   B. DS 和 DX
   C. SI 和 DI   D. SI 和 CX

6. 串扫描 SCAS 指令要求目的串放在_____中。
   A. 数据段   B. 代码段
   C. 堆栈段   D. 附加段

7. 串扫描 SCASW 指令隐含地将_____寄存器作为查找的内容。
   A. AX   B. BX   C. CX   D. AL

8. 循环指令 LOOP 可以实现_____的循环。
   A. 循环次数已知   B. 循环次数未知
   C. 循环次数累加   D. 循环次数不变

9. LOOPNE 指令的循环计数值放在_____寄存器中。
   A. CL   B. BX   C. CX   D. IP
10. 在多重循环程序中，从外循环再次进入内循环时，内循环的计数值_____。
    A. 不必考虑   B. 重新赋值
    C. 置 0   D. 置 1
11. 循环指令的控制条件除 CX 寄存器之外，还可把标志位_____作为控制条件。
    A. CF   B. SF   C. ZF   D. OF
12. 循环指令 LOOPNZ 终止循环的条件是_____。
    A. CX = 0 且 ZF = 0   B. CX = 0 或 ZF = 1
    C. CX≠0 且 ZF = 0   D. CX≠0 或 ZF = 0
13. 下列指令不能构成循环的是_____。
    A. JMP   B. JNZ
    C. LOOP   D. DEC CX
14. 串传送指令 MOVSW，执行 CLD 指令后，每传送一次，串的_____。
    A. 偏移地址 + 1   B. 偏移地址 + 2
    C. 偏移地址 − 1   D. 偏移地址 − 2
15. 在串处理指令中，设置方向标志为 1 的指令是_____。
    A. STD   B. CLD   C. HLT   D. CWD

第 7 章

子程序设计

设问：
1. 子程序和分支有什么不同吗？
2. 在什么情况下用子程序比较好？
3. 子程序名可以用标号代替吗？
4. CALL 指令和 JMP 指令有什么区别？
5. 堆栈对于子程序有什么重要意义？

在程序设计中，有一些程序功能是许多应用程序都用到的，例如键盘输入、屏幕显示、二进制转换等。如果把这些程序作为一个独立的功能程序，供其他程序多次调用，那么就和高级语言中的函数作用相同了。使用子程序，程序结构会变得清晰，可读性增强；程序资源会得到充分利用，有利于代码重用；程序功能独立，编程方法会更加丰富。

7.1 子程序的概念

子程序又称为过程。在主程序中调用子程序，就是一次程序转移。此处的主程序实际上应该称为调用程序。一个程序如果调用其他过程，则可称为主程序（主过程），如果被其他程序调用，其身份就变为子程序。前几章中我们用转移指令实现了分支和循环等较复杂的程序结构，而使用子程序可将程序变为模块化结构，使程序分出层次，调用关系更明确，程序走向更清晰。

7.1.1 主程序和子程序

8086 汇编语言提供的子程序调用指令是 CALL 指令，格式为 CALL 子程序名。CALL 类似于 JMP，子程序名相当于标号。如果我们在分支程序各功能段的适当位置把 JMP 换为 CALL，调用子程序就相当于无条件转到该功能段执行了。子程序与分支程序的最大区别是子程序执行完要返回到主程序，也就是返回到 CALL 指令的下一条继续执行。在子程序中用 RET 指令作为返回指令。主程序和子程序的关系如图 7-1 所示。

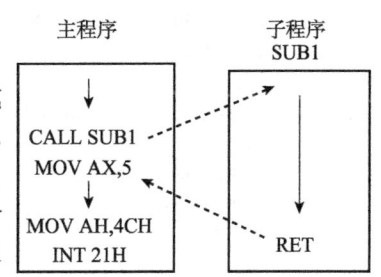

图 7-1 主程序和子程序的关系

在第 5 章中，我们编写了一个分支程序 5-7.ASM，实现从键盘输入十进制数、用十六进制显示。可以看到这个例子中用了很多的转移，包括条件转移、无条件转移、向前跳转、向后跳转，构成循环等多种程序结构，使人感到程序结构复杂，阅读不直观。

下面对这个程序加以改造，采用子程序使程序结构清晰，调用关系明确。同时改进程序功能，达到同样的效果。通过这个例子，我们来理解子程序的概念，分析子程序的作用。

7.1.2 一个改造的例子

前面介绍的 5-7.ASM 的程序只能从键盘输入一个两位的十进制数，用十六进制显示。如果想输入多位的十进制数还要修改程序，增加更多的条件判断转移指令，将进一步加大程序的复杂性，而采用子程序结构可以较好地解决问题。

示例7-1 多次输入一个 65535 以内的十进制数并以十六进制显示出来。按 ESC 键结束。

设计思路：
1）设主程序标号为 LET0，一个子程序标号为 LET1，另一个子程序标号为 LET2；
2）主程序是一个死循环，只有当按下 ESC 键时才能退出、结束程序；
3）子程序 LET1 功能为键盘输入，并把输入的数字变为十进制数，保存在 X 单元；
4）子程序 LET2 功能为通过查表将 X 单元中的数值用十六进制显示出来。

程序框图：

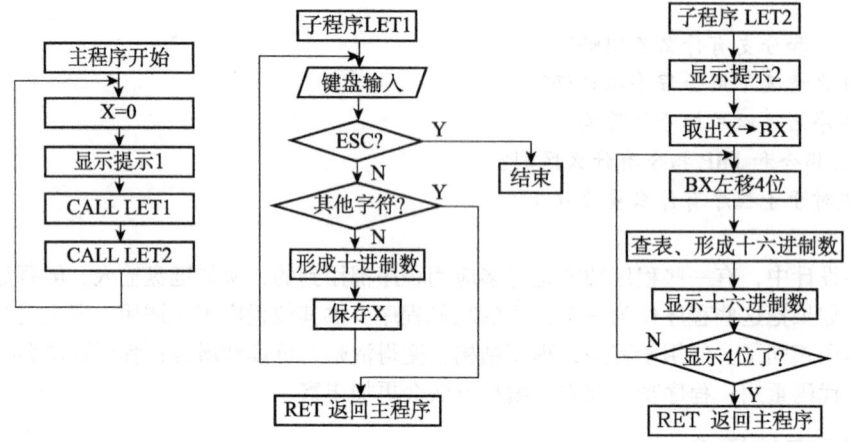

程序如下：

```
;7-1.asm  用子程序多次输入一个65535以内的十进制数并以十六进制显示出来。按ESC键结束
data segment
    x dw 0
    mess1 db 0dh,0ah,'input dec = $'
    mess2 db 0dh,0ah,'outHEX = $'
    hex db '0123456789ABCDEF'
data ends
code segment
  assume cs:code,ds:data
start:
    mov ax,data
    mov ds,ax
;主程序
let0:mov x,0
    mov dx,offset mess1         ;显示提示1
    mov ah,9
    int 21h
    call let1                   ;调用子程序1
    call let2                   ;调用子程序2
```

```
        jmp let0
;子程序 1:键盘输入、形成十进制数 x
let1:mov ah,1                    ;键盘输入十进制数
    int 21h
    cmp al,27                    ;是 ESC 键?
    jz out1
    sub al,30h                   ;其他字符?
    jl exit                      ;是,转 exit
    cmp al,9
    jg exit
    mov ah,0
    xchg ax,x                    ;形成十进制数
    mov cx,10
    mul cx
    add x,ax                     ;相加并保存
    jmp let1
exit:ret                         ;ret 返回主程序
;子程序 2:查表,显示十六进制
let2:mov dx,offset mess2         ;显示提示 2
    mov ah,9
    int 21h
    mov bx,x                     ;将 x→bx
    mov ch,4
    mov cl,4                     ;将 bx 中的二进制数循环左移 4 位(十六进制数循环左移 1 位)
rept1:rol bx,cl                  ;例如 0021→0210→2100→1002→0021
    mov ax,bx
    and ax,000fh                 ;保留最低 4 位
    mov si,ax
    mov dl,hex[si]               ;查表显示十六进制数
    mov ah,2
    int 21h
    dec ch                       ;显示下一位
    jnz rept1
    ret                          ;返回主程序
out1:mov ah,4ch
    int 21h
code ends
    end start
```

运行结果:

```
C:\hb>7-1
input dec=33
out HEX=0021
input dec=3
out HEX=0003
input dec=21
out HEX=0015
input dec=100
out HEX=0064
input dec=666
out HEX=029A
input dec=65535
out HEX=FFFF
input dec=←
C:\hb>
```

分析程序得知,CALL 指令应该和 RET 指令成对出现,使用了 CALL 指令,子程序中一定要有 RET 返回指令。本例中程序结构清晰,各个子程序功能相对独立,程序运行灵活。

思考:为什么 RET 指令能够返回到主程序? CALL 指令在执行时实际上做了什么?

7.2 调用和返回

CALL 指令和 RET 指令是汇编指令。调用指令 CALL 与无条件转移指令 JMP 一样，都是对指令指针寄存器 IP 作修改后，转移到标号指出的程序执行；有时也需要修改代码段寄存器 CS 的值，作跨段调用。因此都有转移地址的寻址方式问题。

7.2.1 调用指令 CALL

CALL 指令可分为两类调用：段内调用和段间调用。段内调用是指在同一段的范围之内进行调用，此时只需改变 IP 寄存器的内容。段间调用则是要转到另一个段去执行子程序，此时不仅要修改 IP 寄存器的值，还要修改 CS 寄存器。

1. 段内调用

（1）段内直接调用

格式：CALL OPR

执行的操作：先保存断点：SP←SP－2，将 CALL 的下一条指令的 IP 入栈；再将子程序名 OPR 代表的偏移地址→IP，转到子程序执行。

功能：子程序名直接写在指令中，作段内调用。

例　CALL AA1

（2）段内间接调用

格式：CALL WORD PTR OPR

执行的操作：将断点处的 IP 入栈保存；

如果子程序的偏移地址在 16 位寄存器中则把寄存器的内容→IP；

如果其偏移地址是用存储器中的一个字指出，则把该存储器单元的内容→IP。

功能：子程序的偏移地址由寄存器或存储单元指出，作段内调用。

例　CALL　BX
　　CALL　WORD PTR [BX＋SI]

2. 段间调用

（1）段间直接远调用

格式：CALL FAR PTR OPR

执行的操作：先将 CALL 的下一条指令的 CS 和 IP 分别入栈；再把子程序的偏移地址→IP，子程序所在段的段地址→CS。

功能：子程序名用 FAR PTR 属性直接写在指令中，做跨段调用。

例　远程调用示意如下：

```
CODE1   SEGMENT                    CODE2   SEGMENT
     ⋮                                  ⋮
  CALL FAR PTR   SUBR1               SUBR1:MOV  BX,5
  MOV TOTAL,BX                       ADD  BX,COUNT
     ⋮                                  ⋮
  MOV  AH,4CH                        RET
  INT  21H
CODE1 ENDS                          CODE2 ENDS
```

（2）段间间接调用

格式：CALL DWORD PTR OPR

执行的操作：先将 CALL 的下一条指令的 CS 和 IP 分别入栈；

再把存储单元的（EA）→IP，（EA＋2）→CS。

功能：子程序名保存在双字单元中，第一个字作为偏移地址，第二个字作为段地址。做跨段调用。

7.2.2 返回指令 RET

格式：RET ［n］

执行的操作：

1) 段内返回（又称为近返回）时，从堆栈段中弹出的断点仅修改 IP；
2) 段间返回（又称为远返回）时，从堆栈段中弹出断点的偏移地址→IP，再弹出断点的段地址→CS；
3) 如果是 RET n 指令，表示弹出断点后，再将堆栈指针 SP + n 之后再返回。

功能：用于子程序中，返回到主程序的断点处继续执行。执行时，将断点从栈中弹出，修改 IP 或修改 IP、CS。

例 在子程序返回时，将堆栈指针加 6 后返回。指令如下：

```
RET 6
```

7.3 过程定义

在示例 7-1 中，子程序是以第一条指令的标号作为子程序名调用的。所谓调用，实际上就是程序转移到该标号去继续执行。这种方式虽然简便，但是在模块化程序结构设计中，是不规范的。尤其是其他模块中的某个程序想要调用这个子程序时，还需要指明该子程序标号是在哪个模块、哪个代码段的哪个程序中。标准的用法是用 8086 汇编语言提供的过程定义伪指令来定义子程序。

子程序又可称为过程。子程序先用过程伪指令定义，得到带有属性的子程序名。其他程序调用该子程序时，系统就会按照 NEAR 或 FAR 属性进行转移了。

7.3.1 伪指令 PROC

过程定义伪指令与第 4 章介绍过的其他伪指令一样，是在对汇编语言源程序进行汇编期间提供给汇编程序使用的，不能生成二进制机器代码。过程定义伪指令格式为：

```
子程序名  PROC  属性
    ……
子程序名  ENDP
```

说明：PROC 和 ENDP 必须成对使用，表示子程序的开始和结束。属性是指子程序的类型属性，分为 NEAR 近程属性和 FAR 远程属性。如果不写属性，系统默认为 NEAR 型。

例 1 定义近程子程序 SUBR1。

```
SUBR1  PROC  NEAR
    ……
SUBR1  ENDP
```

此时子程序名 SUBR1 的段地址与调用指令 CALL 所在的段地址一致，只要将 SUBR1 的偏移地址送入 IP 即可实现调用。

例 2 定义远程子程序 SUBRX。

```
SUBRX  PROC  FAR
    ……
SUBRX  ENDP
```

此时子程序名 SUBRX 的段地址和偏移地址都起作用，在 CALL 调用时需要将 SUBRX 的偏移地址和段地址分别送入 IP 和 CS 才能实现调用。

7.3.2 过程属性

用户对过程属性的确定原则：
1) 主程序和子程序在同一个代码段中则子程序使用 NEAR 属性。
2) 主程序和子程序不在同一个代码段中则子程序使用 FAR 属性。
3) 如果主程序是被执行的第一个程序，则主程序的属性应该定义成 FAR 远程的。这是相对于 DOS 操作系统而言的，在 DOS 下执行 .EXE 文件时，是从系统的代码段转入用户的代码段中的，因此用户的主程序应该定义为远程的属性。
4) CALL 指令执行时，系统根据子程序名的属性决定保存断点的段地址和偏移地址。

例 1 主程序与子程序在同一个代码段的调用——近程调用。

第 1 种格式：（包含）　　　　　第 2 种格式：（并列）

```
┌CODE SEGMENT              ┌CODE SEGMENT
│  ┌MAIN PROC FAR          │  ┌MAIN PROC FAR
│  │    ⋮                  │  │    ⋮
│  │    CALL SUBR1         │  │    CALL SUBR1
│  │                       │  │    ⋮
│  │  ┌SUBR1 PROC NEAR     │  └MAIN  ENDP
│  │  │    ⋮               │  ┌SUBR1  PROC NEAR
│  │  │    RET             │  │    ⋮
│  │  └SUBR1 ENDP          │  │    RET
│  └MAIN  ENDP             │  └SUBR1 ENDP
└CODE ENDS                 └CODE ENDS
```

例 2 主程序与子程序不在同一个代码段中——远程调用。

```
┌CODE1 SEGMENT             ┌CODE2 SEGMENT
│  ┌MAIN PROC FAR          │       ⋮
│  │    ⋮                  │       CALL SUBRX
│  │    CALL SUBRX         │       ⋮
│  │    ⋮                  │  ┌SUBRX  PROC FAR
│  │    MOV AH,4CH         │  │    ⋮
│  │    INT  21H           │  │    RET
│  └MAIN  ENDP             │  └SUBRX ENDP
└CODE1 ENDS                └CODE2 ENDS
```

注意：子程序 SUBRX 除了被其他段的程序调用之外，也可被本段的程序调用。由于它是远程属性，因此本段的程序调用时也要同时保存断点的段地址和偏移地址。

7.4 现场保护

在编写子程序时要注意一个问题，如果主程序用到某些寄存器保存数据，转到子程序后，这些寄存器有可能被改写。或者某些指令必须用特定的寄存器，如乘法、除法指令必须用 AX 或 AL，循环和移位指令必须用 CX 或 CL；还有一些场合需要保存标志寄存器的内容等。因此在进入子程序时，先要把这些寄存器保存起来，称为现场保护。一般采用 PUSH 指令入栈保存的方法。在子程序返回主程序之前，将堆栈中保存的内容用 POP 指令弹出到相关的寄存器中，称为恢复现场。

例 保护现场和恢复现场。

```
SUBR1  PROC  NEAR
    PUSH  AX
    PUSH  BX
    PUSHF
```

```
            MOV   AL,4
            MOV   BL,5
            IMUL  BL
            MOV   Y,AX
               ⋮
            POPF
            POP   BX
            POP   AX
            RET
     SUBR1  ENDP
```

7.5 子程序参数传递

调用子程序的目的是要求子程序完成某些特定任务,因此主程序和子程序之间的参数传递是很重要的。在调用前,主程序可以有数据交给子程序,称为子程序的入口参数;子程序执行后,一些数据或结果要传回主程序,称为子程序的出口参数。子程序传参的方法一般为寄存器传参、存储单元传参和堆栈传参。

7.5.1 寄存器传参

设定某些寄存器为传参寄存器,数据由这些寄存器保存,主程序和子程序都可对其读写。利用寄存器传参,不仅可以传送数据,也经常用来传送地址信息。

示例 7-2 从键盘键入一个多位十进制数 X,回车结束输入。按十进制位相加后显示十进制结果 Y。

设计思路:
1) 主程序分别调用 3 个子程序。
2) 子程序 SUBR1 为键盘输入多位十进制数且直接保存到 X,输入的位数在 BX 中。
3) 子程序 SUBR2 将保存的 X 去掉 ASCII 码,按位相加,相加的结果在 BX 中。
4) 子程序 SUBR3 将 BX 中的数用十进制显示。
5) 采用将结果除以 10 保存余数的方法将 BX 中的数转换为十进制数,并用十进制数的 ASCII 码显示结果。
6) 传参寄存器为 BX。

程序如下:

```
;7-2.asm  键入一个十进制数 x,按位相加后显示十进制结果 y
data segment
    infor1 db 0ah,0dh,'x = $'
    infor2 db 0ah,0dh,'y = $'
    x      db 20 dup(?)
data ends
code segment
  assume cs:code,ds:data
start:mov ax,data
    mov ds,ax
;主程序
main proc far
    mov x,0
    mov dx,offset infor1            ;显示提示 1
    mov ah,9
    int 21h
    mov bx,0                        ;传参寄存器 bx 清 0
    call subr1                      ;调子程序 1
```

```
            mov cx,bx                          ;保存 x 的位数
            mov ax,0
            mov bx,0
            call subr2                         ;调子程序 2
            mov dx,offset infor2               ;显示提示 2
            mov ah,9
            int 21h
            call subr3                         ;调子程序 3
            jmp main
out1:mov ah,4ch
            int 21h
main endp
;子程序 1:键盘输入、保存
subr1 proc near
            mov ah,1                           ;键盘输入十进制数
            int 21h
            cmp al,0dh                         ;回车?
            jz exit
            cmp al,'0'                         ;其他非法字符?
            jl out1                            ;转 out1,直接退出
            cmp al,'9'
            jg out1
            mov x[bx],al                       ;保存键入的数码
            inc bx                             ;bx = 数码个数
            jmp subr1
exit:cmp bx,0                                  ;第一键就是回车
            jz out1
            ret                                ;返回主程序
subr1 endp
;子程序 2,按位相加
subr2 proc near
            mov ah,x[bx]                       ;取出输入的数码
            and ah,0fh                         ;去掉 ASCII 码
            add al,ah                          ;按位相加
            inc bx
            loop subr2                         ;循环累加
            mov ah,0
            mov bx,ax                          ;相加结果→bx 传参寄存器
            ret                                ;返回主程序
subr2 endp
;子程序 3,将 bx 中的数显示为十进制数
subr3 proc near
            mov ax,bx                          ;bx 为传参寄存器
            mov cx,0
            mov bx,10
let1:                                          ;将 ax 变为十进制数
            mov dx,0                           ;字除法的高字清 0
            inc cx                             ;统计余数个数
            div bx                             ;除以 10,商在 ax,余数在 dx
            push dx                            ;保存余数
            cmp ax,0
            jnz let1
let2:                                          ;循环显示余数,循环次数在 cx 中
            pop ax                             ;将余数弹入 ax
            add ax,0030h                       ;调整为 ASCII 码
```

```
            mov dl,al                    ;2号功能显示
            mov ah,2
            int 21h
            loop let2
            ret                          ;返回主程序
        subr3 endp
        code ends
            end start
```

运行结果：

```
C:\hb>7-2
x=123
y=6
x=45678
y=30
x=65535
y=24
x=
C:\hb>
```

7.5.2 存储单元传参

当 CPU 的寄存器使用比较紧张时，采用存储单元传参是一个较好的解决办法。由于存储单元可以任意定义、可用一个单元也可成批使用，主程序和子程序都可访问，因此使用方便。不足之处是，采用存储单元传参，CPU 就要通过总线读写存储器，会影响执行速度，降低系统效率。

示例 7-3 将示例 7-1 程序改为子程序定义形式，用存储单元 X 传参。

程序如下：

```
;7-3.asm   改用子程序定义伪指令。用 x 传参。多次输入一个 65535 以内的十进制数并以十六进制显示出
来.按 ESC 键结束
data segment
    x dw 0
    mess1 db 0dh,0ah,'input dec = $'
    mess2 db 0dh,0ah,'out hex = $'
    hex db '0123456789ABCDEF'
data ends
code segment
    assume cs:code,ds:data
    start:
        mov ax,data
        mov ds,ax
        ;主程序
    let0 proc far
        mov x,0                          ;传参单元 x 清 0
        mov dx,offset mess1              ;显示提示 1
        mov ah,9
        int 21h
        call let1
        call let2
        jmp let0
        ;子程序 1:键盘输入、形成十进制数 x
    let1 proc near
        ;程序部分                         ;与 7-1 的 let1:程序段相同
        ;……
        add x,ax                         ;相加并保存到 x 传参单元
    exit:ret
    let1 endp
```

```
        ;子程序2:查表,显示十六进制
        let2 proc near
            ;程序部分                    ;与7-1的let2:程序段相同
            mov bx,x                    ;将x→bx,x传参单元
            ;……
            ret
        let2 endp
        out1:
            mov ah,4ch
            int 21h
        let0 endp
        code ends
            end start
```

在程序设计中还可以将寄存器传参和存储单元传参结合使用。如示例7-4。

示例7-4 求两个数组 ARRAY1 和 ARRAY2 的正数累加和。累加和分别放在 TOTAL1 和 TOTAL2 中。

设计思路：

1) 采用 BX 和 SI 寄存器分别存放数组的地址和累加和单元的地址，将地址值传送到子程序中。
2) 在子程序的运算过程中用基址变址方式到存储器中取出数组元素。
3) 子程序的运算结果通过寄存器间接寻址方式保存到存储单元。

程序如下：

```
;7-4.asm  分别求两个数组ARRAY1和ARRAY2的正数累加和。累加和分别放在TOTAL1和TOTAL2中
data segment
    array1 dw  3,2,-5,8,-7
    array2 dw  4,-1,5,6,2
    total1 dw  ?
    total2 dw  ?
    m dw 5
data ends
code segment
    assume cs:code,ds:data
main proc far
start:mov ax,data
    mov ds,ax
    mov cx,m                ;数组元素个数
    lea bx,array1           ;数组1的偏移地址→bx传参寄存器
    lea di,total1           ;累加和1的偏移地址→di传参寄存器
    call summ               ;调子程序,求数组1的正数累加和
    lea bx,array2
    lea di,total2
    call summ               ;求数组2的正数累加和
    mov ah,4ch
    int 21h
main endp
;子程序summ求累加和
summ proc near
    push cx                 ;保存循环次数
    mov ax,0
    mov si,0
loop1:cmp word ptr[bx][si],0  ;判断正负数
    jle exit
```

```
            add ax,[bx][si]              ;求正数的累加和
    exit:add si,2
        loop loop1
        mov word ptr[di],ax              ;保存到存储单元,用存储单元传参
        pop cx
        ret
    summ endp
    code ends
        end start
```

运行说明:

在 DEBUG 下调试执行。执行带有子程序的程序时,要注意在找断点时要找程序结束指令 MOV AH,4CH 和 INT 21H,而不要随意进入子程序。因为主程序是用 CALL 指令进入子程序的,涉及堆栈操作,子程序返回时是通过 RET 返回的,要修改栈指针。稍有不慎,就会使堆栈混乱,造成死机。

运行结果:

```
C:\hb>debug 7-4.exe
-u
0B4A:0000 B8480B          MOV     AX,0B48
0B4A:0003 8ED8            MOV     DS,AX
0B4A:0005 8B0E1800        MOV     CX,[0018]
0B4A:0009 8D1E0000        LEA     BX,[0000]
0B4A:000D 8D3E1400        LEA     DI,[0014]
0B4A:0011 E80F00          CALL    0023
0B4A:0014 8D1E0A00        LEA     BX,[000A]
0B4A:0018 8D3E1600        LEA     DI,[0016]
0B4A:001C E80400          CALL    0023
0B4A:001F B44C            MOV     AH,4C
-g 1f

AX=0011  BX=000A  CX=0005  DX=0000  SP=0000  BP=0000  SI=000A  DI=0016
DS=0B48  ES=0B38  SS=0B48  CS=0B4A  IP=001F   NV UP EI PL NZ NA PE NC
0B4A:001F B44C            MOV     AH,4C
-d ds:0 1f
0B48:0000  03 00 02 00 FB FF 08 00-F9 FF 04 00 FF FF 05 00   ................
0B48:0010  06 00 02 00 0D 00 11 00-05 00 00 00 00 00 00 00   ................
```

断点是 001F,执行 G 001F 之后,子程序也一起执行了。查看数据段,可看到在 0014 单元是第一个累加和等于 000DH,其后为第二个累加和为 0011H。

7.5.3 堆栈传参

堆栈是一种特殊的存储结构,利用 PUSH 入栈和 POP 出栈指令,可以方便地保存和读取数据。利用堆栈传参需要注意的是栈指针的变化,由于栈指针所指位置就是要索取数据的存储单元,因此必须保证栈指针的正确。假如程序转移是根据堆栈中弹出的内容作为地址值,如果弹出的数据不对,就有可能进入重要的系统区域,造成不可预知的后果。利用堆栈传参,可以简化程序结构,但是设计思路必须清晰。

示例 7-5 利用子程序编程实现矩阵的乘法 $C = A \times B$。

矩阵的乘法:$A = a(m, n)$ 和 $B = b(n, m)$,其结果矩阵为 $C = c(m, m)$。其元素 $c(i, j)$ 为 A 的第 i 行向量与 B 的第 j 列向量的内积。(设 m=3, n=4)

$$c_{ij} = \sum_{k=0}^{n-1} a_{ik} b_{kj}$$

设计思路:

1) 实现矩阵乘法需要三重循环。
2) 采用主程序 MAIN 负责最外层循环,控制 A 矩阵的行;子程序 SUBR1 用双重循环完成 A 矩阵的一行与 B 矩阵所有列的乘加。
3) 设置 Y 单元为 A 矩阵每行的首地址,Y 以 4 为间隔增加。将 Y 入栈传参,子程序从堆栈中读取 Y→BX。进入子程序后,由于栈指针 SP 要改变,因此用 BP 作为取参的指针;Y

在当前栈指针 +4 的堆栈单元中。

4) 用 BX、SI、DI 寄存器作为三个矩阵 A、B、C 的下标；BX 以 1 为间距增加，SI 以 3 为间距增加，DI 以 1 为间距增加。

程序如下：

```
;7-5.asm  堆栈传参。实现两个矩阵的乘法 c = a * b
data segment
  a db 1,1,1,1
    db 2,2,2,2
    db 3,3,3,3
  b db 1,1,1
    db 2,2,2
    db 3,3,3
    db 4,4,4
  m  dw 3                       ;A 矩阵 3 行 4 列
  n  dw 4                       ;B 矩阵 4 行 3 列
  y  dw 0
  c  db 9 dup(?)                ;C 矩阵 3 行 3 列
data ends
code segment
    assume cs:code,ds:data
main proc far
start:mov ax,data
    mov ds,ax
    mov cx,m                    ;主程序循环次数 3 次
    mov di,0
    mov si,0
rept3:push y                    ;用堆栈传参,保存 y
    push cx                     ;保存主程序中循环次数
    mov cx,m                    ;子程序外循环次数
    call subr1
    pop cx
    pop y                       ;弹出保存的 A 上一行首址
    add y,4                     ;指向 A 矩阵下一行
    loop rept3
    mov ah,4ch
    int 21h
main endp
;子程序 subr1
subr1 proc near
    mov bp,sp                   ;call 指令后的栈指针值→bp
rept2:push cx                   ;共做 3 列
    mov bx,[bp+4]               ;从堆栈中取出 y→bx
    mov si,m                    ;m = 3
    sub si,cx                   ;B 的起始下标
    mov cx,n                    ;n = 4,子程序内循环次数
rept1:
    mov al,a[bx]                ;A 的下标变化 0,1,2,3
    mov dl,b[si]
    imul dl                     ;乘加
    add c[di],al                ;C 矩阵
    inc bx                      ;A 行的下一个元素
    add si,3                    ;B 的一列
    loop rept1                  ;循环 4 次
    inc di
    pop cx
    loop  rept2
```

```
        ret
    subr1 endp
    code ends
        end start
```

运行结果：

```
C:\hb>debug 7-5.exe
-u0 27
0B54:0000 B8510B        MOV   AX,0B51
0B54:0003 8ED8          MOV   DS,AX
0B54:0005 8B0E1800      MOV   CX,[0018]
0B54:0009 BF0000        MOV   DI,0000
0B54:000C BE0000        MOV   SI,0000
0B54:000F FF361C00      PUSH  [001C]
0B54:0013 51            PUSH  CX
0B54:0014 8B0E1800      MOV   CX,[0018]
0B54:0018 E81000        CALL  002B
0B54:001B 59            POP   CX
0B54:001C 8F061C00      POP   [001C]
0B54:0020 83061C0004    ADD   WORD PTR [001C],+04
0B54:0025 E2E8          LOOP  000F
0B54:0027 B44C          MOV   AH,4C
-g27

AX=000C  BX=000C  CX=0000  DX=0004  SP=0000  BP=FFFA  SI=000E  DI=0009
DS=0B51  ES=0B41  SS=0B51  CS=0B54  IP=0027   NV UP EI PL NZ NA PE NC
0B54:0027 B44C          MOV   AH,4C
-d ds:0 2f
0B51:0000  01 01 01 01 02 02 02 02-03 03 03 03 01 01 01 02   ...............
0B51:0010  02 02 03 03 03 04 04 04-03 00 04 00 0C 00 0A 0A   ...............
0B51:0020  0A 14 14 14 1E 1E 1E 00-00 00 00 00 00 00 00 00   ...............
-
```

运行说明：

1）矩阵 C 的 9 个元素从 001E 单元开始存放，分别是十六进制的 0A、0A、0A、14、14、14、1E、1E、1E。

2）程序中堆栈变化情况如右图：

可以看出，主程序中的两条 PUSH 指令和一条 CALL 指令把相关的参数入栈保存；进入子程序后先执行了"MOV BP，SP"，把此时的栈指针 SP 保存到基址指针 BP 中；接着又执行"PUSH CX"，栈指针指在当前 SP 位置上。BP+4 就是 Y 所在栈单元的地址。

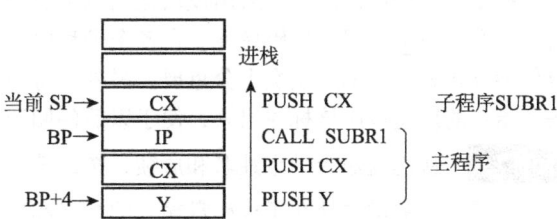

7.6 嵌套与递归

7.6.1 子程序嵌套

在程序的调用过程中，如果主程序调用子程序，而子程序又调用了另一个子程序，则称为子程序嵌套，如图 7-2 所示。嵌套的深度可多层，每调用一次都要用堆栈保存断点，因此子程序嵌套时要注意 CALL 指令与 RET 指令必须成对使用，否则会使堆栈指针发生错误指向，造成程序出错甚至死机。

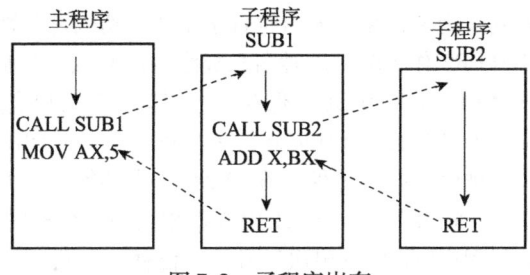

图 7-2 子程序嵌套

7.6.2 子程序递归

如果在子程序调用中，出现子程序自身调用现象，则称为递归调用。递归深度也可多层。同子程序嵌套一样，断点要用堆栈保存，因此需要特别注意堆栈指针问题。递归子程序具有直接或间接调用自身的功能，称为直接递归子程序或间接递归子程序，如图 7-3 所示。无论是直接递归还是间接递归，都要有一个出口问题，否则程序将无限递归下去，无法停止。这个出口条件要根据题目来设定。

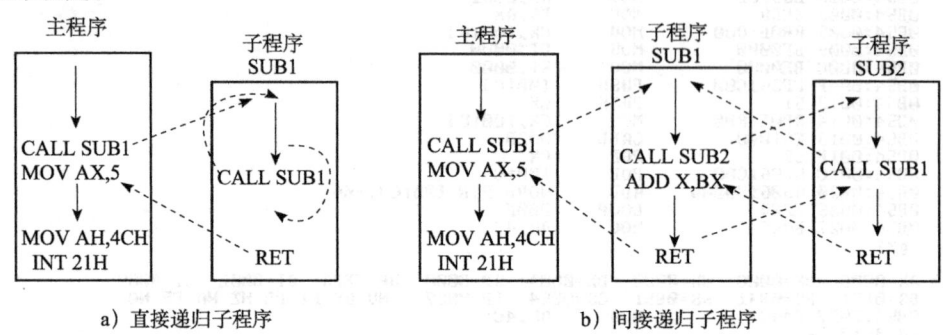

图 7-3 递归子程序

7.7 实例七 子程序与模块化

7.7.1 模块化结构

在复杂的程序设计中，采用模块化结构可以划分功能，分解程序；使程序由复杂变为简单，由混乱变为清晰，程序代码易读。在各个子程序之间存在参数传递问题，因此在编写程序时，确定传参方式和嵌套调用层次十分重要。另外，每个子程序的功能应该用注释标明，程序采用的算法和指令的用途也应该标注出来，便于以后的阅读和修改。

示例 7-6 从键盘输入学生姓名和成绩，按成绩升序排序，并显示出排序结果。

本题目的关键之处在于从键盘输入的姓名和成绩都是 ASCII 码，排序时成绩要变为二进制数或 BCD 码。排序时不光是成绩顺序要改变，而且姓名顺序也要随之改变，显示的结果才正确。这是一个较大的程序，采用模块化结构将功能分解，用子程序调用和嵌套实现。

设计思路：

1) 主程序和 5 个子程序。子程序分别是 INPUT 键盘输入、COPY 数据转存、CHANGE 十进制数 ASCII 码→二进制、SORT 按成绩排序和 PRINT 打印排序名单。

2) 用变量 P 控制输入的人数，本例中 P = 3。

3) 姓名和成绩输入分别用 DOS 中断调用的 10 号功能实现字串输入。由于 10 号功能可以设定输入的字符个数和获得实际输入个数，使用方便。但输入最后字符之后，回车符 0DH 也被保存；需要将其改为 $，便于输出时直接用 9 号功能显示姓名和成绩。

4) 用 BUFFER1 和 BUFFER2 作为输入的姓名和成绩的缓存区，然后将所有人名和成绩用串传送指令转存到 SNAME 和 SCORE1 中保存，打印输出时可利用。

5) 将 SCORE1 中成绩的十进制数 ASCII 码转换为二进制数→SCORE2。

6) 按 SCORE2 中的成绩排序，同时将保存在 MINGCI 中的输入次序号也一起交换，以次序号作为排序指针，在 SNAME 和 SCORE1 中查找相应的人名和成绩。

7) 打印排序名单时，从 MINGCI 中取出次序号作为位移量，到 SNAME 和 SCORE1 中取出姓名和对应的成绩用 9 号功能显示。排序后 MINGCI 中先取出的次序号一定是成绩最高的人的，其他类推。

程序框图：

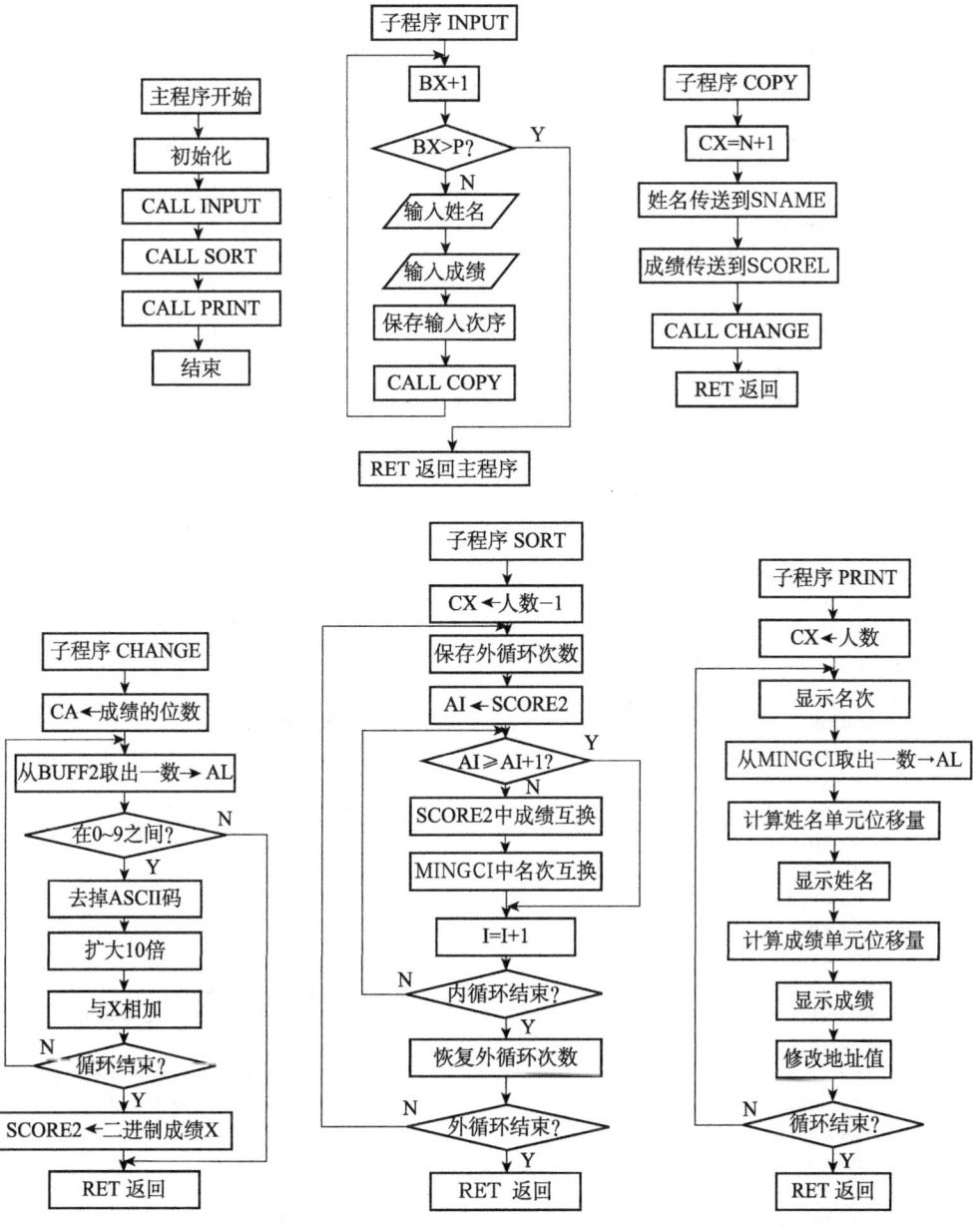

程序如下：

```
;7-6.asm  从键盘输入学生姓名和成绩,按成绩升序排序
 data segment
   infor0 db 0ah,0dh,'sort = $'
   infor1 db 0ah,0dh,'input name:$'
   infor2 db 0ah,0dh,'input score:$'
   n equ 8                                  ;姓名长度
   m equ 4                                  ;成绩长度(3 位 + 回车符)
   p equ 3                                  ;输入的人数
   q equ 3                                  ;成绩位数
   buff1 db n,?,n+1 dup('$')                ;姓名缓冲区,加 $ 符以便输出时用
```

```
            buff2 db m,?,m+1 dup('$')              ;成绩缓冲区
            sname db p dup(n+1 dup('$'))           ;保存姓名
            score1 dw p dup(m+1 dup('$'))          ;保存成绩
            score2 dw p dup(m+1 dup(0))
            mingci db p dup(0)                     ;名次
            x dw ?
            sign1 dw 0
            sign2 dw 0
            cont db '1'                            ;计数
    data ends
    code segment
            assume cs:code,ds:data,es:data
    main proc far
    start:
            mov ax,data
            mov ds,ax
            mov es,ax
            mov bx,0
            mov cx,0
            call input
            call sort
            call print
            mov ah,4ch
            int 21h
    main endp
    ;子程序1,输入姓名、成绩
    input proc
            inc bx                                 ;输入次数统计
            cmp bx,p                               ;输入次数>p?
            ja exit
            lea dx,infor1                          ;显示提示1
            mov ah,9
            int 21h
            lea dx,buff1                           ;输入姓名
            mov ah,10
            int 21h
            mov al,buff1+1                         ;实际输入个数→al
            add al,2                               ;+2,包含buff1的0,1号单元
            mov ah,0
            mov si,ax                              ;回车0d所在位置,跟在最后一个字符后
            mov buff1[si],'$'                      ;将0d换为$,便于输出显示
            lea dx,infor2                          ;显示提示2
            mov ah,9
            int 21h
            lea dx,buff2                           ;输入成绩
            mov ah,10
            int 21h
            mov al,buff2+1                         ;实际输入个数
            add al,2                               ;个数+2,包含0,1单元,为找到0d
            mov ah,0
            mov si,ax
            mov buff2[si],'$'                      ;将0d换为$,便于输出显示
            mov mingci[bx-1],bl                    ;bx为输入次数,保存输入的次序
            cmp bx,1                               ;第一次输入转let1
            jz let1
            add sign1,n+1                          ;姓名间隔为n+1
            add sign2,q                            ;成绩间隔为q
```

```
    let1:
        call copy                          ;子程序嵌套
        jmp input
    exit:
        ret
    input endp
;子程序 2,数据转存
    copy proc
        mov cx,n+1                         ;姓名长度+1(包含$)
        lea si,buff1+2
        lea di,sname                       ;姓名传送到 sname
        add di,sign1                       ;加上间隔值
        cld
        rep movsb
        mov cx,n
        mov ax,'$'                         ;用$覆盖姓名区,清除已输入的姓名
        lea di,buff1+2
        rep stosb
        mov cx,m+1                         ;成绩位数+1(包含$)
        lea si,buff2+2
        lea di,score1                      ;成绩传送到 score1
        add di,sign2                       ;加上间隔值
        cld
        rep movsb
        lea si,buff2+2
        mov di,sign2
        call change                        ;二进制成绩→score2
        ret
    copy endp
;子程序 3,十进制数 ASCII 码→二进制
    change proc
        mov x,0
        mov cx,[si-1]                      ;成绩的位数→cx
        and cx,000fh                       ;保留低 4 位
    rept2:
        mov al,[si]                        ;按位取出成绩
        cmp al,30h                         ;是否在 0~9 之间
        jl exit1
        cmp al,39h
        jg exit1
        and ax,000fh                       ;去掉 ASCII 码
        xchg ax,x
        mov dx,10                          ;将 ax 中前一次形成的数扩大 10 倍
        mul dx
        add x,ax                           ;保存到 x
        inc si
        loop rept2
        mov ax,x                           ;按十进制形成的成绩→以二进制保存
        mov score2[di],ax                  ;二进制成绩送入 score2
        mov x,0
        add sign2,2                        ;下一个成绩单元
    exit1:ret
    change endp
;子程序 4,按成绩排序
    sort proc
        mov cx,p                           ;数组长度
        dec cx
```

```
loop1:push cx                               ;保存外循环次数
    mov bx,0
    mov si,0
loop2:mov ax,score2[bx]
    cmp ax,score2[bx+m+1]                   ;m+1=5,下一人的成绩
    jge next                                ;降序
    xchg ax,score2[bx+m+1]                  ;交换成绩
    mov score2[bx],ax
    mov al,mingci[si]
    xchg al,mingci[si+1]                    ;交换名次
    mov mingci[si],al
next:add bx,m+1                             ;比较下一个成绩
    inc si
    loop loop2
    pop cx                                  ;恢复外循环次数
    loop loop1
    ret
sort endp
;子程序5,打印排序名单
print proc
    lea dx,infor0                           ;显示结果提示
    mov ah,9
    int 21h
    mov cx,p
    mov bx,0
    mov ax,0
    mov di,0
rept3:
    mov dl,0ah                              ;回车换行
    mov ah,2
    int 21h
    mov dl,0dh
    int 21h
    mov dl,cont                             ;显示名次序号
    mov ah,2
    int 21h
    inc cont
    mov dl,0ah                              ;回车换行
    mov ah,2
    int 21h
    mov dl,0dh
    int 21h
    mov ax,0
    mov al,mingci[di]                       ;取名次
    dec al                                  ;位置-1,因为地址从0开始
    mov bl,9                                ;姓名位移量 ax=al×9(包含$)
    mul bl                                  ;乘积在ax
    lea dx,sname
    add dx,ax                               ;偏移地址+姓名位移量
    mov ah,9                                ;显示姓名
    int 21h
    mov dl,0ah                              ;回车换行
    mov ah,2
    int 21h
    mov dl,0dh
    int 21h
    mov ax,0
```

```
            mov bx,0
            mov al,mingci[di]              ;取名次
            dec al                         ;地址从0开始
            mov bl,5                       ;成绩位移量=al×5(包含$)
            mul bl
            lea dx,score1
            add dx,ax                      ;偏移地址+成绩位移量
            mov ah,9                       ;显示成绩
            int 21h
            inc di
            loop rept3
            ret
    print endp
    code ends
    end start
```

运行结果:

```
C:\hb>7-6
input name:zhangli
input score:78
input name:lining
input score:89
input name:wanglan
input score:95
sort=
1
wanglan
95
2
lining
89
3
zhangli
78
C:\hb>_
```

1) 本例中 P 设为 3,可输入 3 个人的姓名和成绩,更改 P 值可输入多人。
2) 程序采用在输入缓冲区中加 $ 符号的做法,将每个名字用 $ 分隔,每个成绩也用 $ 分隔;在输出时可用 9 号功能直接显示。

7.7.2 实验示例

采用多种传参方式能够实现复杂程序的设计要求,同时也应该根据题目来选择寄存器、存储器传参方式。

示例 7-7 将输入的两个十进制数相加,并显示十进制结果。

设计思路:
1) 主程序调用三个子程序。主程序用 JMP 构成循环,可多次做计算;如果按下的不是数字键则退出循环,结束程序。
2) SUBR1 子程序 1:功能为键盘输入,数字键 ASCII 码→十进制数(该十进制数保存为二进制),用存储单元 X 传参。
3) SUBR2 子程序 2:功能为两数相加,以寄存器 BX 传参。
4) SUBR3 子程序 3:功能为显示十进制数。先将二进制数→十进制数。将传参寄存器 BX 中的二进制数用除以 10 取余数的方法转换为十进制数,再将余数加 30H 变为十进制数的 ASCII 码,然后显示。

程序如下:

```
;7-7.asm 寄存器、存储器传参。输入两个十进制数相加,并显示十进制结果
data segment
     x dw ?,?
```

```
        cc1 db 0ah,0dh,'x1 = $'
        cc2 db 0ah,0dh,'x2 = $'
        cc3 db 0ah,0dh,'y = x1 + x2 = $'
data ends
code segment
  assume cs:code,ds:data
start:
  mov ax,data
  mov ds,ax
  ;主程序
main proc far
  mov cx,0
  mov bx,0
  mov si,0
  mov dx,offset cc1         ;显示提示 1
  mov ah,9
  int 21h
  call subr1                ;输入第 1 个数
  mov dx,offset cc2         ;显示提示 2
  mov ah,9
  int 21h
  mov bx,0
  mov cx,0
  mov si,2
  call subr1                ;输入第 2 个数
  call subr2                ;相加
  mov dx,offset cc3         ;显示提示 3
  mov ah,9
  int 21h
  call subr3                ;显示结果
  jmp main
out1:                       ;结束
  mov ah,4ch
  int 21h
main endp
    ;子程序1:键盘输入、数字键ASCII 码→十进制数(以二进制保存)
subr1 proc near
    mov ah,1                ;键盘输入十进制数
    int 21h
    cmp al,0dh              ;回车?
    jz exit
    cmp al,'0'              ;其他字符?
    jl out1                 ;是其他字符转 out1,退出,结束
    cmp al,'9'
    jg out1
    and ax,000fh            ;形成十进制数(以二进制保存)
    xchg ax,bx
    mov cx,10
    mul cx                  ;乘以10→ 十位、百位
    add bx,ax
    jmp subr1
exit:cmp cx,0               ;先输入了回车,退出
    jz out1
    mov x[si],bx            ;存储单元 x 传参
    ret
subr1 endp
    ;子程序2,两数相加
```

```
        subr2 proc near
          mov bx,x
          add bx,x+2                      ;寄存器 BX 传参
          ret
        subr2 endp
          ;子程序 3,显示十进制数。将二进制数→十进制数
        subr3 proc near
          mov ax,bx
          mov cx,0
          mov bx,10                       ;将 ax 变为十进制数
        let1:
          mov dx,0
          inc cx
          idiv bx                         ;除以 10,取余数
          push dx                         ;保存余数
          cmp ax,0
          jnz let1
        let2:                             ;显示结果
          pop ax                          ;将余数弹入 ax
          add ax,0030h                    ;余数调整为 ASCII 码
          mov dl,al
          mov ah,2                        ;显示
          int 21h
          loop let2
          ret
        subr3 endp
        code ends
          end start
```

运行结果：

```
C:\hb>7-7

x1=23
x2=56
y=x1+x2=79
x1=168
x2=845
y=x1+x2=1013
x1=34
x2=125
y=x1+x2=159
x1=
C:\hb>
```

实验结果分析：

1) 该程序要求输入正数，运算结果的最大值不能超过 65535，即 16 位寄存器保存无符号数的范围。
2) 输入的两个十进制数的位数可以不一样。
3) 如果输入负的十进制数，程序应该怎样编写？（可参考第 8 章示例 8-4）

7.7.3 实验任务

实验目的

通过分析和运行示例程序，掌握子程序设计思路和技巧。根据子程序传参方法，尝试实现较复杂的程序功能。

实验内容

参考示例 7-7，完成下列实验内容：

1) 实现两个输入的十进制数相减运算。（提示：如果结果为负数，需要求绝对值。）
2) 实现两个输入的十进制数相乘运算。（提示：要考虑结果溢出问题。）

3）实现两个输入的十进制数相除运算。（提示：分别显示商和余数。）
4）输入一个十六进制数，求其真值（用十进制显示，负数前加负号"–"）（7–2b.ASM）

实验要求

1）4个题目可任选2个。
2）实验内容用截图形式记录实验结果。
3）写出实验结果分析。

实验拓展

设计一个小计算器。用菜单选择计算功能。

习题七

7.1 在汇编语言中，主程序是如何调用子程序的？

7.2 怎样才能正确地从子程序返回到主程序，先决条件是什么？

7.3 子程序名代表什么含义？子程序名是断点吗？为什么？

7.4 什么叫做跨段调用？从子程序调用指令CALL中能得知是跨段调用吗？

7.5 CALL指令如何将断点入栈保存的？

7.6 RET指令在何处使用？RET指令执行了哪些操作？

7.7 CALL指令为什么必须和RET指令成对使用？

7.8 为什么要用过程定义伪指令PROC来定义子程序？

7.9 子程序的属性是如何确定的？

7.10 为什么要进行现场保护？怎样做现场保护？

7.11 有哪几种常用的子程序参数传递方法？分别写出各自的特点。

7.12 阅读下列子程序，解释该程序的功能。

```
        SUBR1 PROC NEAR
            PUSH AX
            PUSH BX
            MOV AL,X
            ADD AL,BL
            MOV Y,AL
            POP BX
            POP AX
            RET
        SUBR1 ENDP
```

7.13 解释下列子程序的功能。

```
        SUBR2 PROC NEAR
            MOV SI,0
        LET1:MOV AH,1
            INT 21H
            CMP AL,0DH
            JZ OUT1
            MOV KEY[SI],AL
            INC SI
            JMP LET1
        OUT1:RET
        SUBR2 ENDP
```

7.14 给出下列子程序的功能和执行结果。

```
        X DB 3AH
        ……
        SUBR3 PROC NEAR
            MOV AL,X
            MOV BL,10
            MOV DX,0
        LETE:MOV AH,0
            DIV BL
            MOV DL,AH
            PUSH DX
            CMP AL,0
            JNZ LETE
            RET
        SUBR3 ENDP
```

7.15 写出子程序，从键盘输入一位十进制数，并保存到BUFFER单元中。

7.16 写出子程序，从键盘输入一个多位十进制数，并分别保存到BUFFER开始的单元中。

7.17 从键盘输入多位数字，转换成十进制数并保存到X单元中。

7.18 写出求数组元素累加和的子程序。

7.19 写出子程序。查十进制数的ASCII码表，对AL中的BCD码显示出十进制数。

7.20 编写将X单元中的二进制数显示为十六进制数的子程序。

7.21 编写将BX中的二进制数用十进制数显示出来的子程序。

7.22 编写将 BX 中的二进制数用二进制数显示出来的子程序。

7.23 写出对内存单元 X 中的补码求真值子程序，补码保存在 BX 中。

7.24 写出两数相加运算的子程序。

7.25 写出两数相减运算的子程序。

7.26 写出两数相乘运算的子程序。

7.27 写出两数相除运算的子程序。

7.28 写出对 AX 中的二进制数按位相加子程序。

7.29 编写求数组中最大数的子程序。

7.30 编制一个计算数组中所有负数之和的子程序。并利用此子程序分别计算 A 数组和 B 数组中的负数之和，结果分别放在 SUM1 和 SUM2 单元中。

测验七

1. 如果子程序的属性为 FAR，下列说法错误的是_____。
   A. 可以段内直接调用
   B. 可以段间间接调用
   C. 可以段间直接调用
   D. 只能段间调用

2. 在子程序调用过程中，断点指的是_____。
   A. CALL 指令本身
   B. CALL 的下一条指令
   C. CALL 的下一条指令的地址
   D. 子程序名

3. 执行 CALL SUBR1 指令后，完成的操作是_____。
   A. 将 SUBR1 的偏移地址入栈保存
   B. 将断点的偏移地址入栈保存
   C. 将断点的偏移地址→IP
   D. 将 SUBR1 的段地址→CS，偏移地址→IP

4. 子程序的属性是用_____定义的。
   A. CALL 指令
   B. PROC 过程定义伪指令
   C. FAR PTR
   D. RET 指令

5. 执行段间返回 RET 指令时，从堆栈中_____。
   A. 先弹出断点的偏移地址，再弹出段地址
   B. 先弹出断点的段地址，再弹出偏移地址
   C. 弹出断点的偏移地址
   D. 弹出断点的段地址

6. 子程序结构中，保存现场指的是_____。
   A. 保存 CALL 指令
   B. 保存断点的地址
   C. 保存主程序用到的寄存器
   D. 保存子程序用到的寄存器

7. CALL 指令和 RET 指令的用法，正确的说法是_____。
   A. CALL 指令和 RET 指令都对堆栈操作
   B. 只有 CALL 指令使用堆栈
   C. 只有 RET 指令使用堆栈
   D. CALL 指令和 RET 指令都不用堆栈

8. CALL 指令和 JMP 指令的区别是_____。
   A. CALL 指令使程序转移
   B. 子程序名可以是标号
   C. CALL 指令将断点地址保存
   D. CALL 指令可以段间调用

9. CALL 指令和 RET 指令对堆栈操作，正确的说法为_____。
   A. CALL 指令从堆栈中取出子程序的地址
   B. RET 指令从堆栈中取出子程序的地址
   C. CALL 指令从堆栈中取出断点的地址
   D. RET 指令从堆栈中取出断点的地址

10. 执行 CALL FAR PTR SUBR2 时，正确的说法是_____。
    A. 先将断点的段地址入栈，再将偏移地址入栈
    B. 先将断点的偏移地址入栈，再将段地址入栈
    C. 先将 SUBR2 的段地址入栈，再将偏移地址入栈
    D. 先将 SUBR2 的偏移地址入栈，再将段地址入栈

11. 用 CALL 指令调用子程序时，从子程序返回到主程序_____。
    A. 用 JMP 指令
    B. 用 INT 21H 指令
    C. 只能用 RET 指令

D. 既可以用 RET 又可以用 JMP
12. 在用 CALL 指令实现子程序嵌套调用时，子程序的 RET 指令 _____。
   A. 返回到最初始的调用程序中
   B. 返回到上一级调用程序中
   C. 可以换为 JMP 指令返回
   D. 可以不用
13. 子程序参数传递时，用存储单元传参方法，_____。
   A. 只能主程序访问传参单元
   B. 只能子程序访问传参单元
   C. 主程序和子程序都能访问传参单元
   D. 主程序读传参单元，子程序写传参单元

14. 用寄存器传参，在子程序作现场保护时，_____。
   A. 传参寄存器必须保存
   B. 传参寄存器不必保存
   C. 传参寄存器可以改写
   D. 根据情况确定保存与否
15. 如果在子程序中进行了现场保护，那么子程序中_____。
   A. 恢复现场在 RET 指令之前
   B. 恢复现场在 RET 指令之后
   C. 直接用 RET 指令返回
   D. 直接用 JMP 指令返回

第 8 章

宏汇编及多模块技术

设问：
1. 什么是宏？
2. 宏与子程序的相同之处与不同之处是什么？
3. 在什么情况下用宏比较好？
4. 汇编指令、伪指令、宏指令三者有何不同？
5. 多个代码段下的多个模块如何编写、汇编及连接？

汇编语言中的宏与子程序类似，可以作为一个独立的功能程序供其他程序多次调用。使用宏，可进一步简化程序结构、增强源程序可读性、提高源程序的可维护性。宏和子程序的调用方式不同。对于子程序而言，每次调用均需要保存断点和现场；传参时要占用寄存器或存储器；调用和返回都要对堆栈指针做修改，稍有不慎，就会造成堆栈错误甚至死机等。这些问题是子程序不可避免的现象，而宏的使用可解决这些问题。

8.1 宏

宏是源程序中一段有独立功能的程序代码。调用宏的指令称为宏指令、宏操作。宏只需要在源程序中定义一次，就可以多次调用它，调用时只用一个宏指令语句。

宏和子程序都可以在程序中多次调用，但是两者的调用方式不同，完成的形式也不同，编写程序时，要根据需要灵活使用宏和子程序。宏的使用需要经过三个步骤：宏定义、宏调用和宏展开。宏定义要放在用户源程序的前部，便于后面程序中使用宏。

8.1.1 宏定义

宏定义语句 MACRO 和子程序定义语句 PROC 一样都是伪指令。宏定义需要一对伪指令 MACRO 和 ENDM 完成。

格式：

宏名字　　MACRO　　［哑元1，哑元2，…］
　　　　　语句串
　　　　　ENDM

说明：语句串代表宏定义体。宏定义并不产生目标代码，只是用来说明"宏名字"与宏定义体之间的联系。其中哑元1，哑元2，… 是虚拟参数或称形式参数，用逗号分隔。

虚参（形参）可不设置。

例1 定义实现程序结束功能的宏 RETSYS。

```
RETSYS  MACRO
        MOV AH,4CH
        INT 21H
        ENDM
```

注意：起名时，不要和汇编语言的指令名、保留字相同。

例2 定义键盘输入宏指令 INPUT。

```
INPUT   MACRO
        MOV  AH,01H
        INT  21H
        ENDM
```

例3 定义两数相加宏指令 SUMM。

```
SUMM    MACRO   X1,X2,RESULT
        MOV  AX,X1
        ADD  AX,X2
        MOV  RESULT,AX
        ENDM
```

8.1.2 宏调用

宏定义之后，要在程序中使用宏时，只要写出宏名字即可。使用宏的过程称为宏调用。如果宏定义中有形参，那么宏调用时在宏名字后要加上实参。实参的个数应该与形参一样，多余的实参无效。

例1 从键盘输入一个字符，判断是否为"-"号，不是继续输入，是则结束。调用前面定义的宏 INPUT、宏 RETSYS。

```
        .MODEL SMALL
        .STACK 100H
        .CODE
START:
        INPUT
        CMP  AL,'-'
        JNE  START
        RETSYS
        END  START
```

例2 调用宏 SUMM 实现（BX）= 34 + 25。

```
        .MODEL SMALL
        .CODE
START:
        SUMM 34,25,BX
        RETSYS
        END  START
```

8.1.3 宏展开

源程序在汇编时，宏指令被汇编程序用相应的程序代码所取代，这段程序即是宏定义时的语句串。这个过程称为宏展开。宏展开不需要程序员负责或干预，是由汇编程序自动完成的。如果宏定义时有哑元（形参），在宏调用时就要写出实元（实参），在宏展开时汇编程序将哑元替换为实元。哑元和实元统称为变元。

下面来看一下 8.1.2 节宏调用的两个例子在宏展开后的情况。

例 1

展开前：　　　　　　　　　　　展开后：

```
        .MODEL SMALL
        .STACK 100H
        .CODE
START:
        INPUT                    1   MOV  AH,01H
        CMP   AL,'-'             1   INT  21H
        JNE   START                  CMP  AL,'-'
        RETSYS                       JNE  START
        END   START              1   MOV  AH,4CH
                                 1   INT  21H
```

例 2

展开前：　　　　　　　　　　　展开后：

```
        .MODEL SMALL
        .CODE
START:
        SUMM  34,25,BX           1   MOV  AX,34
                                 1   ADD  AX,25
                                 1   MOV  BX,AX

        RETSYS                   1   MOV  AH,4CH
        END   START              1   INT  21H
```

展开后，原来宏指令的地方换成了若干条汇编指令。各指令前的"1"是汇编程序自动加上的，表示插入的程序是宏定义体中的。可以看到，例 2 中的哑元 X1、X2、RESULT 已经被实元 34、25 和 BX 取代。

> **练习**
>
> 1）定义显示一个字符的宏指令 OUTPUT，要显示的字符用哑元 Z 表示。
> 2）定义宏指令 KEY_STR，实现从键盘输入一串字符。
> 3）定义宏指令 DISPLAY，显示一串字符。
> 4）编写程序。利用宏指令 INPUT 和 OUTPUT 实现将输入的小写字母变为大写。

8.1.4　宏与子程序

宏与子程序都是编写结构化程序的重要手段，两者各有特色。相同之处，宏和子程序都可以定义为一段功能程序，可以被其他程序调用。不同之处如下：

1）宏指令利用哑元和实元进行参数传递。宏调用时用实元取代哑元，避免了子程序因参数传递带来的麻烦。
2）变元可以是指令的操作码或操作码的一部分，在汇编的过程中指令可以改变。
3）宏调用的工作方式和子程序调用的工作方式是完全不同的，如图 8-1 所示。

宏调用是用实元取代哑元，用程序段取代宏定义名。宏调用时没有保护断点和现场的概念，因为在汇编时已经用宏展开把这段程序插入到主程序中了。

而子程序每执行一次 CALL 指令，就要对断点和现场进行保护，把断点处的地址指针和相关寄存器入栈保存，从子程序中返回时要恢复现场和弹出断点地址。

宏的缺点是随着宏调用次数的增加，主程序代码会不断加长。如果宏定义体指令较多，当多次宏调用时，主程序代码占用内存空间的情况不可忽视。

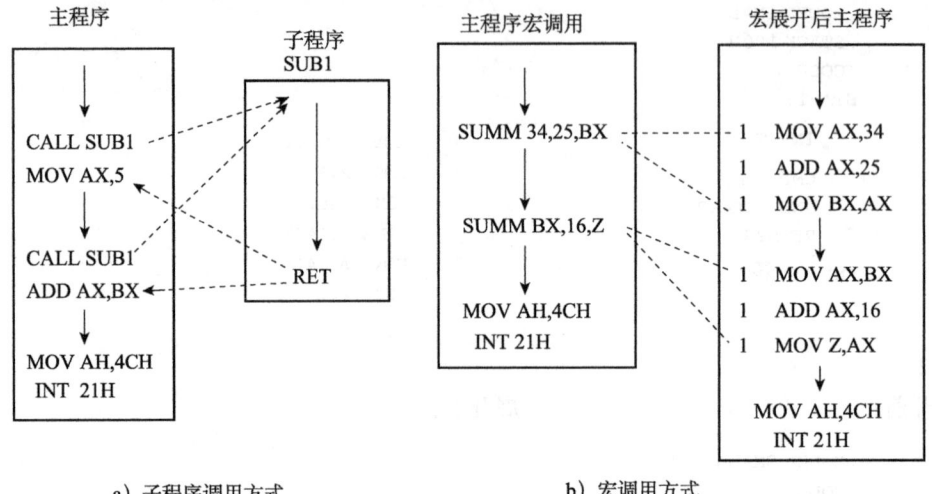

图 8-1 两种调用方式对比

由此看来，选用宏还是子程序要根据具体情况而定。通常当程序较短、传递参数较多或要求快速执行时，采用宏比较合适；当程序较长或对内存空间有要求时，选用子程序比较好。

8.1.5 宏的参数

在宏定义形参表中的参数有多种形式，灵活使用这些参数可以实现不同功能。

1. 变元是操作数

例1 定义串传送宏指令 STR_MOV。

宏定义：

```
STR_MOV  MACRO   OPR1,OPR2,OPR3
    PUSH  CX
    MOV   CX,OPR1
    LEA   SI,OPR2
    LEA   DI,OPR3
    CLD
    REP   MOVSB
    POP   CX
    ENDM
```

宏调用：

```
……
STR_MOV  10,MESS1,MESS2
……
STR_MOV  2,X,Y
```

宏展开：

```
    1   PUSH CX
    1   MOV   CX,10
    1   LEA   SI,MESS1
    1   LEA   DI,MESS2
    1   CLD
    1   REP   MOVSB
    1   POP   CX
           ……
    1   PUSH  CX
    1   MOV   CX,2
    1   LEA   SI,X
    1   LEA   DI,Y
    1   CLD
    1   REP   MOVSB
    1   POP   CX
```

2. 变元是操作码

例2　定义栈操作宏指令 STACKM。

宏定义：

```
STACKM  MACRO  OPR1,OPR2,OPR3
    PUSH  OPR1
    OPR2  OPR3
    ENDM
```

宏调用：

```
STACKM  AX,POP,BX
STACKM  CX,PUSH,SI
```

宏展开：

```
    1   PUSH  AX
    1   POPB  X

    1   PUSH  CX
    1   PUSH  SI
```

3. 变元是操作码的一部分

变元出现在操作码中，要用 & 作为分隔符。

例3　定义移位宏指令 SHIFT。

宏定义：

```
SHIFT     MACRO  A,B,C
    PUSH   CX
    MOV    CL,C
    S&A    B,CL
    POP    CX
    ENDM
```

宏调用：

```
SHIFT  HR,BX,1
SHIFT  AL,AL,3
```

宏展开：

```
1   PUSH  CX
1   MOV   CL,1
1   SHR   BX,CL
1   POP   CX

1   PUSH  CX
1   MOV   CL,3
1   SAL   AL,CL
1   POP   CX
```

4. 变元是存储单元

在数据段中用伪指令定义存储单元时，也可以使用宏，使单元内容的设置更灵活。

例 4　定义存储单元宏指令 DATAS。

宏定义：

```
DATAS  MACRO  A1,A2,A3
    X&A1   DB   A2   DUP(A3)
    ENDM
```

宏调用：

```
DATAS  5,6,1
DATAS  2,3,4
```

宏展开：

```
1   X5   DB   6   DUP(1)
1   X2   DB   3   DUP(4)
```

5. 变元是字符串

例 5　定义字符串宏指令 MASG。

宏定义：

```
MASG  MACRO  S1,S2
    POSIT&S1   DB  'Number &S2',0AH,0DH,'$'
    ENDM
```

宏调用：

```
MASG  1,ABC
MASG  2,2
```

宏展开：

```
1   POSIT1   DB   'Number  ABC',0AH,0DH,'$'
1   POSIT2   DB   'Number  2',0AH,0DH,'$'
```

8.1.6　宏运算

宏运算是指以特殊运算符实现不同变元的过程，包括 &、< >、!、%、;; 5 种运算符。

1. & 替换运算符

用于将字串与哑元连接。宏调用时，字串与相应的实元内容连在一起。

例 1　定义字符串宏指令 DISTR。

宏定义：

```
        DISTR   MACRO    SS
            DB  'Exam:&SS',0AH,0DH,'$'
            ENDM
```

宏调用：

```
        DISTR   book
```

宏展开：

```
    1       DB  'Exam:book',0AH,0DH,'$'
```

2. < > 传递运算符

在变元为字符串时，如果实元是含有空格的字符串，则实元要用 < > 传递运算符括起来。

例2 宏调用：

```
        DISTR   < I am a student >
        DISTR   Iamastudent
```

宏展开：

```
    1   DB  'Exam:I am a student',0AH,0DH,'$'
    1   DB  'Exam:Iamastudent',0AH,0DH,'$'
```

3. ! 转义运算符

当字符串中含有 < 或 > 字符时，为避免与传递运算符冲突，在宏调用的实元中用 ! 表示该字符为普通字符。

例3 宏调用：

```
        DISTR   X!<Y
```

宏展开：

```
    1       DB  'Exam:X<Y',0AH,0DH,'$'
```

4. % 表达式运算符

在宏调用的实元中如果有表达式，% 运算符将表达式的值作为实元。

例4 宏调用：

```
        DISTR   % 35 +12
```

宏展开：

```
    1       DB  'Exam:47',0AH,0DH,'$'
```

5. ;; 宏注释符

双分号";;"是在宏定义中使用的注释符。其后的注释在宏调用及宏展开时不出现。

8.2 其他宏功能

8.2.1 宏标号

在宏定义体中，如果有分支或循环等带有标号的指令时，必须用 LOCAL 指定局部标号伪指令对标号进行处理。否则每调用一次宏，都要展开相同的代码，就会出现标号重复的现象，这是不允许的。

格式：LOCAL　标号1［，标号2…］

功能：将给出的标号在多次宏调用时以不同的数字取代标号，避免标号的重复定义。
说明：LOCAL 伪指令只能在宏定义体中使用，并且是宏定义体的第一条语句。
例 定义分支宏指令 BRANCH。
宏定义：

```
BRANCH  MACRO  B1,B2
    LOCAL  OUT1
    MOV  AL,B1
    CMP  AL,B2
    JLE  OUT1
    SUB  AL,B2
    OUT1:HLT
    ENDM
```

宏调用：

```
BRANCH  10,BL
BRANCH  DL,BH
```

宏展开：

```
1    MOV  AL,10
1    CMP  AL,BL
1    JLE  ??0000
1    SUB  AL,BL
1    ??0000:HLT

1    MOV  AL,DL
1    CMP  AL,BH
1    JLE  ??0001
1    SUB  AL,BH
1    ??0001:HLT
```

8.2.2 宏删除

当不需要某个宏时，可以将其删除。
格式：PURGE 宏名[，宏名…]
功能：在汇编时将该语句中的宏定义删除。
例 PURGE INPUT, SUMM
将宏 INPUT 和 SUMM 删除。

8.2.3 宏嵌套

在宏定义中可以使用宏调用，称为宏嵌套。宏嵌套能增加宏的功能，简化宏的操作。
例 定义判断运算宏指令 DIST_OPER。
宏定义：

```
DIST_OPER  MACRO  DD1,DD2
    LOCAL  LET1
    INPUT                ;调用键盘输入宏指令 INPUT
    CMP  AL,'-'
    JNE  LET1
    NEG  DD1
    LET1:
    ADD  DD1,DD2
```

```
            RETSYS                    ;源程序结束功能宏 RETSYS
            ENDM
```

宏调用:

```
    DIST_OPER  X,BL
```

宏展开:

```
2      MOV  AH,01H
2      INT  21H
1      CMP  AL,'-'
1      JNE  ?? 0000
1      NEG  X
1      ?? 0000:
1      ADD  X,BL
2      MOV  AH,4CH
2      INT  21H
```

宏展开中数字 2 表示是宏嵌套中的指令。

8.2.4 宏库建立与调用

如果在程序中定义了多个宏,可以把这些宏一起或分类放在独立的文件中保存。这种文件与高级语言中的库文件类似,称为宏库。在需要这些宏的程序中用 INCLUDE 伪指令把宏库调入,就可以使用这些宏了。

1. 建立宏库

把多个宏的宏定义放在一个文本文件中,为其起名并加上扩展名 .MAC。

例 建立宏库 8-1.MAC 文件。共有 5 个宏。

程序如下:

```
;8-1.mac    宏库
;1
input macro                      ;宏 input,键盘输入一个字符
mov ah,01H
int 21h
endm
;2
output macro x                   ;宏 output,显示一个字符
mov dl,x
mov ah,02h
int 21h
endm
;3
retsys macro                     ;宏 retsys,结束、返回 DOS
mov ah,4ch
int 21h
endm
;4
addi   macro  x1,x2,result       ;宏 addi,两数相加,结果保存
mov ax,x1
add ax,x2
mov result,ax
endm
;5
str_ mov  macro  opr1,opr2,opr3  ;宏 str_ mov,源串传送到目的串
```

```
        mov cx,opr1
        lea si,opr2
        lea di,opr3
        cld
        rep movsb
        endm
```

2. 调用宏库

在应用程序中使用宏指令之前，用 INCLUDE 伪指令把宏库调入，然后再使用这些宏。

示例 8-1　宏库的使用。在程序中调用 8-1. MAC 宏库文件。

程序如下：

```
        ;8-1.asm   宏库的使用
        include 8-1.mac
        .model small
        .stack 100h
        .data
            x db  33h,34h
            y dw  ?
        mess1 db  1,2,3,4,5,6,7,8,9,0
        mess2 db  10 dup(?)
        .code
        start:
        mov ax,@data
        mov ds,ax
        mov es,ax
        ;
        str_ mov  10,mess1,mess2           ;mess1 传送到 mess2
        str_ mov  2,x,y                    ;x 传送到 y
        ;
        input                              ;输入的小写字母变为大写输出
        sub al,20h
        output al
        ;
        addi 34,25,y                       ;y = 34 + 25
        retsys                             ;结束，返回 DOS
        end  start
```

要想查看宏展开的结果，可在汇编时生成 .LST 列表文件。打开列表文件观察宏调用情况。
执行过程如下：

1）生成列表文件 8-1. LST。

```
C:\hb>masm 8-1.asm
Microsoft (R) Macro Assembler Version 5.00
Copyright (C) Microsoft Corp 1981-1985, 1987.  All rights reserved.

Object filename [8-1.OBJ]:
Source listing  [NUL.LST]: 8-1
Cross-reference [NUL.CRF]:

  50348 + 434740 Bytes symbol space free

      0 Warning Errors
      0 Severe  Errors

C:\hb>link 8-1;

Microsoft (R) Overlay Linker  Version 3.60
Copyright (C) Microsoft Corp 1983-1987.  All rights reserved.


C:\hb>_
```

2）用记事本打开 8-1.LST 列表文件。
先显示的是宏库内容：

```
Microsoft (R) Macro Assembler Version 5.00                    12/16/8

                              ;8-1.asm  宏库的使用
                              include 8-1.mac
                        C  ;8-1a.mac  宏库
                        C  ;1
                        C  input macro
                        C  mov ah,01H
                        C  int 21h
                        C  endm
                        C  ;2
                        C  output macro x
                        C  mov dl,x
                        C  mov ah,02h
                        C  int 21h
                        C  endm
                        C  ;3
                        C  retsys macro
                        C  mov ah,4ch
                        C  int 21h
                        C  endm
                        C  ;4
                        C  ADDI   macro  x1,x2,result
                        C  mov ax,x1
                        C  add ax,x2
                        C  mov result,ax
                        C  endm
                        C  ;5
                        C  STR_MOV  MACRO  OPR1,OPR2,OPR3
                              ......
```

列出程序部分：

```
                                   .model small
  0100                             .stack 100h
  0000                             .data
  0000  33 34                        x db 33H,34H
  0002  ????                         y dw ?
  0004  01 02 03 04 05 06 07       mess1 db  1,2,3,4,5,6,7,8,9,0
        08 09 00
  000E  000A[                      mess2 db 10 dup(?)
           ??
        ]

  0000                             .code
  0000                             start:
  0000  B8 ---- R                    mov ax,@data
  0003  8E D8                        mov ds,ax
  0005  8E C0                        mov es,ax
                                     ;
                                     str_mov 10,mess1,mess2
Microsoft (R) Macro Assembler Version 5.00                    12/16/8

  0007  B9 000A              1      mov cx,10
  000A  8D 36 0004 R         1      lea si,mess1
  000E  8D 3E 000E R         1      lea di,mess2
  0012  FC                   1      cld
  0013  F3/ A4               1      rep movsb
                                    str_mov 2,x,y
                                    ......
                                    addi 34,25,y
  002F  B8 0022              1      mov ax,34
  0032  05 0019              1      add ax,25
  0035  A3 0002 R            1      mov y,ax
                                    ;
                                    retsys
```

```
0038  B4 4C                    1    mov ah,4ch
003A  CD 21                    1    int 21h
003C                                 end start
```

```
  Microsoft (R) Macro Assembler Version 5.00                    12/16/8

Macros:

                N a m e                 Lines

        ADDI . . . . . . . . . . . . . .   3
        INPUT . . . . . . . . . . . . .    2
        OUTPUT . . . . . . . . . . . .     3
        RETSYS . . . . . . . . . . . .     2
        STR_MOV . . . . . . . . . . .      5
                  ……
```

列表文件中还有一些其他信息在此就不一一列出了。
运行结果：

```
C:\HB>8-1
dD
C:\HB>8-1
aA
C:\HB>_
```

程序中可以显示的是输入小写字母变为大写字母显示。

8.3 结构伪操作

结构伪操作 STRUC 是 MASM 支持的一种伪操作，它可以把各种不同类型的数据放在同一个数据结构里，便于某些数据处理的需要。

1. 结构定义

格式：结构名　　STRUC
　　　　　结构体
　　　结构名　　ENDS

例　定义结构 CLASS，存放班级学生信息。

```
CLASS STRUC
    NO      DB  ?
    NAME1   DB  'XXXXXX'
    SEX     DB  'XXXX'
    AGE     DB  ?
    RESU    DB  ?
CLASS ENDS
```

2. 结构预置

结构定义之后还不能使用，要对结构预置后才能把相关信息真正存入存储器。

格式：结构变量名　结构名 <字段值表>

说明：结构变量名可任意起名，用于在程序中直接引用。结构名是结构定义时的名字；<字段值表>用于给结构变量赋初值。其排列顺序和类型应该和定义时一致，如果结构变量的内容与定义时的一样，可用 < > 表示。结构预置要放在数据段中。

例　结构预置：

```
mem1 class <1,'WANG','MAN',18,89 >
mem2 class <2,'LI','MAN',18,76 >
mem3 class <3,'JIANG','FMAN',17,92 >
```

3. 结构引用

结构在定义和预置之后，在程序中可以使用。在引用时，直接写结构变量名。

格式：结构变量名 . 结构字段名

说明："."表示对字段的访问。在使用时，可以预先将结构变量的起始地址、偏移量送往某个寄存器，再用寄存器间址代替结构变量名。

例 结构引用：

```
mov si,0
mov al,mem1.age[si]              ;把 mem1 的年龄 age 字段值→AL
inc si
mov mem2.name1[si],'U'           ;把 mem2 的姓名 name1 字段的第二个字母改为'U'
```

8.4 重复汇编和条件汇编

重复汇编和条件汇编都是伪操作。利用重复汇编和条件汇编，在编写汇编语言程序时可以简化程序的书写，控制程序代码的生成，为程序员提供方便。

8.4.1 重复汇编

在程序编写中，如果遇到一段几条指令都一样的程序或连续的数据单元定义，可以不必写出所有指令和定义，而用重复汇编来完成。重复汇编包含的内容是在汇编期间展开的，可与宏配合使用。

1. 重复次数确定

格式：REPT 重复次数 n
　　　　　重复体
　　　ENDM

功能：将重复体重复 n 次。

例 建立数字 0~9 的 ASCII 码表。

```
.DATA
  N = '0'
  REPT  10
     DB  N
     N = N + 1
  ENDM
```

在数据段中定义了 10 个单元，存放 30H~39H。

2. 重复次数不确定

格式1：IRP 哑元，<实元1，实元2，…>
　　　　　重复体
　　　ENDM

功能：用实元替代哑元，重复次数由实元的个数决定。

格式2：IRPC 哑元，字符串

功能：用字符串替代哑元，重复次数由字符个数决定。

例1 用 IRP 定义子程序现场保护功能。

```
.CODE
    IRP  REG,<AX,BX,CX,DX,SI,DI,BP>
      PUSH  REG
    ENDM
```

汇编时，在代码段中连续插入了 7 条 PUSH 指令，分别是"PUSH AX"~"PUSH BP"。

例 2 用 IRPC 定义寄存器清 0 指令。

```
.CODE
    IRPC LETT,ABCD
        MOV LETT&X,0
    ENDM
```

汇编时，加入了 4 条 MOV 指令，分别是"MOV AX，0"~"MOV DX，0"。

8.4.2 条件汇编

在源程序汇编时，如果加入了条件汇编伪指令，可以决定是否对某段程序进行汇编。这样，就可以控制程序具有不同功能以及最后生成的代码。条件汇编可用于宏定义中，也可在程序中使用。

格式：IF　表达式
　　　　　代码段 1
　　　ELSE
　　　　　代码段 2
　　　ENDIF

例 在程序中控制某条指令是否汇编。

```
.CODE
    …
    IF X EQ 10              ;汇编时,如果 X 的值等于 10
        MOV BX,0            ;这两条指令加在程序中
        MOV AL,[BX]
    ELSE                    ;否则,下面两条指令加在程序中
        MOV BX,1
        MOV DL,[BX]
    ENDIF
    …
```

条件汇编还有其他格式，如表 8-1 所示。使用方式与 IF 类似，在此不多解释。

表 8-1　条件汇编伪指令

格式	功能	格式	功能
IF 表达式	结果不为 0，条件为真	IFNDEF 符号	符号未定义，条件为真
IFE 表达式	结果为 0，条件为真	IFB　<形参>	实参没有替代形参，条件为真
IF1	汇编在第一次扫描，条件为真	IFNB　<形参>	实参替代形参，条件为真
IF2	汇编在第二次扫描，条件为真	IFIDN <字串 1>，<字串 2>	字串 1 等于字串 2，条件为真
IFDEF 符号	符号已定义，条件为真	IFDIF <字串 1>，<字串 2>	字串 1 不等于字串 2，条件为真

8.5　多模块结构

8.5.1　多个代码段下的模块

对于模块化结构设计方法，我们已经学会了程序分段、菜单程序、子程序、宏、结构伪操作等。在程序中，可以用 INCLUDE 包含伪指令把宏库文件.MAC 调入，也可以将其他源程序.ASM 包含进来。但是到目前为止，我们所编写的程序还是在一个代码段下的模块化结构，没有涉及多个代码段之间各个模块的调用与传参。

要编写复杂的大型程序，会有多人参与编程。每个程序员都编写自己的代码段，这就形成了多个代码段、多个模块的大系统。所谓多模块，是由多个汇编源程序.ASM文件经汇编后生成的.OBJ文件构成，一个.ASM文件中可以有一个代码段也可以有多个代码段。每个.ASM文件经过汇编后产生的目标文件.OBJ称为一个模块。要想实现多模块汇编，就要事先将各个参数进行说明和定义，使有关的参数能够关联起来。同时，各个模块中的源程序要独立汇编，生成各自的.OBJ文件，然后用LINK命令连接到一起，最终生成.EXE可执行文件。

8.5.2 模块的参数设置

1. 全局符号定义 PUBLIC

在各个模块间共用的变量、符号、标号、过程等要用PUBLIC伪指令事先说明为全局变量，以便能被其他模块引用。

格式：PUBLIC 符号1[，符号2，…]

功能：将本模块中的符号或过程定义为全局变量，供其他模块使用。

2. 外部符号说明 EXTRN

EXTRN伪指令用来说明某个变量、符号或过程是其他模块定义的，在本模块中需要引用。

格式：EXTRN 符号1：类型[，符号2：类型，…]

功能：对外部符号和其类型进行说明。类型为：BYTE、WORD、DWORD、NEAR、FAR等。符号的类型要与它在定义模块中的一致。

3. 段属性与段组合

由于多个源程序分别在不同的代码段中使用，因此段的属性要设置正确，以便于段组合。在定义代码段时，代码段名相同时要加上 PARA'CODE'，以使其类别相同；数据段也可以用PARA'DATA'加以说明。

在多模块程序设计中，至少定义一个堆栈段，一般在主模块中定义。主模块的最后一条结束伪指令 END START 必须加上标号（START），而其他模块的 END 语句不能带有标号。

4. 参数传递

多模块之间的参数传递方法与子程序传参类似，也可以用寄存器传参、存储单元传参、堆栈传参等。通过对变量的 PUBLIC/EXTRN 的声明，可以实现参数传递，但是要注意段的名字、类别要相同。还可以将数据段定义为共享数据段，即组合类型为 COMMON，利用公共数据段实现模块间的数据访问。

8.6 实例八 宏与多模块

8.6.1 多模块设计

本节从一个例子入手，来看一下如何利用宏简化编程；如何在两个代码段之间进行数据传送及子程序调用等模块化程序设计方法。

示例8-2 从键盘输入4位十六进制数，转换成十进制数显示出来。

设计思路：

1）设计一个主程序 MAKE0、两个子程序 MAKE1 和 MAKE2；用两个代码段分别保存主程序和子程序；实现远程的访问与调用。

2）将常用的功能设为宏，并用宏库 8-2.MAC 保存。宏库中共有6个宏。

3）主程序 MAKE0 和子程序 MAKE2 在同一代码段中，保存在同一个模块（.ASM），作近程调用；另一个子程序 MAKE1 在另外一个代码段中，单独一个模块，作远程调用。

4）主程序 MAKE0 的功能是调用两个子程序。

5）子程序 MAKE1 功能是键盘输入，并把输入的数字变为十六进制数 X。
6）子程序 MAKE2 功能是通过多次调用宏 DIVIS，分别除以万、千、百、十、个位，获得部分商，逐次查表显示十进制部分商。

程序框图：

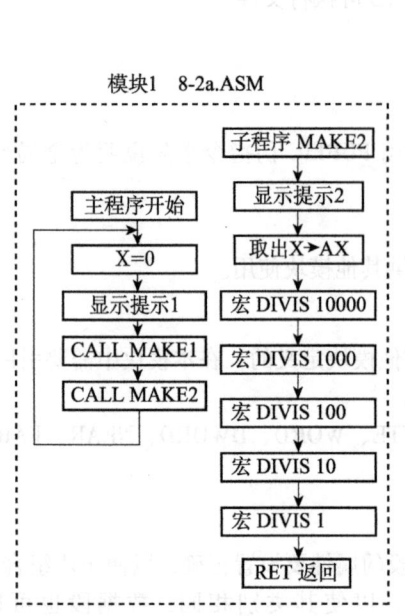

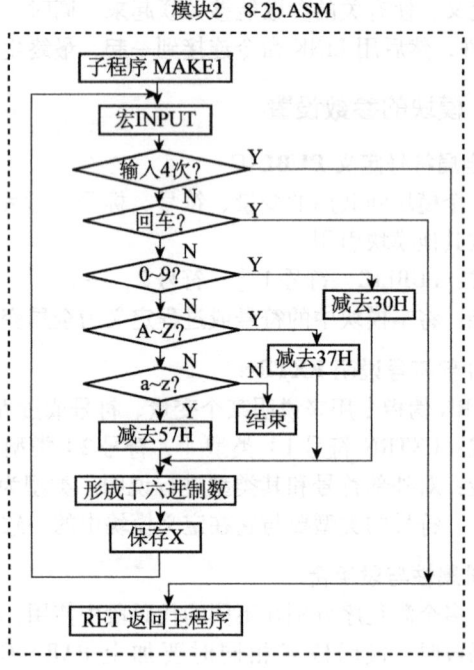

程序如下：
（1）模块1：8-2a.ASM

```
;8-2a.asm   远程调用模块化程序。从键盘输入4位十六进制数,转换成十进制数显示出来
        extrn make1:far                ;外部符号说明,make1子程序是远程的
        public x                       ;定义x为公共变量
        include 8-2.mac                ;宏库
        data segment
        x dw 0
        mess1 db 0dh,0ah,'inputHEX = $'
        mess2 db 0dh,0ah,'out dec = $'
        dectab db '0123456789'
        data ends
        stack segment para stack 'stack'   ;堆栈段
          dw 100h dup(0)
          top dw ?                     ;栈底
        stack ends
        code segment para'code'        ;代码段名类别相同
        assume cs:code,ds:data,ss:stack
        start:
        mov ax,data
        mov ds,ax
        mov ax,stack                   ;堆栈段段地址→SS
        mov ss,ax
        mov sp,offset top              ;栈指针SP指向栈底(顶)
        ;主程序make0
        make0 proc far
        mov x,0
```

```
        display mess1                  ;宏display,显示提示1
        mov bx,0
        call make1                     ;调子程序1
        call make2                     ;调子程序2
        jmp make0
    make0 endp
    ;子程序make2:查表,显示十进制
    make2 proc
        display mess2                  ;宏display,显示提示2
        mov ax,x                       ;取出公共变量x
        mov dx,0
        divis 10000                    ;宏divis,除法得到商并显示。由于最大
                                       ;的十进制数为65535,所以先除以10000,
                                       ;得到万位,再依次做除法得到其他位
        divis 1000
        divis 100
        divis 10
        divis 1
        ret
    make2 endp
    code   ends
        end start                      ;模块1结束
```

(2) 模块2：8-2b.ASM

```
    ;8-2b.asm
        public make1                   ;定义make1子程序为公共类型
        extrn x:word                   ;说明另一个模块中的x为字型
        include 8-2.mac                ;调入宏库
        code segment para'code'        ;代码段名类别相同
        assume cs:code
    ;子程序make1:键盘输入、形成十六进制
    make1 proc far
        inc bx
        cmp bx,4                       ;键入4次?
        jg exit
        input                          ;宏input,键盘输入十六进制数
        cmp al,0dh                     ;回车?
        jz exit
        cmp al,'0'                     ;判断是否0~9,A~F或a~f
        jl out1                        ;是其他字符,转out1
        cmp al,'9'
        jle smal1
        cmp al,'A'
        jl out1
        cmp al,'F'
        jle smal2
        cmp al,'a'
        jl out1
        cmp al,'f'
        jg out1
        sub al,20h                     ;小写字母a~f减去57h
    smal2:                             ;大写字母A~F减去37h
        sub al,7
    smal1:                             ;数字0~9减去30h
        sub al,30h
```

```
            mov ah,0
            xchg ax,x                       ;形成十六进制数
            mov cx,16
            mul cx
            add x,ax                        ;保存
            jmp make1
       exit:ret
       out1:
            retsys                          ;宏 retsys,结束、返回 DOS
            make1 endp
            code ends
            end                             ;模块 2 结束
```

(3) 宏库 8-2.MAC

```
            ;8-2.mac 宏库
            ;1
            input macro                     ;宏 input,键盘输入一个字符
            mov ah,01H
            int 21h
            endm
            ;2
            output macro opr1               ;宏 output,显示一个字符
            mov dl,opr1
            mov ah,02h
            int 21h
            endm
            ;3
            retsys macro                    ;宏 retsys,结束、返回 DOS
            mov ah,4ch
            int 21h
            endm
            ;4
            key_ str macro opr1             ;宏 key_ str,键盘输入一串字符
            mov dx,offset opr1
            mov ah,10
            int 21h
            endm
            ;5
            display macro opr1              ;宏 display,显示一串字符
            lea dx,opr1
            mov ah,9
            int 21h
            endm
            ;6
            divis macro opr1                ;宏 divis,做除法并查表显示
            mov cx,opr1
            div cx                          ;ax 除以 cx,商在 ax,余数在 dx
            mov bx,dx                       ;保存余数
            mov si,ax                       ;ax 中的部分商作为位移量
            mov dl,dectab[si]               ;查 dectab 表得到部分商的 ASCII 码
            mov ah,2                        ;显示部分商
            int 21h
            mov ax,bx                       ;余数→ax
            mov dx,0
            endm
```

运行结果:
1) 先将两个模块分别汇编。

```
C:\hb>masm 8-2a;
Microsoft (R) Macro Assembler Version 5.00
Copyright (C) Microsoft Corp 1981-1985, 1987.  All rights reserved.

  50772 + 434316 Bytes symbol space free

      0 Warning Errors
      0 Severe  Errors

C:\hb>masm 8-2b;
Microsoft (R) Macro Assembler Version 5.00
Copyright (C) Microsoft Corp 1981-1985, 1987.  All rights reserved.

  50968 + 434120 Bytes symbol space free

      0 Warning Errors
      0 Severe  Errors

C:\hb>_
```

2) 用 LINK 命令将两个 OBJ 文件连接（用 + 号连接）。

```
C:\hb>link 8-2a.obj+8-2b.obj;

Microsoft (R) Overlay Linker  Version 3.60
Copyright (C) Microsoft Corp 1983-1987. All rights reserved.

C:\hb>_
```

3) 运行 EXE 文件。

```
C:\hb>8-2a.exe

input HEX=12
out dec=00018
input HEX=64
out dec=00100
input HEX=F
out dec=00015
input HEX=3a6
out dec=00934
input HEX=800
out dec=02048
input HEX=ffff
out dec=65535
input HEX=q
C:\hb>
```

8.6.2 一个段的模块

在程序设计过程中，有时要编写一些小型程序，要求占用空间少、执行速度快。这样的程序只能有一个段。如果只有一个段，这个段必须是代码段。那么数据、堆栈都要在同一个段中。在这样的程序结构中，数据、堆栈、代码是混杂的，此时尤其要注意指针的改变，包括指令指针 IP 和栈指针 SP。

我们给出一个例子，只定义一个代码段，数据和堆栈包含在代码段中。用一个代码段编写程序，实现几个复合功能：

- 数据的串传送。
- 指令代码的生成、复制和传送。
- 对堆栈的操作。

示例 8-3 利用宏，编写对指令和数据的复制和传送，对堆栈操作的程序。

设计思路：
1) 用简化程序格式。数据定义伪指令用来定义数据单元和堆栈单元。
2) 由于数据区和堆栈区在一起，栈指针定义在最高地址单元处。
3) 代码区以标号 START 为开始处，所有段的段地址都要定义为 CODE。
4) 利用宏 STR_MOV 实现串传送、数据传送、指令代码传送；代码存放的目的区应该事先预定义。

5) 对堆栈区的操作是以 SS：SP 所指出的位置入栈的，对 SS 设置和对 SP 设置要一起执行。

程序如下：

```
;8-3.asm   数据和堆栈在代码段中定义。利用宏,做数据、代码传送
include 8-1.mac
.model small
.code
    x db  33H,34H
    y dw  ?
mess1 db 1,2,3,4,5,6,7,8,9,0
mess2 db 10 dup(?)              ;定义10个字节空单元
sss   dw 10H dup(1)             ;定义16个堆栈单元
eee   db 'e'                    ;栈的底部
start:
    mov ax,@code                ;各个段都在代码段中
    mov ds,ax
    mov es,ax
    mov ss,ax                   ;设置堆栈段段地址
    mov sp,eee-x                ;设置栈指针 sp 指向栈底
    str_ mov 10,mess1,mess2     ;宏,串 mess1 传送到串 mess2
    str_ mov 2,x,y              ;宏,数据 x 传送到 y
mark1:                          ;要传送 mark1~mark2 之间的程序段
    input                       ;宏,输入小写字母
    sub al,20h                  ;变为大写
    output al                   ;宏,显示
mark2:
    addi 34,25,y                ;宏,公式计算 y=34+25
;宏,把mark1和mark2之间的若干条指令传送到mark3处
    str_ mov   mark2-mark1,mark1,mark3
    nop                         ;空操作指令
mark3:
    db mark2-mark1 dup(90h)     ;预定义 n 个单元,存放NOP(90H)指令
;堆栈操作
    mov cx,5
    mov bx,0
stacopr:                        ;从 mess1 中取出 5 个字
    mov ax,word ptr mess1[bx]   ;以字型取出
    push ax                     ;入栈保存
    add bx,2
    loop stacopr
    retsys                      ;结束,返回DOS
    end start
```

运行结果：

1) 用 DEBUG 执行：

```
C:\hb>debug 8-3.exe
-u
0B45:0039 B8450B          MOV     AX,0B45
0B45:003C 8ED8            MOV     DS,AX
0B45:003E 8EC0            MOV     ES,AX
0B45:0040 8ED0            MOV     SS,AX
0B45:0042 BC3800          MOV     SP,0038
0B45:0045 B90A00          MOV     CX,000A
0B45:0048 8D360400        LEA     SI,[0004]
0B45:004C 8D3E0E00        LEA     DI,[000E]
0B45:0050 FC              CLD
0B45:0051 F3              REPZ
0B45:0052 A4              MOVSB
0B45:0053 B90200          MOV     CX,0002
0B45:0056 8D360000        LEA     SI,[0000]
-
```

```
-U
0B45:005A 8D3E0200        LEA     DI,[0002]
0B45:005E FC               CLD
0B45:005F F3               REPZ
0B45:0060 A4               MOVSB
0B45:0061 B401             MOV     AH,01
0B45:0063 CD21             INT     21
0B45:0065 2C20             SUB     AL,20
0B45:0067 8AD0             MOV     DL,AL
0B45:0069 B402             MOV     AH,02
0B45:006B CD21             INT     21
0B45:006D B82200           MOV     AX,0022
0B45:0070 051900           ADD     AX,0019
0B45:0073 2E               CS:
0B45:0074 A30200           MOV     [0002],AX
0B45:0077 B90C00           MOV     CX,000C
-
-U
0B45:007A 8D366100         LEA     SI,[0061]
0B45:007E 8D3E8600         LEA     DI,[0086]
0B45:0082 FC               CLD
0B45:0083 F3               REPZ
0B45:0084 A4               MOVSB
0B45:0085 90               NOP
0B45:0086 90               NOP
0B45:0087 90               NOP
0B45:0088 90               NOP
0B45:0089 90               NOP
0B45:008A 90               NOP
0B45:008B 90               NOP
0B45:008C 90               NOP
0B45:008D 90               NOP
0B45:008E 90               NOP
0B45:008F 90               NOP
0B45:0090 90               NOP
0B45:0091 90               NOP
0B45:0092 B90500           MOV     CX,0005
0B45:0095 BB0000           MOV     BX,0000
0B45:0098 2E               CS:
0B45:0099 8B870400         MOV     AX,[BX+0004]
-
……
```

用 U 命令查看程序，可看到从 0085～0091 存放的是 NOP 指令。0085 中的 NOP 是源程序中写的，后面的 12 个 NOP 是预定义指令单元时，在汇编时生成的。由于我们要传送的指令序列在 MARK2 到 MARK1 之间，即地址 0061 到 006B。在此处经过宏展开后共有 6 条指令，每条指令的长度都是 2 字节，因此是 12 字节。再执行 GA3 命令并查看结果。

2）观察结果：

```
C:\hb>debug 8-3.exe
-ga3
aAxX
AX=0009  BX=000A  CX=0000  DX=0058  SP=002E  BP=0000  SI=006D  DI=0092
DS=0B45  ES=0B45  SS=0B45  CS=0B45  IP=00A3   NV UP EI PL NZ NA PE NC
0B45:00A3 B44C             MOV     AH,4C
-dds:0
0B45:0000  33 34 3B 00 01 02 03 04-05 06 07 08 09 00 01 02   34;.............
0B45:0010  03 04 05 06 07 08 09 00-01 00 01 00 01 00 01 00   ................
0B45:0020  58 02 00 00 00 00 00 00-A3 00 45 0B 52 05 09 00   X.........E.R...
0B45:0030  07 08 05 06 03 04 01 02-65 B8 45 0B 8E D8 8E C0   ........e.E.....
0B45:0040  8E D0 BC 38 00 B9 0A 00-8D 36 04 00 8D 3E 0E 00   ...8.....6...>..
```

先看堆栈，在栈底 0038 单元存放的是 e（65H），从 0037～002E 入栈保存了 5 个字数据 02、01，04、03，06、05，08、07，00、09。数据区中 Y 单元（0002H）是加法运算的结果 3BH；数据串 1234567890 也分别从原串（0004H）单元传送到了目的串（000EH）中。

```
-U85
0B45:0085 90               NOP
0B45:0086 B401             MOV     AH,01
0B45:0088 CD21             INT     21
0B45:008A 2C20             SUB     AL,20
0B45:008C 8AD0             MOV     DL,AL
0B45:008E B402             MOV     AH,02
0B45:0090 CD21             INT     21
0B45:0092 B90500           MOV     CX,0005
0B45:0095 BB0000           MOV     BX,0000
0B45:0098 2E               CS:
0B45:0099 8B870400         MOV     AX,[BX+0004]
0B45:009D 50               PUSH    AX
0B45:009E 83C302           ADD     BX,+02
0B45:00A1 E2F5             LOOP    0098
0B45:00A3 B44C             MOV     AH,4C
-
```

再从 0085 处反汇编观察，可看到原来的 12 个 NOP 指令处（0086H~0090H）已经被 6 条指令所取代。

8.6.3 实验示例

在带符号数的运算中，如果从键盘输入负号，要求程序能够判断出"−"，并将数值求补。

示例 8-4 从键盘多次输入十进制数，无论正、负数，求出补码并用二进制和十六进制显示。

设计思路：
1）主程序 MAIN 调用子程序 SUBR1，两次调用子程序 SUBR2 分别显示二进制和十六进制数。
2）子程序 SUBR1：功能为键盘输入，数字键 ASCII 码→十进制数（该十进制数保存为二进制）；判断负号，求出负数的补码；用存储单元 X 传参。
3）子程序 SUBR2：取出 X，用循环左移 CL 位并保留要显示的数值，查 ASCII 表分别显示二进制数和十六进制数。
4）利用宏库 8-2. MAC 简化程序。

程序如下：

```
;8-4.asm  模块化程序。从键盘多次输入十进制数,无论正、负数,求其补码并用二进制和十六进制显示
include 8-2.mac                  ;宏库
data segment
x dw 0
sign db 0
mess1 db 0dh,0ah,'input dec = $'
mess2 db 0dh,0ah,'binary = $'
mess3 db 0dh,0ah,'HEX = $'
coup dw ?
bin db '01'                      ;二进制 ASCII 码表
hex db '0123456789ABCDEF'        ;十六进制 ASCII 码表
data ends
code segment
assume cs:code,ds:data
start:
mov ax,data
mov ds,ax
;主程序
main proc far
mov x,0
display mess1                    ;宏 display,显示提示 1
mov bx,0
mov cx,0
call subr1
display mess2                    ;宏 display,显示提示 2
lea bx,bin
mov cl,1                         ;循环左移 1 位
mov ch,16                        ;要显示 16 位数码
mov coup,0001h                   ;保留最低位
call subr2                       ;显示二进制数
display mess3                    ;宏 display,显示提示 3
lea bx,hex
mov cl,4                         ;循环左移 4 位
mov ch,4                         ;要显示 4 位数码
mov coup,000fh                   ;保留最低 4 位
call subr2                       ;显示十六进制数
jmp main
```

```
        out1:
            retsys                          ;宏 retsys,返回 DOS
        main endp
        ;子程序1:键盘输入、形成十进制
        subr1 proc near
            mov sign,0
        see0:
            input                           ;宏,键盘输入十进制数
            cmp al,0dh                      ;回车?
            jz exit
            cmp al,'-'                      ;判断输入是'-'?
            jnz see1                        ;不是'-'跳到 see1
            mov sign,'-'                    ;保存负号
            jmp see0
        see1:                               ;判断输入是否 0~9
            cmp al,'0'                      ;其他字符?
            jl out1                         ;转 out1
            cmp al,'9'
            jg out1
            and ax,000fh                    ;保留 ax 的低4位,其余位清0
            xchg ax,bx                      ;形成十进制数
            mov cx,10
            mul cx                          ;乘以10
            add bx,ax
            jmp see0
        exit:cmp cx,0                       ;先输入了回车,退出
            jz out1
            cmp sign,'-'
            jnz see2
            neg bx                          ;是负数,求补,变为补码
        see2:
            mov x,bx                        ;存储单元 X 传参
            ret
        subr1 endp
        ;subr2,子程序2:显示
        subr2 proc near
            mov di,x                        ;取出 x
        look1:
            rol di,cl                       ;循环左移 cl 位
            mov si,di
            and si,coup                     ;保留最低 m 位
            mov dl,[bx][si]                 ;查表显示高位、低位
            output dl                       ;宏,显示
            dec ch                          ;继续显示下一位
            jnz look1
            ret
        subr2 endp
        code ends
        end start
```

运行结果:

```
C:\hb>8-4

    input dec=2
    binary=0000000000000010
    HEX=0002
    input dec=15
```

```
binary=0000000000001111
HEX=000F
input dec=123
binary=0000000001111011
HEX=007B
input dec=-1
binary=1111111111111111
HEX=FFFF
input dec=-89
binary=1111111110100111
HEX=FFA7
input dec=-127
binary=1111111110000001
HEX=FF81
input dec=-32768
binary=1000000000000000
HEX=8000
input dec=
C:\hb>_
```

实验结果分析：

1) 输入数的范围应该在 −32768 ~ +32767 之间，即 16 位寄存器保存带符号数的范围。

2) 输入其他字符则程序结束。

8.6.4 实验任务

实验目的

通过分析和运行示例程序，观察宏在程序中的用法，加深对模块化结构设计的理解。

实验内容

参考示例 8-4，完成下列实验内容：

1) 对输入的负数求反码。(8-5.ASM)

2) 对输入的多个带符号数用补码做连续相加运算，按其他字符退出。

3) 对 2) 的运算结果分别用二进制、十六进制显示。

4) 对 2) 的运算结果用十进制显示。用十进制显示时，如果是负数，要用 "−" 表示负号。

提示：判断最高位（符号位）为 1 则为负数，要再求补，得到其真值显示。

（代码见 8-6.ASM）

```
C:\hb>8-6

input dec=12
summ binary=0000000000001100
summ HEX=000C
summ decimal=12
input dec=23
summ binary=0000000000100011
summ HEX=0023
summ decimal=35
input dec=-14
summ binary=0000000000010101
summ HEX=0015
summ decimal=21
input dec=-25
summ binary=1111111111111100
summ HEX=FFFC
summ decimal=-4
input dec=
C:\hb>
```

实验要求

1) 第 3、4 题选做。

2) 实验内容用截图形式记录实验结果。

3) 写出实验结果分析。

实验拓展

1) 如果将输入的数扩大范围，能用双字表示，程序应该怎样改写？

2) 分析第 7 章的示例 7-6，对键盘输入的学生姓名和成绩，按成绩排序；如果在子程序中采用宏，程序结构会大大精简。那么应该如何设计程序？

习题八

8.1 宏的作用是什么？宏是一种程序结构吗？

8.2 分别解释宏定义、宏调用、宏展开。

8.3 宏与子程序的区别是什么？

8.4 宏指令是什么？它能被翻译成机器代码吗？

8.5 写出宏调用的过程和子程序调用的过程，并对二者做一对比。

8.6 宏是怎样实现传参的？请与子程序传参进行对比。

8.7 请举例说明宏的变元是操作数和变元是操作码的用法。

8.8 利用宏可以定义多个存储单元吗？如何定义？

8.9 在宏定义中可以使用标号吗？是否需要说明？

8.10 在宏定义中能否出现分支程序段？

8.11 如何建立宏库？怎样打开宏库？

8.12 结构伪操作的作用是什么？

8.13 请举例说明结构预置和结构引用的用法。

8.14 写出重复汇编和条件汇编的主要作用。它们可以生成机器代码吗？

8.15 编写多模块程序时，需要加入哪些参数设置？

8.16 分析下列宏定义，指出它的作用。

```
EXM1 MACRO X1
     MOV AH,X1
     INT 21H
     ENDM
```

8.17 解释下列宏的功能。

```
EXM2 MACRO A,B,C
     MOV AX,A
     ADD AX,B
     MOV C,AX
     ENDM
```

8.18 指出下列宏的作用。

```
EXM3 MACRO C1
     MOV AH,2
     MOV DL,C1
     INT 21H
     ENDM
```

8.19 分析下列宏，指出它的作用。

```
EXM4 MACRO A1,A2
     VALUE DW A1 DUP(A2)
     ENDM
```

8.20 下列宏是一个分支程序，宏定义中缺少标号的处理。请添加，并指出宏的功能。

```
EXM5 MACRO B1,B2
     MOV AL,B1
     SUB AL,B2
     JNS  LETT1
     NEG AL
LETT1:RET
     ENDM
```

8.21 定义宏。完成两个操作数相乘，乘积在第3个操作数中。

8.22 分别写出子程序使用的保护现场和恢复现场的宏。

8.23 定义键盘输入一个字符的宏指令INPUT。

8.24 定义显示一个字符的宏指令OUTPUT，要显示的字符用哑元DISP表示。

8.25 定义宏指令KEY_STR，实现从键盘输入一串字符。

8.26 定义宏指令DISPLAY，显示一串字符。

8.27 利用宏指令INPUT和OUTPUT实现将键入的大写字母变为小写显示。

8.28 用宏指令DISPLAY显示存储单元ALPHA中的字符串Computer。

8.29 编写程序。在键盘输入时，调用宏指令INPUT。对输入的字符判断是否为负号"-"，是则对X求补，不是则继续输入。

8.30 编写程序。键盘输入两个一位的十进制数，做加法运算。加法结果调整为非压缩的BCD码，并显示出十进制结果（4-8.ASM）。要求改用调用宏INPUT和宏OUTPUT实现键盘输入和显示部分。

测验八

1. 有关宏的作用，下列说法不正确的是_____。
   A. 宏可以被多次调用
   B. 宏调用时不用保存断点
   C. 宏定义体中不可以有标号
   D. 宏展开是汇编程序完成的

2. 宏定义时，是通过_____实现参数传递的。
   A. 哑元和实元   B. 堆栈
   C. 寄存器   D. 存储单元

3. 宏调用是通过_____实现的。
   A. 汇编指令   B. 宏指令
   C. 宏展开   D. 机器指令

4. 宏定义的伪指令是_____。
   A. PROC … ENDP
   B. MACRO … ENDM
   C. SEGMENT … ENDS
   D. STRUC … ENDS

5. 宏定义体中的标号通过_____伪指令用来指定。
   A. PUBLIC B. MACRO C. EXTRN D. LOCAL

6. 有关宏展开的说法正确的是_____。
   A. 在宏展开时，所有的伪指令被加入
   B. 用宏定义体替换宏指令
   C. 哑元表中的哑元仍然保留
   D. 可以将宏定义体变为机器代码

7. 宏与子程序的区别是_____。
   A. 宏可以被多次调用
   B. 宏是一段程序
   C. 宏可以实现参数传递
   D. 宏调用时不用返回

8. 宏库可以保存多个宏，在程序中用_____伪指令打开宏库。
   A. INCLUDE   B. MACRO
   C. SEGMENT   D. STRUC

9. 宏库文件的扩展名是_____。
   A. .ASM   B. .LST   C. .MAP   D. .MAC

10. 定义结构伪操作的指令是_____。
    A. PUBLIC   B. MACRO
    C. STRUC   D. LOCAL

11. 重复汇编和条件汇编_____。
    A. 都是汇编指令
    B. 都可以变为机器代码
    C. 不能在程序中使用
    D. 都是伪操作

12. 多模块结构指的是_____。
    A. 多个子程序
    B. 多个代码段下的源程序
    C. 多个宏
    D. 多个.LST文件

13. 各个模块间共用的变量要用_____伪指令来说明。
    A. PUBLIC   B. INCLUDE
    C. EXTRN   D. LOCAL

14. EXTRN伪指令说明某个变量是_____。
    A. 其他模块定义的，在本模块中引用
    B. 本模块定义的，在其他模块中引用
    C. 其他模块定义的，在其他模块中引用
    D. 本模块定义的，在本模块中引用

15. 在多模块程序设计中，错误的说法是_____。
    A. 至少定义一个堆栈段
    B. 结束伪指令END START必须在主模块中
    C. 其他模块的END语句不能带有标号
    D. 各个代码段名不能相同

第 9 章

中断程序设计

设问：
1. 中断指令 INT n 代表什么含义？
2. CPU 如何得知中断发生？
3. 什么是中断向量？
4. 系统提供了哪几类中断？
5. 用户可以设计自己的中断吗？
6. 如何读取系统日期、时间？

编写带有输入/输出功能的汇编语言程序，使用了 DOS 功能调用 INT 21H 中断指令实现键盘输入一个字符、输入一串字符、显示一个字符、显示一串字符、结束程序返回 DOS 等功能。那么 CPU 是如何执行中断指令的？又是如何知道中断指令不同的功能调用的？中断机制的特点是什么？还有哪些其他用途的中断指令呢？用户可不可以编写自己的中断程序？这一系列问题将在本章得到解答。

9.1 中断的概念

中断是指 CPU 在执行程序过程中，收到了中断请求，CPU 中止现有程序的执行，转而处理中断；执行完中断程序之后，又返回到被中止的程序继续执行的过程。发出中断请求的事件称为中断源。中断源分为软件中断和硬件中断，软件中断又称为内部中断，硬件中断又称为外部中断。CPU 响应这两种中断的过程有所不同，但最终都是执行中断子程序进行中断处理的。

9.1.1 软件中断

软件中断又简称内中断，是由 CPU 内部的某个事件引起的，不受中断允许标志 IF 的控制。它通常由三种情况引起。

1. 由中断指令 INT n 引起

CPU 执行一条 INT n 指令时，会立即产生中断，并且调用系统中相应的中断处理子程序来完成中断功能，n 指出中断类型。

2. 由于 CPU 的某些错误引起

CPU 在执行程序时，会发现一些运算中出现的错误。为了能及时处理这些错误，CPU 就以中断的方式中止正在运行的程序，待纠正错误之后，才能重新运行程序。错误包括以下两类：
1) 除法错中断（中断类型号 0）。执行除法指令时，若发现除数为 0 或者结果超过了寄存器所能表达的范围，则立即产生一个类型为 0 的中断。该中断处理程序的主要功能是打印出一个出错的信息，在中断处理程序结束时，不返回原程序继续运行，而是把控制权交给操作系统。
2) 溢出中断（中断类型号 4）。当溢出标志 OF 置 1 时，如果执行中断指令 INTO，则进入溢出中断子程序，处理发生溢出的中断操作；若 OF 为 0，则执行 INTO 指令时不产生中断，CPU 继续运行原程序。

3. 为调试程序（DEBUG）设置的中断

在用 DEBUG 调试程序时，可以单步执行或设置断点，执行一条指令或几条指令之后停下来，显示各个寄存器的值和主要标志位，便于检查中间结果或查找程序中的问题。这些功能都是由中断系统来实现的。
1) 单步中断（中断类型号 1）。这是一种很有用的调试方法。在 DEBUG 下执行 T 命令（或 P 命令）时，陷阱标志 TF 置为 1，CPU 自动产生类型为 1 的单步中断。产生单步中断时，CPU 将 PSW、CS 和 IP 的内容入栈保存，然后清除 TF、IF。转入单步中断处理子程序后，就不再按单步方式执行了，而是按正常方式执行。在单步中断处理程序结束时，将保存的 PSW 从栈中弹出，又将 DEBUG 重新置成单步方式。
2) 断点中断（中断类型号 3）。断点中断也是供 DEBUG 调试程序使用的。在调试程序时，用 G 命令执行到断点处停下来。当 CPU 执行到断点时便产生中断，这时显示出各寄存器及相关标志，可以查看寄存器或存储单元的内容。断点可以设置在程序的任何地方，设置断点实际上是把一条断点中断指令 INT 3 插入程序中，CPU 每次执行到断点处的 INT 3 指令，便产生一个中断。

在内中断中，INT n 指令和 INTO 指令产生的中断以及除法错中断都不能被禁止，并且比任何外部中断的优先级都高。

9.1.2 硬件中断

硬件中断是由输入/输出外设产生的中断请求引起的中断，又称为外部中断。80X86 系统的硬件中断分为可屏蔽中断和不可屏蔽中断两大类。两者都是通过 CPU 的引脚引入中断请求信号的。

1. 不可屏蔽中断

不可屏蔽中断请求信号接到 CPU 的 NMI 引脚上，当发生电源故障、奇偶校验错、I/O 通道校验错等紧急情况时由系统自动产生。NMI 不可屏蔽中断的中断类型号为 2。

2. 可屏蔽中断

可屏蔽中断是键盘、显示器、打印机、磁盘、串行口/并行口等外设发出的。由于可屏蔽中断种类较多，各种处理要求不一样，因此系统专门用 8259A 中断控制器来管理这些中断。所谓可屏蔽是指这些外设可以用软件设置允许或禁止其发出中断请求。或者说，被屏蔽后即使其发出了中断请求，该请求信号也不能被 8259A 中断控制器传出来。

外设的中断请求信号分别接到 8259A 的 8 个输入引脚上（可用多片扩展），而 8259A 只有一个中断请求输出引脚 INT，该引脚接到 CPU 的 INTR 引脚上。当有外设发出中断请求时，由 8259A 来判断是哪个外设发出了请求，并通过 INT 引脚向 CPU 发出中断请求；当同时有多个外设都发出请求时，8259A 按照事先约定的优先级把某个外设的中断类型码发送到数据总线上，让 CPU 处理该设备的中断请求。8086 可屏蔽中断的中断类型号为 08H～0FH。

80X86 系统中所有的中断请求都有相应的中断处理子程序与之对应，CPU 在响应中断之后都会转到该中断处理子程序中,执行完中断子程序之后又返回到 CPU 原来执行的程序断点处继续执行。那么 CPU 是如何找到这些中断处理子程序的?这些中断处理子程序又在哪儿存放呢?

9.1.3 中断类型与中断向量

1. 中断类型

80X86 系统提供了 256 个中断类型(可用 1 字节表示),类型号为 0~FFH。在前面已经提到了一些中断类型,有软件中断的也有硬件中断的。中断类型代表了不同的中断源,而系统对中断类型的分配按照一定的规则划分。例如,0~4 号为内中断,8~0FH 号为 8259A 中断控制器控制的 8 个硬件中断,10H~1AH 号为 BIOS 基本输入/输出系统专用,21H 号为 DOS 中断系统功能调用等。各种中断类型如表 9-1 所示。

表 9-1　80X86 中断类型表

中断类型(H)	功能	备注	中断类型(H)	功能	备注
0	除法除 0 错中断	内中断	16	键盘 I/O	BIOS 中断
1	单步中断(DEBUG 下)		17	打印机 I/O	
2	非屏蔽中断(NMI)		18	ROM BASIC	
3	断点中断(DEBUG 下)		19	BOOT 引导装入	
4	溢出中断		1A	时钟	
5	打印屏幕	用户访问中断	1B	Ctrl + Break 软中断	用户访问中断
6、7	保留		1C	定时器软中断	
8	定时器	8259 中断控制器硬件中断	1D~1F	系统数据表指针	DOS 中断
9	键盘		20	程序结束	
A	彩色/图形接口		21	DOS 系统功能调用	
B	串行口 COM1		22~24	DOS 处理	
C	串行口 COM2		25	磁盘顺序读	
D	硬盘		26	磁盘顺序写	
E	软盘		27	程序结束且驻留内存	
F	并行打印机				
10	CRT 显示器	BIOS 中断	28~3F	DOS 自用	
11	设备检测		2A	Microsoft 网络接口	
12	存储器容量检测		33	鼠标中断	
13	磁盘 I/O		40~5F、	其他	硬盘参数、系统 BASIC 等
14	RS232 串行口		67~77、		
15	系统描述表		BD~FF		

在 256 个中断类型中,系统只占用了一部分,还有一些保留的供以后扩展时使用。利用系统没有用到的类型号,我们可以设计自己的中断处理子程序,让 CPU 在发生相关中断时,转去执行我们的中断处理内容。如果把系统占用的中断类型所对应的中断处理程序换为用户编写的程序,那么 CPU 也会去执行用户的中断程序,而不是系统的中断处理程序了。但是这种操作应该慎重,不要破坏系统功能。

2. 中断向量

CPU 在响应中断后,要转入中断处理子程序去执行,就必须知道相关的中断子程序在哪儿存放。与每个中断类型相对应的中断处理子程序都有一个入口地址,即该中断子程序第 1 条指令的逻辑地址,该入口地址称为中断向量。中断向量由段地址和偏移地址构成,它与中断类型一定有某种联系。给出中断类型就应该得到其中断向量,只有这样 CPU 才能转到中断子程序去处理中断请求。

在 80X86 系统中,专门建立了一个中断向量表用于保存所有的中断向量。中断向量表位于内存最低地址区中 0 号单元开始的 1KB 单元中。每个中断向量占用 4 个字节单元,存放 2 个字。高字单元存放段地址，低字单元存放偏移地址。因此，在中断向量表中查找中断向量，只要将中断类型号乘以4，用计算结果作为地址指针，就能在向量表中查找到相应的中断向量。取出中断向量放入 CS：IP 中，CPU 就会转移到该中断处理子程序去执行了。8086 系统的中断向量表如图 9-1 所示。

3. 中断优先级

在 80X86 系统的中断类型中，优先级是不一样的，CPU 按照优先级顺序响应中断。优先级分类如下：

优先级最高：内部中断

非屏蔽中断（NMI）
可屏蔽中断（INTR）

优先级最低：单步中断

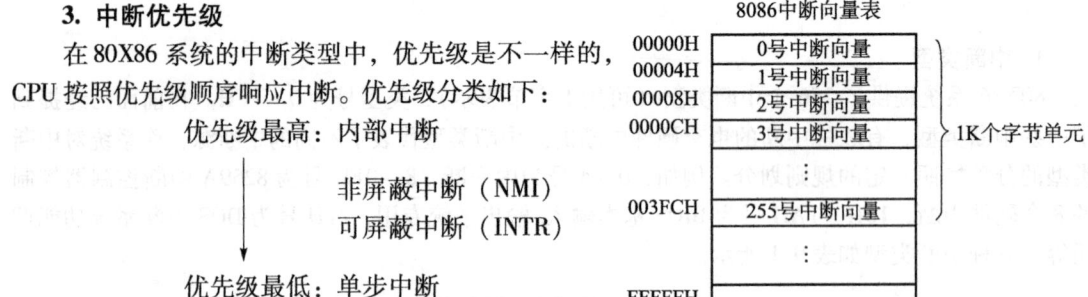

图 9-1 8086 系统内存中的中断向量表

9.1.4 中断过程

前面提到，中断的发生由几种情况引起，绝大部分都要发出中断请求。软件中断和硬件中断发出的请求 CPU 会通过不同的渠道获知。

如硬件中断发出请求，CPU 每执行一条指令之后都会读取 INTR 引脚信号，有中断请求信号时 CPU 会做下一步处理。而软件中断有多种情况，如果是 0～4 号内中断发生，CPU 会按照 9.1.1 节叙述的方式处理；如果是执行到 INT n 指令引起的软件中断，CPU 会把 n 作为类型码，获取中断向量后转去中断处理程序执行。但是无论是硬件中断还是软件中断，CPU 在得到中断请求后，都要经历中断响应、中断处理、中断返回几个步骤。

1. 中断响应条件

满足以下 4 条，CPU 才可以响应中断：

1）当前的指令周期结束。

2）采样到有效的中断请求信号。

3）如果是可屏蔽中断请求 INTR，检查中断允许标志 IF 是否为 1，即中断开放。

4）CPU 正在执行的程序不是中断服务程序，或者是中断优先级较低的中断服务程序。

有几种特殊情况 CPU 不能响应中断：

1）当执行到 STI 指令时，CPU 不会马上响应中断。STI 指令是开中断指令，要求在开放中断后再执行后续的一条指令后才能响应中断。

2）IRET 指令是中断子程序返回指令，它也要求再执行一条后续指令后才能响应中断。这样做的目的是保护系统能够正常运行。

3）当执行 MOV SS, AX 指令，即向 SS 段寄存器传送数据时，即使发生了中断，CPU 也不会响应；直到本条执行完后，接着再执行一条指令才响应中断。这条指令可以是对 SP 堆栈指针设置的指令，以保证 SS：SP 指向正确的栈顶。

2. 中断响应过程

1）首先将标志寄存器 FLAGS 压入堆栈，将陷阱标志 TF 存入暂存器。

2）将 IF 和 TF 清零，IF＝0 即关中断。

3）将正在运行程序的断点处的 CS 和 IP 压入堆栈。

4）从中断向量表中取出中断向量高两个字节的内容送入 CS，取出低两个字节的内容送到 IP。

5）转到相应中断源的中断服务程序入口，执行中断处理服务程序。

上述过程是由系统自动完成的，不需要在程序中加入专门的指令。

3. 中断处理

CPU 响应中断之后，就转入中断处理子程序执行。中断处理子程序的编写与子程序类似，也要保护现场和恢复现场。中断处理的内容和中断类型的设置要求相同。

和子程序一样，中断也允许嵌套。中断的嵌套是有条件的，由于中断类型被设置了优先级，如果新发生的中断级别高于现在正在处理的中断，那么 CPU 应该中止现有中断处理程序，转去执行较高级别的中断处理程序。如果新来的中断请求是可屏蔽中断，这种情况下还要看标志寄存器中的中断标志 IF 是否为 1，只有用开中断指令 STI 将 IF 置为 1，CPU 才可响应其中断，否则也不会响应较高级别的中断请求。

4. 中断返回

在编写中断处理子程序时，其最后一条汇编指令必须是 IRET 中断返回指令。该指令的作用是将保存在堆栈中断点的偏移地址和段地址弹出，修改 IP 和 CS 寄存器；再把保存在堆栈中的 PSW 各标志位弹到 FLAGS 寄存器中，然后返回到被中断的程序去继续执行。

中断过程和子程序调用 CALL 指令与 RET 返回指令过程类似，但是它们也有不同之处。中断的特点如下：

1）除了用堆栈保存断点的返回地址 CS：IP 之外，还保存了标志寄存器 PSW 的内容。
2）在中断发生时，CPU 自动清除了 IF 位和 TF 位。可使执行中断处理的过程中，避免再次发生外部中断的干扰。
3）中断返回指令 IRET 执行时，除了将断点地址从堆栈中弹出，还将栈中保存的标志位放入标志寄存器 FLAGS。

9.2 定制自己的中断

本节通过一个例子介绍中断子程序的编写，中断的设置，中断触发、处理和返回的过程。在中断类型中选取系统没有占用的 60H 号作为我们自己的中断类型，编写中断处理子程序，希望计算机在执行 INT 60H 指令时，能够调用我们编写的中断程序。

示例 9-1 设计一个笑脸中断 INT 60H。在应用程序中执行中断指令 INT 60H 时触发该中断。

设计思路：

1）如果触发该中断，在屏幕上显示一串笑脸；
2）选择 60H 号中断类型作为笑脸中断类型；
3）编写中断子程序 SMILE_FACE，显示一串笑脸；
4）将该中断子程序的入口地址写入中断向量表中；
5）编写应用程序，触发 60H 号中断；
6）中断结束后，返回应用程序继续执行；
7）把中断子程序驻留在内存中。

9.2.1 软件中断子程序的编写

编写软件中断处理子程序与编写子程序有相同的地方，也有不同之处，要多加注意。步骤如下：

1）保护现场。
2）STI 开中断指令；如允许中断嵌套，则开中断。
3）处理中断。
4）CLI 关中断指令。
5）恢复现场。
6）IRET 指令，返回被中断的程序。

由于从应用程序进入中断子程序时，IF 和 TF 标志都已经被清除，CPU 在中断子程序执行中就不再响应其他外设发出的硬件中断请求。但是如果这个中断子程序的优先级不高，或者在执行时允许被打断，那么在设计中断处理子程序时，就要先开放中断标志，让 CPU 能够响应其他的硬件中断请求，之后再回到本程序继续处理，这样可使系统的执行效率更高。开中断指令可放在程序的任意位置，当然越早开放越好。

在恢复现场和返回之前，要关中断。以免恰在此时有中断发生就会破坏现场，造成无可挽回的灾难。

中断返回指令 IRET 和子程序返回指令 RET 的作用都是返回原调用程序，但是在弹出断点地址之后，IRET 还要弹出保存的标志寄存器的值。

9.2.2 中断的设置

由于我们选择的中断类型是 60H，那么就应该在中断向量表中把 60H 号的中断向量放入。如果想要保留此中断，还要把中断子程序驻留在内存。有几个要考虑的问题：中断向量，中断子程序长度，存放的位置。这些用 DOS 中断 INT 21H 的功能调用解决。

（1）设置中断向量

将 DS：DX 中的中断向量写入中断向量表中。

格式：AH = 25H

　　　AL = 中断类型号

　　　DS：DX = 中断向量

　　　INT 21H

先来看看如何获得中断向量。所谓中断向量就是中断子程序第 1 条指令的地址，该地址可以由标号指出，也可以用子程序名表示。将中断子程序名的段地址和偏移地址分别保存到 DS 和 DX 中，再用 DOS 中断 INT 21H 的 25H 号功能，把中断向量写入中断向量表中。

（2）取中断向量

从中断向量表中取出中断向量放入 ES：BX 中。

格式：AH = 35H

　　　AL = 中断类型号

　　　INT 21H

在写入中断向量之前，应该考虑所采用的中断类型是否已经被系统或其他程序占用。如果与其有冲突，应将原有类型号的中断向量取出保存起来，等中断调用结束之后再恢复它。这个功能可以用 INT 21H 的 35H 号功能方便地实现。

（3）中断驻留

中断驻留是一种特殊的退出程序功能，它在退出前保留程序占用的内存，使这些内存单元不被其他程序覆盖或占用。利用这个功能，可以将自定义的中断程序驻留内存，让其他程序也可以用 INT n 指令调用我们自定义的中断。

格式：AH = 31H

　　　AL = 0

　　　DX = 驻留程序长度

　　　INT 21H

AL = 0 表示返回码。驻留程序长度如何获取呢？在中断子程序设计中可以在开始处加上标号，在程序最后用一个有标号的 NOP（无操作）指令作为结尾，两个标号相减即可得到整个程序的长度（字节数）。将此长度再加上 16 作为驻留程序长度送入 DX，用 INT 21H 的 31H 号就可把中断子程序驻留到内存当中。至于程序驻留在哪段存储区中是由操作系统决定的。使用中断驻留方式退出程序，就不必再用 INT 21H 的 4CH 号中断功能退出程序、返回 DOS 了。

9.2.3 软件中断的触发与处理

软件中断设置好之后，就可以在应用程序中用 INT n 指令调用了。当 CPU 执行到 INT n 指令时,立即触发中断;并根据中断类型号 n 在中断向量表中取出中断子程序的入口地址,然后进入中断处理子程序执行。中断子程序处理结束后,用 IRET 指令返回到应用程序的断点处继续执行。

上述几个步骤都可以在主程序中编写,中断子程序 SMILE_FACE 可以跟在主程序之后。

示例 9-1 程序如下:

```
;9-1.asm  笑脸中断程序 INT 60H,采用驻留
.model small
.stack
.code
mess1 db 0ah,0dh,'enter interrupt!',0ah,0dh,'$'
mess2 db 'exit interrupt!$'
mess3 db 0ah,0dh,'Continue or Quit(c/q)?$'
;主程序
main proc far
start:
mov ax,@code
mov ds,ax
;设置新的中断向量
mov dx,offset smile_face        ;获得中断子程序偏移地址
mov ax,seg smile_face           ;获得中断子程序段地址
mov ds,ax
mov al,60h                      ;将现在的60H号中断向量放入中断向量表中
mov ah,25h
int 21h
;应用部分
conti:
mov dx,offset mess1             ;显示提示1
mov ah,9
int 21h
int 60h                         ;触发60H号中断,进入中断子程序执行
mov dx,offset mess2             ;显示提示2
mov ah,9
int 21h
mov dx,offset mess3             ;显示提示3
mov ah,9
int 21h
mov ah,1                        ;输入选择(c/q)
int 21h
cmp al,'c'
je conti
;选择q,将中断子程序驻留内存后退出
mov al,0
mov ah,31h                      ;驻留功能
mov dx,smiend-smigin+16         ;中断子程序长度
int 21h
main endp                       ;主程序结束
;中断子程序
smile_face proc far
smigin:
sti                             ;开中断
mov cx,10
leng:
mov dl,01h                      ;笑脸符号
mov ah,2
int 21h
loop leng
```

```
        mov dl,0dh                          ;回车换行
        int 21h
        mov dl,0ah
        int 21h
        cli                                 ;关中断
        iret                                ;中断返回
    smiend:nop
        smile_face endp
        end start
```

运行结果：

```
C:\HB>9-1
enter interrupt!
☺☺☺☺☺☺☺☺☺☺
exit interrupt!
Continue or Quit(c/q)?c
enter interrupt!
☺☺☺☺☺☺☺☺☺☺
exit interrupt!
Continue or Quit(c/q)?c
enter interrupt!
☺☺☺☺☺☺☺☺☺☺
exit interrupt!
Continue or Quit(c/q)?q
C:\HB>_
```

中断子程序 SMILE_FACE 虽然写在主程序的后面，但是只有在触发时才被执行。如果应用程序中没有相应的中断指令，则它永远不会被执行。

9-1.EXE 这个程序运行之后，如果其他程序中也有 INT 60H 中断调用指令，执行后就可以看到一串笑脸。这说明笑脸中断已经驻留在内存中，并且在中断向量表中占有一席之地了。

例如，在示例 8-1 中加入 INT 60H 指令，会看到如下笑脸：

```
C:\HB>8-1
dD☺☺☺☺☺☺☺☺☺☺
```

9.2.4 对除 0 中断的修改

在系统提供的内中断中，0 号中断是当运算过程中发生除 0 错误或者商超出了允许的范围时触发的中断。该中断处理程序的功能为显示 "Divide overflow" 提示信息然后结束程序返回 DOS。0 号中断除了在除法出错时触发之外，还可以用 INT 0 指令触发。对这种仅做简单处理的系统中断，我们可以编写一个中断处理子程序替代它。在替代之前，将原中断向量保存起来，应用程序结束时，必须恢复原有的中断向量，以确保系统不受破坏。要知道对系统中断的修改稍不小心就可能对内存中重要的系统数据或程序造成破坏，产生不可预知的后果。

系统提供的中断处理程序在开机启动时已经调入内存了，如果让系统放弃它转而采用我们编写的中断子程序，就要慎重考虑各种情况。上一节介绍了用 DOS 中断的功能调用设置中断向量、驻留中断子程序，我们不必考虑中断子程序在哪儿存放，是如何存放的，这些都是操作系统完成的。这种方法简单、安全。

为了深入了解系统工作原理，本节我们尝试绕过操作系统，直接对中断向量表和内存进行读写，以体验对硬件编程的感受。

编写一个 0 号中断子程序 SHOWERR，如果 0 号中断触发，则在屏幕的 22 行 24 列上显示彩色的提示信息 "Attention！error…"，然后返回主程序。

在主程序中要先设定中断子程序 SHOWERR 的中断向量，此处我们不用 INT 21H 的 25H 号设置中断向量，而是采用直接将中断子程序 SHOWERR 的入口地址写入中断向量表的方法，实现对系统内存的改写。为了安全起见，先用 INT 21H 的 35H 号功能将原来的 0 号中断向量保存起来，在主程序结束时再将其恢复到中断向量表中。

这个例子仅仅作为一种简单的体验，因此也不把中断子程序 SHOWERR 驻留在内存中，让它只在本应用程序有效，退回 DOS 后又恢复为系统原来的 0 号中断处理程序。如果以后想做更多的处理，可在这个程序的基础上修改，加入更多功能，并将其驻留在内存中且不要恢复原有的中断向量。只要不关机，这个新的中断子程序就会一直有效。

如果在中断子程序中要显示字符串，那么数据定义伪指令 DB 要写在子程序中，便于中断子程序驻留内存时将字符串一起驻留。

示例9-2 编写和设置 0 号中断子程序。触发 0 号中断后，在屏幕的 22 行 24 列上显示彩色的提示信息"Attention! error…"。

设计思路：
1) 主程序中用 INT 21H 的 35H 号功能调用将原来的 0 号中断向量取出并保存；
2) 用程序自定义设置新的 0 号中断向量；
3) 应用程序显示提示信息后，先用 INT 0 指令触发中断，再用除法指令除 0 出错时触发中断；
4) 在主程序结束之前，用 INT 21H 的 25H 号功能调用恢复原来的 0 号中断向量。
5) 中断子程序 SHOWERR 采用直接写显存方法显示彩色字符串。字符串在中断子程序代码段中定义。

程序如下：

```
;9-2.asm  自定义设置中断向量(25h),0号中断程序 INT 0,在屏幕上显示彩色提示
.model small
.stack
.code
mess1 db 0ah,0dh,'enter interrupt!',0ah,0dh,'$'
mess2 db 0ah,0dh,'exit interrupt!$'
mess3 db 0ah,0dh,'Continue or Quit(c/q)?$'
;主程序
main proc far
start:
mov ax,@code
mov ds,ax
;中断设置
;取出原中断向量
mov al,0
mov ah,35h                  ;取出原来的0号中断向量
int 21h                     ;放在 ES:BX 中
push es                     ;入栈保存 ES:BX 中的向量
push bx
push ds                     ;将当前 ds 入栈保存
;设置新的中断向量            ;相当于25h号功能
mov dx,offset showerr       ;获得中断子程序偏移地址
mov ax,seg showerr          ;获得中断子程序段地址
mov ds,ax                   ;改变 ds 值
mov ax,0
mov es,ax                   ;0段,中断向量表
mov bx,0                    ;现在的0号
mov cl,2
shl bx,cl                   ;×4
mov word ptr es:[bx],dx     ;中断向量放入中断向量表中
mov word ptr es:[bx+2],ds
;应用部分
conti:
mov dx,offset mess1         ;显示提示1
mov ah,9
```

```
            int 21h
            int 0                               ;触发0号中断
            mov dx,offset mess2                 ;显示提示2
            mov ah,9
            int 21h
            mov ax,15
            mov bl,0
            idiv bl                             ;除0,触发0号中断
            mov dx,offset mess3                 ;显示提示3
            mov ah,9
            int 21h
            mov ah,1                            ;输入选择
            int 21h
            cmp al,'c'
            je conti
    quit:
            pop ds                              ;弹出保存的数据
            pop bx
            pop es
            mov al,0                            ;恢复原来的0号
            mov ah,25h                          ;中断向量放入中断向量表中
            int 21h
            mov ax,4c00h                        ;返回DOS
            int 21h
    main endp
    ;中断子程序
    showerr proc near
    showbegin:jmp short show_str                ;跳过数据定义
            a1 db 'Attention! error…'           ;显示信息与子程序放在一起,便于以后驻留
            a2 db 0
    show_str:
            mov ax,@code                        ;数据段与代码段同段
            mov ds,ax
            sti                                 ;开中断
            mov dh,22                           ;行
            mov dl,24                           ;列
            mov bl,0b1h                         ;属性,浅青底蓝字
            mov si,offset a1
            mov ax,0b800h                       ;显存首址
            mov es,ax
            mov ax,160
            mul dh                              ;行号×160
            mov di,ax                           ;起始行位置
            sal dl,1                            ;列号×2
            mov dh,0
            add di,dx                           ;行+列号
            mov cx,a2 - a1                      ;字符串长度
    let1:                                       ;循环写字符和属性到显存
            mov al,[si]
            mov es:[di],al
            mov byte ptr es:[di +1],bl
            inc si
            inc bl                              ;改变属性
            add di,2
            loop let1                           ;写完即显示完
            mov ah,2
            mov dl,0dh                          ;回车换行
```

```
            int 21h
            mov dl,0ah
            int 21h
            cli                              ;关中断
            iret                             ;中断返回
        showend:nop
            showerr endp
            end start
```

运行结果：

```
C:\hb>9-2
enter interrupt!

exit interrupt!
Continue or Quit(c/q)?c
enter interrupt!

exit interrupt!
Continue or Quit(c/q)?
C:\hb>
```

9.3 BIOS 中断

BIOS 是基本输入/输出系统（Basic Input Output System）的缩写。BIOS 程序在 8086 系统的内存空间 FE000H 开始的 8KB 只读存储器 ROM 中，是机器出厂时就带有的。BIOS 主要有以下几部分：
- 系统硬件检测和初始化程序；
- 内中断的中断处理程序；
- 硬件中断的中断处理程序；
- I/O 设备及接口控制等功能模块。

使用 BIOS 中断功能调用，程序员不必了解硬件的操作过程，使用方便。第 5 章 5.4.2 节描述了系统启动的过程，在系统自检之后就把 BIOS 提供的中断处理程序的入口地址写入中断向量表中。如果中断触发，转入相应的中断处理程序执行。对于 I/O 输入/输出等功能的 BIOS 中断处理程序包含了多个子程序，可以完成多个功能调用。其功能号放入 AH 寄存器，系统根据 AH 来调用不同的功能子程序。

常用的 I/O 输入/输出 BIOS 中断是对键盘、光标、屏幕显示、时钟、打印机等的控制。

9.3.1 屏幕及光标控制 INT 10H

BIOS 用 INT 10H 中断实现对屏幕和光标的控制。本节介绍常用的 INT 10H 中断功能调用，有关屏幕设置和读写像素点功能将在第 10 章介绍。

1. 光标控制

（1）光标大小设置

格式：AH = 01H
　　　CH = 光标开始行
　　　CL = 光标结束行
　　　INT 10H

（2）设置光标位置

格式：AH = 02H

　　　　DH = 行号
　　　　DL = 列号
　　　　BH = 页号
　　　　INT 10H
（3）读光标位置
格式：AH = 03H
　　　　BH = 页号
　　　　INT 10H
返回值：DH = 行号，DL = 列号，CX = 光标大小

例1　设光标大小为开始行 3、结束行 5。

```
MOV CH,3
MOV CL,5
MOV AH,1
INT 10H
```

例2　置光标位于第 0 页 10 行 8 列上。

```
MOV DH,10
MOV DL,8
MOV BH,0
MOV AH,2
INT 10H
```

例3　读光标位置。

```
MOV AH,3
MOV BH,0
INT 10H
```

2. 卷屏、清屏、开窗口

（1）选择显示页
格式：AH = 05H
　　　　AL = 页号
　　　　INT 10H
（2）屏幕开窗口
格式：AH = 06H
　　　　AL = 0
　　　　BH = 窗口颜色属性
　　　　CH = 左上角行号
　　　　CL = 左上角列号
　　　　DH = 右下角行号
　　　　DL = 右下角列号
　　　　INT 10H
（3）屏幕上卷
格式：AH = 06H
　　　　　AL = 上卷行数
　　　　　BH = 卷入行属性
　　　　　CH = 左上角行号

　　　　CL = 左上角列号
　　　　DH = 右下角行号
　　　　DL = 右下角列号
　　　　INT 10H

（4）屏幕下卷

格式：AH = 07H

　　　　其余同屏幕上卷

例1　定义宏 CLEAR，实现清屏功能。

```
CLEAR   MACRO
MOV AH,6
MOV AL,0
MOV BH,70H          ;白底黑字
MOV CH,0            ;0 行 0 列
MOV CL,0
MOV DH,24           ;24 行 79 列
MOV DL,79
INT 10H
ENDM
```

例2　在屏幕中间开窗口。窗口大小为 5 行 10 列 ~ 14 行 50 列。

```
MOV AH,6
MOV AL,0
MOV BH,70H          ;白底黑字
MOV CH,5            ;5 行 10 列
MOV CL,10
MOV DH,14           ;14 行 50 列
MOV DL,50
INT 10H
```

练习　1）将开窗口改为带有哑元的宏。

　　　　2）定义置光标功能为带有哑元的宏。

示例 9-3　在屏幕的窗口中显示字符串，并照样输入该字符串。

设计思路：

1）将清屏和开窗口定义为宏，并放入宏库中；
2）用 DOS 中断的 9 号和 10 号功能分别显示字符串和输入字符串；
3）用 BIOS 中断的置光标功能分别设置字符串的显示位置和输入位置；
4）在屏幕的 8 行 30 列到 15 行 60 列开窗口，窗口内为绿底灰字显示，每输入一次屏幕上卷一行。

程序如下：

```
;9-3.asm   在屏幕的窗口中显示字符串并输入该字符串
include 9-3.mac          ;宏库
.model small
.data
letter db 'Every success in your study.',0ah,0dh,'$'
mess   db 29,32 dup(?)
cont db   ?
.code
start:
mov ax,@data
mov ds,ax
```

```
            clearsc                    ;清屏
            clearsw                    ;开窗口
            reptt:
            ;置显示光标
            mov ah,2
            mov dh,8                   ;在8行30列显示
            mov dl,30
            mov bh,0
            int 10h
            ;显示串
            mov ah,9
            mov dx,offset letter
            int 21h
            ;置输入光标
            mov ah,2
            mov dh,15                  ;在15行30列输入
            mov dl,30
            mov bh,0
            int 10h
            ;输入串
            mov al,0
            mov ah,10
            mov dx,offset mess
            int 21h
            ;窗口内上卷
            mov ah,6
            mov al,1                   ;上卷1行
            mov ch,8                   ;从8行30列到15行60列
            mov cl,30
            mov dh,15
            mov dl,60
            mov bh,27h                 ;绿底灰白字
            int 10h
            inc cont                   ;可输入3次
            cmp cont,3
            jne reptt
            out1:
            mov ah,4ch
            int 21h
            end start
```

宏库 9-3. MAC：

```
            ;9-3.mac BIOS 宏库
            ;清屏 clearsc
            clearsc macro
            mov ah,06h
            mov al,0
            mov bh,0F0h                ;白底黑字
            mov ch,0
            mov cl,0
            mov dh,23
            mov dl,79
            int 10h
            mov dx,0                   ;光标在屏幕左上角
            mov ah,2
            int 10h
```

```
        endm
        ;开窗口
        clearsw macro
        mov ah,06h
        mov al,0
        mov bh,27h              ;绿底灰白字
        mov ch,8                ;从 8 行 30 列到 15 行 60 列
        mov cl,30
        mov dh,15
        mov dl,60
        int 10h
        endm
```

运行结果：

3. 字符读与显示

（1）读当前光标处字符和属性

格式：AH = 08H

　　　BH = 页号

　　　INT 10H

返回值：AH = 属性，AL = 字符

（2）显示多个带属性的相同字符

格式：AH = 09H

　　　BH = 页号

　　　CX = 字符重复个数

　　　AL = 字符

　　　BL = 属性

　　　INT 10H

（3）显示多个无属性的相同字符

格式：AH = 0AH

　　　BH = 页号

　　　CX = 字符重复个数

　　　AL = 字符

　　　INT 10H

（4）显示一个字符

格式：AH = 0EH

　　　AL = 字符

　　　INT 10H

（5）显示字符串

格式：AH = 13H

　　　ES：BP = 字符串地址

　　　CX = 字符串长度

BH = 页号
AL = 0，BL = 属性，光标返回开始处
AL = 1，BL = 属性，光标跟随字符移动
AL = 2，要求字符和属性一起定义，光标返回开始处
AL = 3，字符和属性一起定义，光标跟随字符移动
INT 10H

例 1 在屏幕上 0 页 12 行 30 列显示 5 个蓝底黄字的小写字母 a。

```
MOV AH,2              ;置光标
MOV DH,12
MOV DL,30
MOV BH,0
INT 10H
MOV AH,09H            ;显示 5 个字母 a
MOV AL,'a'
MOV BL,1EH            ;蓝底黄字
MOV CX,5
INT 10H
```

例 2 用 13H 号功能显示灰底浅红字的字符串。

```
EEE  DB 'Student'     ;字符串不用 $ 结尾
    ……
MOV BX,OFFSET EEE
MOV BP,BX
MOV BX,SEG EEE
MOV ES,BX
MOV AH,13H
MOV AL,1              ;光标跟随
MOV BL,8DH            ;灰底浅红字
MOV BH,0              ;0 页
MOV CX,7              ;7 个字符
INT 10H
```

例 3 用 13H 号功能显示多彩的字符串'Sea'。三个字母分别为蓝底黄字、灰底红字和绿底灰字显示。

```
RRR  DB 'S',1EH,'e',84H,'a',28H
    ……
MOV BX,OFFSET RRR
MOV BP,BX
MOV BX,SEG RRR
MOV ES,BX
MOV AH,13H
MOV AL,3              ;字符和属性一起定义,光标跟随
MOV BH,0              ;0 页
MOV CX,3              ;3 个字符
INT 10H
```

9.3.2 键盘中断 INT 16H

8086 系统对键盘的处理分为两个层次。硬件接口处理（9 号键盘中断）和 BIOS 系统键盘处理（INT 16H）。

1. 硬件接口处理

当键盘上的按键按下时,通过 8259A 中断控制器向 CPU 发出 9 号硬件中断请求。如果此时中断允许标志位 IF 为 1,CPU 会响应此中断,转到 9 号硬件键盘中断处理程序去执行。硬件中断的处理过程涉及硬件接口。键盘工作原理简述如下:

键盘按行列阵列布局。键盘内部有一个 Intel 8048 单片机专门控制键盘信号的转换和传输。当某键按下时会产生信号,键盘系统采用行列扫描法识别按键,然后将读到的扫描码送给 8048 单片机。8048 单片机负责将键盘来的串行扫描码数据变为并行扫描码数据,并将该扫描码送入计算机主板上的 8255 并行接口芯片。系统分配给 8255 并行接口的端口地址是 60H~63H。

在执行 9 号硬件中断处理程序时,CPU 通过 60H 端口地址读取已送入 8255 口 A 的扫描码,查表找到对应的 ASCII 码并一起送入 BIOS 键盘缓冲区,然后向接口发回响应信号。如果按键为控制键(Ctrl、Shift、Esc 等),则将其扫描码和状态字节一起存入 BIOS 键盘缓冲区。系统在 BIOS 数据区中专门开辟了一个 16 字的键盘缓冲区 KB_BUFFER,它是一个先进先出的循环队列,如果缓冲区满了还在按键输入,则 BIOS 不处理该键,并发出"嘀"声。

2. BIOS 系统键盘处理

键盘硬件中断处理完之后,就可以用 BIOS 的 16H 键盘中断读取键盘信息了。BIOS 的 INT 16H 中断提供了基本的键盘读取操作,有 4 个不同功能。

(1) 从键盘读出一个字符

格式:AH = 00H

  INT 16H

返回值:AL = 字符的 ASCII 码,AH = 扫描码。

功能:从键盘缓冲区队首取出字符送入 AX,同时缓冲区后续字符前移。

(2) 判断并读出键盘字符

格式:AH = 01H

  INT 16H

返回值:ZF = 0,AL = 字符的 ASCII 码,AH = 扫描码;ZF = 1,缓冲区为空。

功能:可从 ZF 值判断键盘缓冲区中是否有按键字符。

(3) 读取键盘状态

格式:AH = 02H

  INT 16H

返回值:AL = 键盘状态字节。

功能:读取控制键等特殊功能键的状态。

在第 5 章 5.4.2 节中我们提到 BIOS 数据区的 00417H 字节单元存放键盘上控制键的按键状态。为 1 表示该键有效。键盘状态字节各位标识如下:

D7	D6	D5	D4	D3	D2	D1	D0
Ins	Caps	Num	Scroll	Alt	Ctrl	Shift(L)	Shift(R)

(4) 软件模拟按键

格式:AH = 05H

  CL = 键的 ASCII 码

  CH = 键的扫描码

  INT 16H

功能:在键盘缓冲区队尾单元写入一个字符,模拟按键按下。

键盘扫描码是系统硬件对键盘按行列扫描时对应的编码,表 9-2 列出了键盘上各个键的扫描码。由于大多数按键是双功能键，因此大部分按键是两个功能对应一个扫描码。

表 9-2 键盘扫描码（十六进制）

键		扫描码	键		扫描码	键		扫描码	键		扫描码
Esc		01	U	u	16	|	\	2B	F6		40
!	1	02	I	i	17	Z	z	2C	F7		41
@	2	03	O	o	18	X	x	2D	F8		42
#	3	04	P	p	19	C	c	2E	F9		43
$	4	05	{	[	1A	V	v	2F	F10		44
%	5	06	}	]	1B	B	b	30	NumLk		45
^	6	07	回车		1C	N	n	31	ScroLk		46
&	7	08	Ctrl		1D	M	m	32	7 小键盘	Home	47
*	8	09	A	a	1E	<	,	33	8	↑	48
(	9	0A	S	s	1F	>	.	34	9	PgUp	49
)	0	0B	D	d	20	?	/	35	-		4A
_	-	0C	F	f	21	Shift		36	4	←	4B
+	=	0D	G	g	22	PrtSc		37	5		4C
退格		0E	H	h	23	Alt		38	6	→	4D
Tab		0F	J	j	24	Space		39	+		4E
Q	q	10	K	k	25	Caps		3A	1	End	4F
W	w	11	L	l	26	F1		3B	2	↓	50
E	e	12	:	;	27	F2		3C	3	PgDn	51
R	r	13	"	'	28	F3		3D	0	Ins	52
T	t	14	~	`	29	F4		3E		Del	53
Y	y	15	Shift	（左）	2A	F5		3F			

例 1 从键盘读入一字符，将其扫描码保存到 SCANC 单元，并以绿底黄字在 15 行 30 列上显示该字符。

```
        SCANC DB  ?
        ……
        MOV AH,0              ;读入字符
        INT 16H
        MOV SCANC,AH          ;保存扫描码,AL=ASCII 码
        MOV AH,2              ;置光标
        MOV DH,15             ;15 行 30 列
        MOV DL,30
        MOV BH,0
        INT 10H
        MOV AH,09H            ;显示 AL 中的字符
        MOV BL,2EH            ;绿底黄字
        MOV CX,1
        INT 10H
```

例 2 判断 Caps 大写键是否有效，如果是大写状态，显示 y，否则显示 n。

```
        MOV AH,02H
        INT 16H
        TEST AL,40H           ;D6 位 Caps=1?
        JZ   LET1             ;不是大写状态,转 LET1
        MOV AH,2              ;显示字符 y
        MOV DL,'y'
        INT 21H
        JMP OUT1
LET1:
        MOV AH,2
        MOV DL,'n'            ;显示字符 n
```

```
    INT 21H
OUT1:
    MOV AH,4CH
    INT 21H
```

例3 模拟键盘输入 A、B、C 三键。

```
    MOV AH,05H
    MOV CX,1E41H            ;A 的扫描码、ASCII 码
    INT 16H
    MOVAH,05H
    MOV CX,3042H            ;B 的扫描码、ASCII 码
    INT 16H
    MOVAH,05H
    MOV CX,2E43H            ;C 的扫描码、ASCII 码
    INT 16H
```

程序运行后，在 DOS 提示符 > 后面显示出 ABC。

9.3.3 时钟中断 INT 1AH

微机系统中常会遇到定时、计数问题。有两种方法可以实现定时：软件定时与硬件定时。

软件定时是指利用指令的执行时间设计循环程序，使 CPU 执行延迟子程序的时间和所需的定时时间相等来产生。缺点：执行延迟时，CPU 一直被占用，降低了 CPU 的效率。

硬件定时是指用计数器/定时器作为主要硬件，在简单指令的控制下产生精确的时间延迟。突出优点是计数时不占用 CPU 时间。例如，利用定时器/计数器计时，时间到则产生中断信号通知 CPU，CPU 再接着处理。这样可建立多作业环境，提高了 CPU 效率。

8086 系统中的 8253 定时器/计数器每秒产生 18.2 次中断，即每隔 1/18.2 秒（约为 55ms）产生一次中断。每产生一次中断，计数器都要加 1。8 号硬件中断就是定时器中断，对定时器进行计数可作为系统时钟。在 8 号硬件中断处理程序中，有一条 INT 1CH 中断指令，每当定时器发生中断时，该指令就被执行。（参见 9.5.2 节第 2 部分）

BIOS 的时钟中断 INT 1AH 也可以对计数器读写，读取和设置时钟。可利用此功能编写计时软件。还可以读取和设置 CMOS 时间和日期，但如果 CF = 1 表示 CMOS 暂不可读（参见 10.1.3 节）。

(1) 读取时钟计数器当前值

格式：AH = 00H
　　　INT 1AH

返回值：CX = 计数值高字，DX = 计数值低字。

(2) 设置时钟计数器

格式：AH = 01H
　　　CX = 计数值高字
　　　DX = 计数值低字
　　　INT 1AH

说明：此项操作会修改系统时钟。

(3) 读取 CMOS 时间

格式：AH = 02H
　　　INT 1AH

返回值：返回值均为压缩 BCD 码。CH = 小时，CL = 分，DH = 秒。

(4) 设置 CMOS 时间

格式：AH = 03H

    CH = 小时
    CL = 分
    DH = 秒
    INT 1AH

说明：设置值均为压缩 BCD 码。

（5）读取 CMOS 日期

  格式：AH = 04H
    INT 1AH

返回值：返回值均为压缩 BCD 码，CX = 年，DH = 月，DL = 日。

（6）设置 CMOS 日期

  格式：AH = 05H
    CX = 年
    DH = 月
    DL = 日
    INT 1AH

说明：设置值均为压缩 BCD 码。

（7）设置报警时间

  格式：AH = 06H
    CH = 小时
    CL = 分
    DH = 秒
    INT 1AH

说明：设置值均为压缩 BCD 码。

（8）清除报警

  格式：AH = 07H
    INT 1AH

9.4 DOS 中断

  DOS 是磁盘操作系统（Disk Operating System）的简称。DOS 存放于硬盘的系统区中。在第 5 章的 5.4.2 节和 5.4.3 节中介绍了 DOS 的加载与控制。当系统控制权交给 DOS 后，DOS 也把它所提供的中断处理程序的入口地址写入中断向量表。如果中断触发了，再将中断处理程序调入内存执行。由于 DOS 通过 BIOS 访问外设，因而 DOS 对硬件的依赖性更少些。DOS 中断处理程序与 BIOS 一样都包含了多个子程序，可以完成多个功能调用。

  INT 21H 中断是 DOS 系统功能调用，它的功能十分强大。在前几章中，我们介绍和使用了 DOS 中断 INT 21H 的几种键盘和显示器功能调用。本章再介绍 INT 21H 中断的其他常用功能调用。需要注意的是，DOS 中断调用指令执行之后，绝大部分指令的返回值都会放入 AL 寄存器中，因此 AL 寄存器会被修改。

9.4.1 DOS 显示功能调用

（1）显示一个字符

  格式：AH = 02H
    DL = 字符
    INT 21H

功能：屏幕上显示一个字符，光标跟随字符移动。检验 DL 是否为 Ctrl_Break。AL = DL。

(2) 显示一个字符

格式：AH = 06H
   DL = 字符
   INT 21H

功能：屏幕上显示一个字符，光标跟随字符移动。不检验 Ctrl_Break。AL = DL。

说明：如果 DL = 0FFH，此功能变为键盘输入。输入的字符不显示，可用于判断键盘是否有键按下。利用 JZ 指令构成循环，有键按下，ZF = 0，AL = 按键的 ASCII 码；无键按下，ZF = 1。

(3) 显示一串字符

格式：AH = 09H
   DS：DX = 字符串地址
   INT 21H

功能：屏幕上显示一串字符，光标跟随字符移动。要求字符串必须以 $ 结尾。AL = '$'。

(4) 打印一个字符

格式：AH = 05H
   DL = 字符
   INT 21H

功能：把一个字符送到打印机上打印出来。

9.4.2 DOS 键盘功能调用

在前几章中我们只用了 1 号和 0AH 号两个键盘功能调用。DOS 的功能调用还提供了其他的键盘功能，使用十分方便。

(1) 输入一个字符并回显

格式：AH = 01H
   INT 21H

返回值：AL = 字符的 ASCII 码。

(2) 输入一个字符不回显

格式：AH = 07H
   INT 21H

返回值：AL = 字符的 ASCII 码。不检验输入的字符是否为 Ctrl_Break。

(3) 输入一个字符不回显

格式：AH = 08H
   INT 21H

返回值：AL = 字符的 ASCII 码。对输入的字符检验是否为 Ctrl_Break。

(4) 输入一串字符保存到缓冲区

格式：AH = 0AH
   DS：DX = 字节缓冲区首址
   INT 21H

要求：缓冲区的第 1 个字节单元为允许输入的最大字符数，第 2 个单元保存实际输入的个数，从第 3 个单元开始存放输入字符。以回车结束输入，回车符 0DH 占用一个单元。AL = 0DH。

(5) 读键盘状态

格式：AH = 0BH

INT 21H

返回值：有输入，AL = FFH；无输入，AL = 00H。

(6) 清除键盘缓冲区并调用

格式：AH = 0CH

AL = 功能号

INT 21H

功能：清除键盘缓冲区的同时，调用键盘输入功能（1、7、8、10（0AH）号）。使用此功能可以在输入一个字符之前将以前输入的字符从缓冲区清除。

例 输入一串字符，不回显，显示 *，按回车结束。实现密码输入。

```
SECRET DB 10 DUP(?)
    ……
MOV BX,0
LET1:
MOV AH,8                    ;输入一个字符不回显
INT 21H
MOV SECRET[BX],AL           ;保存到 SECRET 单元
INC BX
CMP AL,0DH                  ;输入回车结束
JZ OUT1
MOV AH,6                    ;用 6 号功能显示 * 号
MOV DL,'*'
INT 21H
JMP LET1                    ;循环输入下一个
OUT1:
MOV AH,4CH
INT 21H
```

9.4.3 DOS 日期、时间功能调用

(1) 读取系统日期

格式：AH = 2AH

INT 21H

返回值：CX = 年，DH = 月，DL = 日，AL = 星期。日期值为十六进制数。

(2) 设置系统日期

格式：AH = 2BH

CX = 年

DH = 月

DL = 日

AL = 星期

INT 21H

返回值：AL = 00H，设置成功；AL = FFH，无效。

(3) 读取系统时间

格式：AH = 2CH

INT 21H

返回值：CH = 小时（0 ~ 23），CL = 分（0 ~ 59），DH = 秒（0 ~ 59），DL = 百分秒（0 ~ 99）。时间值以十六进制数保存。

（4）设置系统时间

格式：AH = 2DH
   CH = 小时
   CL = 分
   DH = 秒
   DL = 百分秒
   INT 21H

返回值：AL = 00H，设置成功；AL = FFH，无效。

9.5 实例九 中断程序应用

9.5.1 时间与计数

用 BIOS 和 DOS 提供的中断调用功能，可以实现对屏幕显示、光标设置和键盘输入等各种操作。还可以对系统时钟进行访问，获得日期和时间信息。利用时间调用功能和时钟中断，还可编写随机数发生程序。有了随机数就可以做更多工作，编写特殊的功能程序。

示例 9-4 在屏幕右上角显示系统当前的日期和时间。

设计思路：

1）建立宏库，分别用宏实现屏幕和光标设置；
2）用 INT 21H 的 2CH 号功能调用读取系统日期和时间；
3）调用二进制-十进制显示子程序 DISP_2_10，分别显示日期和时间。

程序如下：

```
;9-4.asm    在屏幕的右上角显示日期和时间
include 9-4.mac                         ;调入宏库
.model small
.data
letter1 db 'Date and week =    ',','$'
letter2 db 'Time =    ',','$'
nears   dw ?
month   db ?
day     db ?
week    db ?
hour    db ?
minutes db ?
seconds db ?
persec  db ?
.code
start:
mov ax,@data
mov ds,ax
clearsc                                 ;清屏
cursor  2,50                            ;置光标
mov ah,9
mov dx,offset letter1                   ;显示字符串1
int 21h
;读日期并显示
mov ah,2ah                              ;CX = 年,DH = 月,DL = 日,AL = 星期
int 21h
mov nears,cx
mov month,dh
```

```
            mov day,dl
            mov week,al
            ;调用2-10显示子程序
            mov bx,nears
            call disp_2_10                          ;年
            displ '/'                               ;显示/
            mov bx,0
            mov bl,month
            call disp_2_10                          ;月
            displ '/'                               ;显示/
            mov bx,0
            mov bl,day
            call disp_2_10                          ;日
            displ '/'                               ;显示/
            mov bx,0
            mov bl,week
            call disp_2_10                          ;星期
            enter                                   ;回车换行
            cursor 3,50                             ;置光标
            mov ah,9
            mov dx,offset letter2                   ;显示字符串2
            int 21h
            ;读时间
            mov ah,2ch                              ;CH=小时,CL=分,DH=秒,DL=百分秒
            int 21h
            mov hour,ch
            mov minutes,cl
            mov seconds,dh
            mov persec,dl
            ;调用disp_2_10显示子程序
            mov bx,0
            mov bl,hour
            call disp_2_10                          ;小时
            displ ':'                               ;显示:
            mov bx,0
            mov bl,minutes
            call disp_2_10                          ;分
            displ ':'                               ;显示:
            mov bx,0
            mov bl,seconds
            call disp_2_10                          ;秒
            displ ':'                               ;显示:
            mov bx,0
            mov bl,persec
            call disp_2_10                          ;百分秒
            out1:
            mov ah,4ch
            int 21h
            ;子程序,二进制-十进制数显示,对bx值,显示十进制结果
            disp_2_10 proc
            store_ss                                ;保护现场
            mov ax,bx                               ;bx传参
            mov cx,0
            mov bx,10                               ;将ax变为十进制数
            let1:
            mov dx,0
            inc cx                                  ;统计余数个数
```

```
            idiv bx                             ;除以10,商在ax,余数在dx
            push dx                             ;保存余数
            cmp ax,0
            jnz let1
            let2:                               ;显示结果
            pop ax                              ;将余数弹入ax
            add ax,0030h                        ;调整为ASCII码
            mov dl,al
            mov ah,2                            ;显示余数
            int 21h
            loop let2
            restore_ss                          ;恢复现场
            ret
            disp_2_10 endp
            end start
```

宏库 9-4. MAC：

```
            ;9-4.mac   宏库
            ;清屏 clearsc
            clearsc macro
            mov ah,06h
            mov al,0
            mov bh,0F0h                         ;白底黑字
            mov ch,0
            mov cl,0
            mov dh,23
            mov dl,79
            int 10h
            mov dx,0                            ;光标在左上角
            mov ah,2
            int 10h
            endm
            ;开窗口
            clearsw macro row1,rank1,row2,rank2,color
            mov ah,06h
            mov al,0
            mov ch,row1                         ;从row1行rank1列到row2行rank2列
            mov cl,rank1
            mov dh,row2
            mov dl,rank2
            mov bh,color
            int 10h
            endm
            ;窗口内上卷
            windows macro row1,rank1,row2,rank2,color
            mov ah,6
            mov al,1                            ;上卷1行
            mov ch,row1                         ;从row1行rank1列到row2行rank2列
            mov cl,rank1
            mov dh,row2
            mov dl,rank2
            mov bh,color                        ;绿底灰白字27h
            int 10h
            endm
            ;置光标
            cursor macro row,rank
```

```
            mov ah,2
            mov dh,row                          ;在 row 行 rank 列输入
            mov dl,rank
            mov bh,0
            int 10h
            endm
            ;2 号功能显示
            displ macro opr
            mov ah,2
            mov dl,opr
            int 21h
            endm
            ;回车换行
            enter macro
            mov ah,2
            mov dl,0dh
            int 21h
            mov dl,0ah
            int 21h
            endm
            ;现场保护宏
            store_ss macro
            push ax
            push bx
            push cx
            push dx
            endm
            ;恢复现场宏
            restore_ss macro
            pop dx
            pop cx
            pop bx
            pop ax
            endm
```

运行结果：

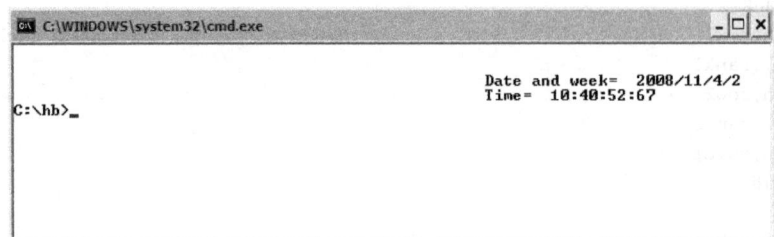

示例 9-5 在屏幕右上角开窗口显示两次读取的时钟计数器当前值和计数差值。

设计思路：

1）利用示例 9-4 的宏库与子程序。

2）用 INT 1AH 读取时钟计数器，两次读取时间间隔为 2 秒。

3）在屏幕 2 行 50 列到 6 行 78 列开窗口，棕底白字 6FH。

程序如下：

```
        ;9-5.asm  开窗口显示时钟计数器当前值和计数差值
        include 9-4.mac
```

```
.model small
.data
letter1 db  'count1 =  ',' $'
letter2 db  'count2 =  ',' $'
letter3 db  'total =   ',' $'
higher1   dw ?
lower1 dw ?
higher2   dw ?
lower2 dw ?
total dw ?
.code
start:
mov ax,@data
mov ds,ax
clearsc                                 ;清屏
clearsw 2,50,6,78,6fh                   ;开窗口,棕底白字
cursor   3,51                           ;置光标
mov ah,9
mov dx,offset letter1                   ;显示字符串1
int 21h
;读取时钟计数器当前值并显示
mov ah,00h                              ;CX =计数值高字,DX =计数值低字
int 1ah
mov higher1,cx
mov lower1,dx
;再次读取
reptt:
mov ah,00h                              ;CX =计数值高字,DX =计数值低字
int 1ah
mov higher2,cx
mov lower2,dx
mov ax,lower2
sub ax,lower1                           ;差值
cmp ax,36                               ;2 秒间隔
jl reptt
mov total,ax
;调用 disp_2_10 显示子程序
mov bx,higher1
call disp_2_10                          ;高位
displ '/'                               ;显示/
mov bx,lower1
call disp_2_10                          ;低位
;显示第二次计数值
cursor   4,51                           ;置光标
mov ah,9
mov dx,offset letter2                   ;显示字符串2
int 21h
mov bx,higher2
call disp_2_10                          ;高位
displ '/'                               ;显示/
mov bx,lower2
call disp_2_10                          ;低位
;显示差值总数
cursor   5,51                           ;置光标
mov ah,9
mov dx,offset letter3                   ;显示字符串3
int 21h
```

```
        mov bx,total
        call disp_2_10                          ;计数差值
out1:
        mov ah,4ch
        int 21h
        end start
```

运行结果：

9.5.2 实验示例

1. 时钟中断和 DOS 中断的用法

示例 9-6　开窗口，紫底黄字，屏幕上卷三次。每隔 5 秒显示读取的时钟计数器当前值，响铃一次。

设计思路：

1）每隔 5 秒即计数值为 91 次。

2）用 INT 1AH 的 1 号功能将计数器清 0；用 INT 1AH 的 0 号功能获得计数器计数值。

3）调用子程序 disp_ 2_ 10 显示当前计数值。

4）DOS 中断 INT 21H 的 2 号功能为显示一个字符；如果将 07H 放入 DL，则响铃。

程序如下：

```
        ;9-6.asm 开窗口。每隔5秒显示计数器当前值,响铃一次
        include 9 -4.mac
        .model small
        .data
        letter1 db 'current =  ',','$'
        higher1  dw ?
        lower1 dw ?
        n    db 6
        .code                                   ;从第6行开始显示
start:
        mov ax,@data
        mov ds,ax
        clearsc                                 ;清屏
        clearsw 2,30,10,50,5eh                  ;开窗口,紫底黄字
        mov bx,0
reptt1:
        cursor  n,31                            ;置光标;6行31列
        ;清时钟计数器
        mov ah,01h
        mov cx,0
        mov dx,0                                ;计数器清0
        int 1ah
        ;显示字符串1
        mov ah,9
        mov dx,offset letter1
        int 21h
        ;读取时钟计数器当前值
```

```
reptt2:
    mov ah,00h                        ;CX = 计数值高字,DX = 计数值低字
    int 1ah
    mov higher1,cx
    mov lower1,dx
    cmp dx,91                         ;5 秒?
    jl reptt2
    ;调用 2 - 10 显示子程序
    mov bx,higher1
    call disp_ 2_ 10                  ;高位
    disp1 '/'                         ;显示 /
    mov bx,lower1
    call disp_ 2_ 10                  ;低位
    mov ah,2
    mov dl,07h                        ;响铃
    int 21h
    windows 2,30,10,50,05eh           ;上卷 1 行
    inc n
    cmp n,9                           ;显示 3 次,最后显示在第 9 行
    jl reptt1
out1:
    mov ah,4ch
    int 21h
    end start
```

运行结果:

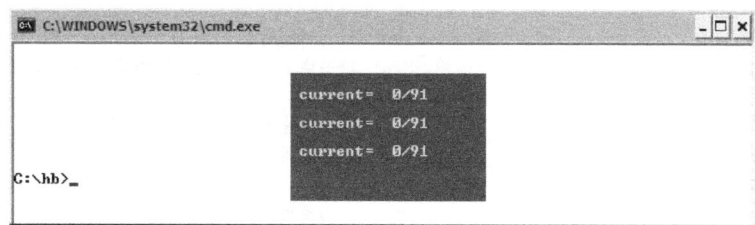

思考:

该程序每次显示同一个计数值。如果计数值每次不同,程序应该如何修改?

2. 定时器中断及 INT 1CH 中断指令的用法

在 9.3.3 节中我们提到系统中的 8253 定时器/计数器每秒产生 18.2 次中断,即每隔 1/18.2 秒(约为 55ms)产生一次中断。8 号硬件中断就是定时器中断。

在 8 号硬件中断处理程序中,有一条 INT 1CH 中断指令,每当定时器发生中断时,该指令就被执行。但是这条 INT 1CH 中断指令对应的中断处理程序没做任何事情,只有一条 IRET 中断返回指令。利用这个中断类型 1CH 号,提供给用户一个机会,用户可以改写该中断处理子程序,完成自己要做的具有周期性定时的工作。

示例 9-7 改写 INT 1CH 中断,每隔 1 秒显示一串字符"Time out !!",响铃 1 次。

设计思路:

1) 每 1 秒产生 18.2 次定时器中断,约为 18 次中断 1 秒。在中断子程序中判断是否为 18 次,是则显示"Time out !!"并响铃。
2) 主程序将原 1CH 中断向量保存,并设置新的 1CH 中断向量。
3) 主程序的应用部分为在 10 秒钟内等待 10 次定时中断的发生。
4) 主程序的结束部分恢复原 1CH 中断向量。
5) 采用简化程序结构,数据段和代码段在一起。

程序如下：

```asm
;9-7.asm   改写 INT 1CH 中断,每隔 1 秒显示一串字符'Time out !!',响铃 1 次
include 9-4.mac
.model small
.stack
.code
n   dw 18
m db 4
mess db 0ah,0dh,'Time out !!','$'
old1ch dw  ?,?
;主程序
main proc far
start:
    mov ax,@code
    mov ds,ax
;中断设置
    mov al,1ch
    mov ah,35h                      ;取出原来的 1ch 号中断向量
    int 21h                         ;放在 ES:BX 中
    mov old1ch,bx                   ;保存到 old1ch
    mov old1ch+2,es
    push ds                         ;保存数据段
;设置新的中断向量
    mov dx,offset win_time          ;获得中断子程序偏移地址
    mov ax,seg win_time             ;获得中断子程序段地址
    mov ds,ax
    mov al,1ch                      ;将现在的 1CH 号
    mov ah,25h                      ;中断向量放入中断向量表中
    int 21h
    pop ds                          ;弹出数据段
    clearsc                         ;清屏宏
;应用部分
    mov cx,5000                     ;延时程序
delay3:mov bx,7500                  ;等待定时中断触发(共计 10 秒)
delay2:mov si,400
delay1:dec si
    jnz delay1
    dec bx
    jnz delay2
    dec cx
    jnz delay3
quit:
    mov dx,old1ch                   ;恢复保存的数据
    mov ds,old1ch+2
    mov al,1ch                      ;恢复原来的 1ch 号
    mov ah,25h                      ;中断向量放入中断向量表中
    int 21h
    mov ax,4c00h                    ;返回 DOS
    int 21h
main endp                           ;主程序结束
;中断子程序
win_time proc
    mov ax,@code                    ;数据段与代码段同段
    mov ds,ax
    dec n
    jnz exit                        ;18 次?
    mov n,18                        ;恢复 n。1 秒 18.2 次
```

```
            mov dx,offset mess              ;显示提示
            mov ah,9
            int 21h
            mov ah,2
            mov dl,07h                      ;响铃
            int 21h
       exit:
            iret                            ;中断返回
       win_ time endp
            end start
```

运行结果：

```
Time out !!
Time out !!
Time out !!
Time out !!
Time out !!
Time out !!
Time out !!
Time out !!
Time out !!
C:\hb>
```

9.5.3 实验任务

实验目的

中断程序设计分为对系统中断及功能调用的使用和自己设计中断程序两个层次，要求掌握常用的系统中断及功能调用的用法以及中断程序的设计思路和技巧。并尝试编写一个自己设计的中断程序。

实验内容

参考示例 9-6 和示例 9-7，完成下列实验内容：

1）修改示例 9-6，每次显示不同的计数值。
2）在示例 9-7 的基础上，中断子程序显示出倒计数值。可参考示例 7-7 的子程序 SUBR3。（代码参见网站 9-7b.ASM）
3）定义一个 INT 80H 中断。中断发生时，在屏幕上 0 页 7 行 13 列显示 5 个蓝底黄字的小写字母 a。要求：主程序中调用 3 次 INT 80H 中断，并显示提示信息。（代码见 9-8.ASM）

实验要求

1）2、3 题选做一个。
2）实验内容用截图形式记录实验结果。
3）写出实验结果分析。

实验拓展

1）设计一个小闹钟。每隔 10 秒钟响铃一次。（代码见 9-9.ASM）
2）利用 INT 1AH 读取时钟计数值，产生一个随机数，并显示出来。（代码见 9-10.ASM）

习题九

9.1 软件中断都有哪些？CPU 是如何处理的？

9.2 硬件中断发生时，CPU 怎样获知？CPU 如何处理硬件中断？

9.3 中断的重要性是什么？若没有中断系统，微机能否工作？

9.4 什么是中断向量？什么是中断向量表？80X86 系统的中断向量表在哪儿？

9.5 80X86 系统可以有多少个中断类型？中断类型号是如何划分的？

9.6 给出一个中断类型,如何得到其中断向量?

9.7 每个中断类型都有一个中断处理程序吗?中断处理程序在哪儿存放?

9.8 中断过程和子程序调用过程一样吗?有何异同?

9.10 中断返回指令和子程序返回指令作用一样吗?

9.11 子程序可以嵌套调用,中断可以嵌套吗?嵌套的条件是什么?

9.12 如何设计用户自己的中断?都有哪些工作要做?

9.13 用什么指令可以设置中断向量?

9.14 用什么指令可以读取中断向量?

9.15 如何实现中断驻留?

9.16 怎样才能触发中断?

9.17 如何设置光标的位置?请举例说明。

9.18 写出实现清屏的指令序列。

9.19 用 BIOS 中断的什么功能可以显示带颜色的字符?

9.20 如何读取系统日期和时间?有几种方法可以实现?

9.21 定义一个带有哑元的宏,实现在屏幕上开窗口功能。

9.22 定义置光标宏,可以通过变元任意设定光标位置。

9.23 定义窗口宏,用红底黄字显示一行字符并上卷。

9.24 定义读取日期宏。

9.25 定义读取时间宏。

9.26 分析下列程序段,指出其功能。

```
mov ah,06h
mov al,0
mov ch,row1
mov cl,rank1
mov dh,row2
mov dl,rank2
mov bh,color
int 10h
```

9.27 解释下列程序的作用。

```
mov ah,2
mov dh,5
mov dl,10
mov bh,0
int 10h
```

9.28 下列宏的作用是什么?

```
enter macro
mov ah,2
mov dl,0dh
int 21h
mov dl,0ah
int 21h
endm
```

9.29 写出下列程序段的功能。

```
reptt2:
mov ah,00h
int 1ah
mov higher1,cx
mov lower1,dx
cmp dx,91
jl reptt2
```

9.30 下列程序的作用是什么?试用直接写中断向量表的方式改写。

```
mov dx,offset win_time
mov ax,seg win_time
mov ds,ax
mov al,1ch
mov ah,25h
int 21h
```

9.31 编写程序。在屏幕上 0 页 7 行 13 列显示蓝底黄字的字符串"Windows"。

9.32 编写程序。清屏后显示出一串字符,在下一行上可照样输入。

9.33 编写在窗口内显示 3 行内容的菜单程序。

9.34 编写在窗口中显示当前时间的程序。

9.35 编程实现在窗口中将键盘输入的小写字母加密后显示出来。(提示:可用字母的 ASCII 码加上某数做加密。)

9.36 编写程序,在屏幕上显示彩色的 26 个英文字母。

9.37 编写程序,在窗口中将键盘输入的一串字符中的大写字母和小写字母的个数分别统计并显示出来。

9.38 编写对键盘输入一段英文的操作计时的程序。

9.39 编写读取时钟计数器的值,经过变换产生百位以内随机数的程序。

9.40 编写 80H 号中断处理程序。中断发生时,显示彩色的 0~9 十个数字。

测验九

1. 80X86 系统中，CPU 是通过_____获知硬件可屏蔽中断发生的。
   A. INTR 引脚　　　B. NMI 引脚
   C. 中断允许标志 IF　D. INT n 指令

2. CPU 对软件中断的处理，下列说法正确的是_____。
   A. 中断允许标志 IF 必须为 1
   B. 通过 8259A 中断控制器管理中断
   C. 不需要得知中断类型号
   D. 执行 INT n 指令时立即转入中断处理

3. 在中断处理系统中，中断向量指的是_____。
   A. 中断类型号
   B. 中断子程序
   C. 中断子程序的入口地址
   D. 中断源

4. 有关中断向量表的说法正确的是_____。
   A. 中断向量表就是中断向量
   B. 中断向量表中保存的是中断向量
   C. 中断向量表中保存的是中断类型号
   D. 中断向量表中保存的是中断子程序

5. 在 80X86 中断系统中，中断优先级最高的是_____。
   A. 可屏蔽中断　　　B. 非屏蔽中断
   C. 内部中断　　　　D. 单步中断

6. 8086 系统的中断向量表位于_____。
   A. 内存的 0~255 号字节单元
   B. BIOS 的 ROM 中
   C. 硬盘的 0~255 号字节单元
   D. 系统 CMOS 中

7. 当硬件中断发生时，CPU 通过_____获得中断类型号。
   A. INTR 引脚　　　B. INT n 指令
   C. 数据总线　　　　D. 中断源

8. 在 8086 指令系统中，取出中断向量的指令是_____。
   A. MOV AH, 35H
      INT　21H
   B. MOV AH, 25H
      INT　21H
   C. MOV AH, 31H
      INT　21H
   D. MOV AH, 4CH
      INT　21H

9. 编写中断子程序时，下列说法错误的是_____。
   A. 允许中断嵌套
   B. 不允许开中断
   C. 应该保护和恢复现场
   D. 必须用 IRET 指令返回

10. 中断调用和子程序调用过程相同的是_____。
    A. 保存断点
    B. 保存标志寄存器
    C. 将 IF 和 TF 清零
    D. 中断源有优先级

11. BIOS 中断设置光标位置的指令是_____。
    A. MOV AH, 01H　INT　10H
    B. MOV AH, 02H　INT　10H
    C. MOV AH, 01H　INT　21H
    D. MOV AH, 02H　INT　21H

12. BIOS 中断显示字符串的指令是_____。
    A. MOV AH, 0EH　INT　10H
    B. MOV AH, 13H　INT　10H
    C. MOV AH, 02H　INT　21H
    D. MOV AH, 09H　INT　21H

13. BIOS 中断从键盘读出一个字符的指令是_____。
    A. MOV AH, 00H　INT　10H
    B. MOV AH, 01H　INT　10H
    C. MOV AH, 00H　INT　16H
    D. MOV AH, 01H　INT　21H

14. BIOS 中断读取时钟计数器的指令是_____。
    A. MOV AH, 00H　INT　1AH
    B. MOV AH, 2AH　INT　10H
    C. MOV AH, 01H　INT　1AH
    D. MOV AH, 2AH　INT　21H

15. DOS 中断读取系统时间的指令是_____。
    A. MOV AH, 1CH　INT　10H
    B. MOV AH, 2CH　INT　16H
    C. MOV AH, 1CH　INT　21H
    D. MOV AH, 2CH　INT　21H

第 10 章

综合实验

汇编语言是一门理论与实践相结合的课程，只有在大量的编程训练下，才能很好地掌握基础理论与编程技巧。因此，在前面各章节边讲解理论边练习的基础上，本章以综合实验的形式来归纳汇编语言各知识点的内容与要求。

本章先介绍 I/O 端口实验、图形动画实验以及磁盘文件读写实验，再给出综合实验题目及实验要求。通过学习和实践，为下一步学习操作系统、微机原理与接口技术、单片机原理与应用、嵌入式课程等打下良好的基础，也为读者计算机程序设计能力的增强、编程视野的拓展提供帮助。

10.1 I/O 端口实验

在第 9 章中断程序设计中，我们知道外部中断也叫硬件中断。硬件中断是由输入/输出外设产生的中断请求引起的中断，系统用 8259 中断控制器来管理这些中断。我们也知道外设是通过接口与 CPU 相连的，前几章中提到的接口芯片包括 8259 中断控制器、8255 并行接口芯片、8253 定时器/计数器等。那么 CPU 怎样找到这些接口芯片？怎样读取和控制这些芯片呢？和内存一样，CPU 必须通过地址来对接口芯片进行读写。在每一种接口芯片中都有一些寄存器，这些寄存器有各自不同的作用，如数据寄存器、控制寄存器、状态寄存器等。如果给这些寄存器分配了地址，CPU 就可以对这些接口中的寄存器进行读写操作。这些接口芯片中的寄存器也叫端口，对它们统一编址后称为端口地址。

80X86 系统中，除了主板上的 8259、8253、8255 等接口芯片外，还有各种插卡上的接口芯片（如显卡、网卡等）以及 CMOS 芯片等其他与系统有关的芯片，对这些芯片都要给其分配端口地址。CPU 对这些端口的访问要用专门的 IN 指令和 OUT 指令实现。

10.1.1 I/O 端口地址

在 80X86 系统中，有两种地址空间。一种是内存地址空间，它的大小是以地址总线的位数为基础的，如 8086 有 20 根地址线，其内存寻址空间为 $2^{20}=1MB$。另一种是 I/O 端口地址空间，80X86 系统以 16 位地址线为基础，I/O 端口寻址范围是 $2^{16}=64KB$。

80X86 系统 I/O 端口地址有 65536 个，但实际上只用到了其中的一部分。表 10-1 列出了部分端口地址分配情况。

表 10-1 端口地址分配（十六进制）

I/O 地址	端口	I/O 地址	端口
00 ~ 0F	DMA 控制器 8237	170 ~ 1F7	硬盘控制器
20 ~ 21	中断控制器 8259	200 ~ 20F	游戏控制端口
40 ~ 43	定时器/计数器 8253	2E0 ~ 2E3	EGA/VGA 显卡
60 ~ 63	并行接口芯片 8255	2F8 ~ 2FE	1 号串行口（COM1）
70 ~ 7F	CMOS 芯片	366 ~ 36F	网卡
A0 ~ A1	中断控制器 2	3F0 ~ 3F7	软盘适配器
F0 ~ FF	协处理器	3F8 ~ 3FE	2 号串行口（COM2）

10.1.2 IN 指令和 OUT 指令

在 80X86 指令系统中，CPU 对输入/输出外设的访问用 IN 指令和 OUT 指令。输入/输出指令 IN 和 OUT 用于在 I/O 端口和 AL、AX 或 EAX 累加器之间交换数据。输入指令 IN 实现从 I/O 到 CPU 的数据传送，也称作 I/O 读指令；输出指令 OUT 完成从 CPU 到 I/O 的数据传送，也称作 I/O 写指令。

I/O 指令中给出的地址是通过地址总线的低 16 位发出的。都是从地址总线发出地址信号，地址是内存空间的还是 I/O 空间的？对于这个问题，CPU 可通过执行的是 MOV 指令还是 IN/OUT 指令来判断访问的是哪个空间。

80X86 访问端口的方法有两种：
- 端口地址用 8 位二进制数直接写在指令中，可以访问 0 ~ 255 号（00H ~ FFH）端口，称为长格式；
- 端口地址用 16 位二进制数，需要放在 DX 寄存器中，可以访问 0 ~ 65535（0000H ~ FFFFH）个端口中的任一端口，称为短格式。

下面以 8086 指令系统的 IN/OUT 指令为例介绍输入/输出指令的用法。

1. 输入指令 IN

1）长格式： IN AL, PORT   （字节）
            IN AX, PORT   （字）
   执行的操作：(AL) ← 端口中的字节数据
              (AX) ← 端口中的字数据

2）短格式： IN AL, DX   （字节）
            IN AX, DX   （字）
   执行的操作：端口号在 DX 中，(AL) ← 端口中的字节数据
              端口号在 DX 中，(AX) ← 端口中的字数据

例 1 从端口 28H 读入一个字送到 AX，然后保存到存储单元 COUNT 中。

```
IN AX,28H
MOV COUNT,AX
```

例 2 从端口 22CH 读入一个字节到 AL 寄存器。

```
MOV DX,22CH
IN AL,DX
```

2. 输出指令 OUT

1）长格式： OUT PORT, AL   （字节）
            OUT PORT, AX   （字）
   执行的操作：端口 ← (AL) 中的字节数据
              端口 ← (AX) 中的字数据

2）短格式：OUT　DX，AL　　　（字节）
　　　　　　OUT　DX，AX　　　（字）

执行的操作：端口号在 DX 中，端口←（AL）中的字节数据
　　　　　　端口号在 DX 中，端口←（AX）中的字数据

例1 从 AL 寄存器输出一个字节到端口 0C6H 中。

```
OUT  0C6H,AL
```

例2 将 AX 寄存器的一个字输出到端口 22DH 中。

```
MOV  DX,22DH
OUT  DX,AX
```

10.1.3 读取 CMOS 时钟

在计算机主板上插有一个由电池供电的 CMOS 芯片，包含一个实时钟和 64KB 的 RAM（后期扩展为 128KB）。关机后实时钟仍然工作，保存的信息也不消失。因此可长期保存系统的配置状态信息，在系统启动时供 BIOS 程序读取。系统分配给 CMOS 芯片的端口地址范围为 70H～7FH，但实际只用到 70H 和 71H 两个端口地址。70H 为地址端口，71H 为数据端口。

在 CMOS 芯片的 RAM 中，前 14 个字节（00H～0DH）保存实时钟的时间信息，其余字节用于系统配置。表 10-2 给出了前 14 个字节的实时钟存储单元信息，这些信息以压缩 BCD 码形式存放。由于一字节的压缩 BCD 码可表示两位十进制数，因此从 CMOS 读出的数据可以方便地转换为十进制表示。

表 10-2　COMS 实时钟存储单元

地址（H）	存储单元信息	地址（H）	存储单元信息
00	秒	06	星期（1＝星期日，2＝星期一，…，7＝星期六）
01	报警秒	07	日
02	分	08	月
03	报警分	09	年（后两位）
04	时	0A	状态寄存器 A
05	报警时	0B～0D	状态寄存器 B～D

示例 10-1 利用 I/O 指令读取 CMOS 实时钟值，将时间显示出来。

设计思路：

1）将 CMOS 中存放小时、分、秒单元的地址值分别输出到地址端口 70H，再从数据端口 71H 中读入时间值。

2）读入的 BCD 码的高 4 位是十进制的十位，低 4 位为十进制的个位，分别加上 30H 变为 ASCII 码。

3）将 DOS 的 2 号显示功能定义为宏 DISPL，用宏调用显示时间值。

4）采用循环方式执行写地址端口 70H、读取数据端口 71H 的程序段，简化程序结构。

程序如下：

```
;10-1.asm   利用 I/O 指令读取 CMOS 实时时钟值,并显示出来
displ macro opr           ;宏 DISPL
   mov ah,2
   mov dl,opr
   int 21h
endm
.model small
.data
time1 db ?
```

```
            time2 db ?
            n db 4
            .code
            start:
            mov ax,@data
            mov ds,ax
            lll:
            mov al,n                    ;n=4、2、0,为时、分、秒单元地址
            out 70h,al                  ;输出到地址端口
            in al,71h                   ;从数据端口读取小时、分、秒
            mov ah,al                   ;al=压缩BCD码,如15点00010101
            mov cl,4
            shr ah,cl                   ;ah右移4位,高4位→低4位00000001
            add ah,30h                  ;ASCII码
            and al,0fh                  ;保留个位数
            add al,30h                  ;ASCII码
            mov time1,ah
            mov time2,al
            displ time1                 ;显示十位
            displ time2                 ;显示个位
            sub n,2
            js exit                     ;下一个地址
            displ ':'                   ;显示:
            jmp lll
            exit:
            mov ah,4ch
            int 21h
            end start
```

运行结果：

```
C:\hb>10-1
17:58:57
C:\hb>
```

10.2 随机数实验

10.2.1 用 CMOS 时钟产生随机数

用 CMOS 获得的系统时间为 0~59 秒循环计数，而且得到的是十进制 BCD 码。可用其中的部分值形成随机数，加以修改后产生十位、百位、千位、万位以内的数值。

示例 10-2 利用 CMOS 实时钟产生 5 组 0~255 的随机数。

设计思路：

1) CMOS 中存放秒单元的地址值 0 输出到地址端口 70H，再从数据端口 71H 中读入秒值到 AL 寄存器；
2) 产生 0~255 的随机数的方法为 AL = AL + 12，再将 AL 循环左移 4 次；
3) 调用 DISP_2_10 子程序显示随机数；
4) 利用宏库 9-4.MAC；
5) 延迟后再次读该端口，将读入的秒值生成下一个随机数，共生成 5 个。

程序如下：

```
;10-2.asm  利用I/O指令读取CMOS实时钟值秒值,生成0~255的随机数
include 9-4.mac
.model small
```

```
        .data
        n db 5
        .code
        start:
        mov ax,@data
        mov ds,ax
        let0:
        xor ax,ax
        ;产生随机数
        mov al,0                    ;秒单元地址=0
        out 70h,al                  ;输出到地址端口
        in al,71h                   ;从数据端口读取秒值
        add al,12                   ;+12
        mov cl,4                    ;循环左移4次
        rol al,cl
        mov bx,ax
        call disp_2_10
        enter                       ;回车换行宏
        ;延时
        mov cx,30000
        rept1:push cx
        rept2:loop rept2
        pop cx
        loop rept1
        dec n
        jnz let0
        exit:
        mov ah,4ch
        int 21h
        ;子程序,二-十进制数显示,一个bx值,显示十进制结果
        disp_2_10 proc
        store_ss                    ;保护现场
        mov ax,bx                   ;bx传参
        mov cx,0
        mov bx,10                   ;将ax变为十进制数
        let1:
        mov dx,0
        inc cx                      ;统计余数个数
        idiv bx
        push dx                     ;保存余数
        cmp ax,0
        jnz let1
        let2:                       ;显示结果
        pop ax                      ;将余数弹入ax
        add ax,0030h                ;调整为ASCII码
        displ al                    ;显示一个数字
        loop let2
        restore_ss
        ret
        disp_2_10 endp
        end start
```

运行结果：

```
C:\hb>10-2
82
194
226
3
19

C:\hb>
```

10.2.2 用 DOS 时间功能出算术题

DOS 中断 INT 21H 的 2CH 功能可以获得系统时间的百分秒，可直接作为 0~99 的随机数。由于该值是十六进制数，要经过转换后用十进制显示。利用该功能经变换后扩大或缩小倍数可得到任意位的随机数值。

示例 10-3 利用 INT 21H 的 2CH 功能读出百分秒作为 0~99 的随机数，并在第 5 行 30 列上显示出 3 道加法题。可从键盘输入计算结果。

设计思路：
1) 用 2CH 功能读出的百分秒值保存在 DL 寄存器中，作为一个随机数；
2) 用子程序 DISP_2_10 将随机数转换成十进制数并显示；
3) 利用第 9 章中的 9-4.MAC 宏库清屏、置光标、显示单字符；
4) 在两个随机数之间加上一段延时，以保证两个数不重复。

程序如下：

```
;10-3.asm  用 INT 21H 的 2CH 功能读出百分秒作为 0~99 的随机数,出加法题
   include 9-4.mac              ;调入宏库
   .model small
   .data
   exer db 'x+y=',',','$'
   persec db ?
   answer db 5,?,6 dup(?)       ;保存输入的计算结果
   n db 3                       ;出 3 道题
   hang db 5                    ;第 5 行
   .code
   start:
   mov ax,@data
   mov ds,ax
   clearsc                      ;清屏
rept0:
   enter                        ;回车换行
   cursor  hang,30              ;置光标(5,30)
   mov ah,9                     ;显示提示
   mov dx,offset exer
   int 21h
;读时间并显示
   mov ah,2ch                   ;CH=小时,CL=分,DH=秒,DL=百分秒
   int 21h
   mov persec,dl                ;将百分秒作为随机数
;调用 2-10 显示子程序
   mov bl,persec
   call disp_2_10               ;显示随机数 1
   displ '+'                    ;显示 +
;延时后再读下一百分秒
   mov cx,10000                 ;延迟计数
lot1:push cx
lot2:loop lot2
   pop cx
   loop lot1
   mov ah,2ch                   ;读百分秒
   int 21h
   mov bx,0
```

```
        mov bl,dl                    ;dl = 百分秒
        call disp_2_10               ;显示随机数 2
        displ '='                    ;显示 =
        mov dx,offset answer         ;10 号功能,从键盘输入计算值
        mov ah,10
        int 21h
        dec n                        ;循环出 n = 3 道题
        cmp n,0
        jz out1
        inc hang                     ;算式显示在下一行
        jmp rept0
out1:
        mov ah,4ch
        int 21h
;子程序.二-十进制数显示.一个 bx 值,显示十进制数
disp_2_10 proc
        store_ss                     ;保护现场
        mov ax,bx                    ;bx 传参
        mov cx,0
        mov bx,10                    ;将 ax 变为十进制数
let1:
        mov dx,0
        inc cx                       ;统计余数个数
        idiv bx
        push dx                      ;保存余数
        cmp ax,0
        jnz let1
let2:                                ;显示十进制数
        pop ax                       ;将余数弹入 ax
        add ax,0030h                 ;调整为 ASCII 码
        displ al                     ;显示一个数字
        loop let2
        restore_ss                   ;恢复现场
        ret
disp_2_10 endp
        end start
```

运行结果：

```
x+y=93+9=102
x+y=8+25=33
x+y=68+85=142
```

C:\hb>

思考：算式的计算值是人为输入的，例如，运行结果中最后一题输入的值是错误的。要加上判断运算结果是否正确的功能，该段程序如何编写？

10.3 图形动画实验

在前面章节的程序中我们利用了 DOS 功能调用 INT 21H 来显示字母和数字，但是只能是标准的字符格式。第 9 章 9.3.1 节介绍了 BIOS 中断的 INT 10H 对屏幕及光标的控制方法，本节我们进一步介绍 BIOS 中断的显示模式设置、屏幕上的像素点的读写等功能。利用 INT 10H 的 9H 号功能显示带颜色的字符块，可构成放大的字母或艺术字，也可以用来画图形。在 ASCII 码扩展字符集里有一些方块符如 0DBH、0DCH、0DDH、0DEH、0DFH，可利用它们来构成图形文字。利用控制光标移动和字符消隐的方法可产生动画效果。

10.3.1 文本模式下的图形动画

1. 文本模式下的大号字体绘制

示例 10-4 利用 INT 10H 的 9H 号功能显示用字符块构成的灰白底红字单词 Well。

设计思路：
1) 先在方格上描写出大号字符，如运行结果所示，共 7 行 25 列；
2) 字符块阵列每行以 0FFH 作为结束标志，最后以 00H 作为整个图形的结束；
3) 利用宏库 9-4.MAC 清屏、置光标、设置颜色；
4) 清屏、置光标后调用 GRAPH_BLOCK 子程序写字符块；
5) 在正常文本方式下显示。

程序如下：

```
;10-4.asm 显示大字单词 Well
include 9-4.mac
data segment
init db 2,4,74h
;2 行 4 列灰白底红字 74h,字颜色:1 蓝,2 绿,3 浅蓝,4 红,5 紫,6 黄,7 灰白,8 灰
;== 第 1 行 =======================================
well_s  db 3 dup(0dch),20h,3 dup(0dch),2 dup(20h),3 dup(0dch),0ffh
; === 2 =========================================
        db 20h,0dbh,3 dup(20h),0dbh,4 dup(20h),0dbh,5 dup(20h),2 dup(0dch)
        db 3 dup(20h),2 dup(0dch),2 dup(20h),0ffh
; === 3 =========================================
        db 20h,0dbh,3 dup(20h),0dbh,3 dup(20h),0dbh,7 dup(20h)
        db 0dbh,4 dup(20h),0dbh,2 dup(20h),0ffh
; === 4 =========================================
        db 20h,0dbh,2 dup(20h),2 dup(0dbh),2 dup(20h),0dbh,2 dup(20h),0dch
        db 2 dup(0dfh),0dch,2 dup(20h),0dbh,4 dup(20h),0dbh,2 dup(20h),0ffh
; === 5 =========================================
        db 20h,0dbh,20h,0dbh,20h,0dbh,20h,0dbh,3 dup(20h),0dbh,2 dup(0dch),0dfh
        db 2 dup(20h),0dbh,4 dup(20h),0dbh,2 dup(20h),0ffh
; === 6 =========================================
        db 20h,2 dup(0dbh),2 dup(20h),2 dup(0dbh),4 dup(20h),0dbh,5 dup(20h),0dbh
        db 4 dup(20h),0dbh,2 dup(20h),0ffh
; === 7 =========================================
        db 20h,0dbh,3 dup(20h),0dbh,5 dup(20h),0dfh,2 dup(0dch),0dfh,2 dup(20h)
        db 0dbh,0dch,0dfh,2 dup(20h),0dbh,0dch,0dfh,0ffh
        db 00
; =================================================
well_col db ?
data ends
code segment
    assume cs:code,ds:data
        start:
            mov ax,data
            mov ds,ax
            mov si,0
            clearsc                 ;清屏
            mov si,offset init
            mov dh,[si]             ;起始行
            inc si
            mov dl,[si]
```

```
                mov well_col,dl          ;保存起始列位置
                inc si
                mov bl,[si]              ;颜色
                cursor dh,dl             ;置光标 2 行 4 列
                mov si,offset well_s     ;字符阵列地址
                call graph_block
                mov ah,4ch
                int 21h
;--------------------
graph_block    proc    near
write:
                mov al,[si]              ;取出 well_s 中的矩形块
                inc si
                cmp al,0ffh              ;一行结束
                je next1
                cmp al,0                 ;所有行显示完了?
                jz exit
                mov ah,9                 ;显示 AL 中字符块
                mov bh,0                 ;0 号页
                mov cx,1                 ;写 1 个字符
                int 10h
                inc dl
                cursor dh,dl             ;光标移到下一位置
                jmp write
next1:
                inc dh
                mov dl,well_col          ;下一行起始列位置
                cursor dh,dl
                jmp write
exit:
                cursor 30,10             ;退出后光标的位置
                ret
graph_block endp
  code ends
                end start
```

运行结果：

C:\hb>

练习 利用上述方法，在屏幕上画一个五角星。

2. 文本模式下的动画效果

在文本模式下利用移动光标和字符消隐的方法产生字符移动的动画效果。

示例 10-5 三行字符串分别从屏幕右边第 4 行 50 列向左边移动显示出来。

设计思路：

1) 利用地址表 TABLE 保存 3 个字串单元的地址，通过相对寄存器寻址方式 TABLE [SI] 访问字串单元；

2) 用宏库 9-4.MAC 清屏、置光标，并用显示空格定义消隐宏，设置延时宏；

3）在光标位置处，用 DOS 中断 INT 21H 的 9H 号功能显示字串；
4）变动光标位置，使字串不断左移，并将之前显示的最后字符消隐；
5）用延时来控制字串移动速度。

程序如下：

```
;10-5.asm 显示字符移动动画效果
        include 9-4.mac                    ;宏库
        displd  macro  opr                 ;字母显示消隐宏。在当前光标位置写字符或空格
            mov ah,0ah
            mov al,opr
            mov bh,00h
            mov cx,01h
            int 10h
            endm
        displs  macro  opr                 ;显示字符串宏
            mov ah,09h
            mov dx,opr                     ;opr 应为字串偏移地址
            int 21h
            endm
        delay   macro                      ;延时宏
          local rept1,rept2
            mov cx,15000
          rept1:push cx
          rept2:loop rept2
            pop cx
            loop rept1
            endm
;------------------------------------------------
data segment
    w_s0 db  'Knowledge is power.','$'
    w_s1 db  'Practice makes perfect.','$'
    w_s2 db  'I wish you success!','$'
    w_s3 db  ?
    table dw  w_s0,w_s1,w_s2,w_s3          ;存储单元地址表
    w_row db  4
    w_col db  50
    w_width  db  ?
    x db 3                                 ;3 行字符串
data ends
;------------------------------------------------
code segment
assume cs:code,ds:data
start:
    mov ax,data
    mov ds,ax
        clearsc                            ;清屏
        xor ax,ax
        mov al,w_col                       ;列
        mov si,0
rept1:
        push ax                            ;保存列值
        cursor w_row,w_col                 ;置光标 4 行 50 列
        mov bx,table[si+2]                 ;第 2 个字串地址 w_s1→bx
        sub bx,table[si]                   ;两个单元地址相减,如 w_s1-w_s0
        mov w_width,bl                     ;获得字串长度
```

```
              call w_move              ;调用字串移动子程序
              pop ax
              mov w_col,al             ;恢复列值
              inc w_row                ;下一行
              add si,2
              dec x
              jnz rept1
              mov ah,4ch
              int 21h
      ;子程序
      w_move proc near
        let0:
              delay                    ;延时
              dec w_col                ;光标左移
              cursor w_row,w_col
              displs table[si]         ;显示 w_s0 等单元中的字串
              mov dl,w_col
              dec dl
              add dl,w_width
              cursor w_row,dl          ;光标置于串尾
              displd 20h               ;消隐尾部字符
              dec bx
              cmp bx,0
              jnz let0                 ;串继续左移
              ret
      w_move endp
        code ends
          end start
```

运行结果：

```
                        Knowledge is power.
                     Practice makes perfect.
                        I wish you success!
         C:\hb>_
```

思考：要显示带颜色的字符移动动画效果，如何编写程序？

提示：用 INT 10H 中断的 09 号功能可以显示单个带颜色的字符（参见代码 10-5a.ASM）。

10.3.2 图形模式下的绘图与动画

1. 设置显示模式

格式：AH = 00H
　　　AL = 00H ~ 13H
　　　INT 10H

功能：用于设置从 40×25 的黑白文本、16 级灰度（AL = 00H），到 320×200 的 256 色 VGA 图形（AL = 13H）模式。常用的设置为 AL = 03H（80×25 的 16 色文本模式）。如表 10-3 所示。

说明：显示模式设置成图形模式后，光标会消失。

2. 获取显示模式

格式：AH = 0FH
　　　INT 10H

返回值：BH = 页号，AH = 字符列数，AL = 显示模式。

功能：获得当前屏幕的显示模式。

表 10-3 INT 10H 设置显示模式

AH	调用参数 AL（H）	屏幕格式	显示模式
00	00	40×25	黑白文本，16 级灰度
	01	40×25	16 色/8 色文本
	02	80×25	黑白文本，16 级灰度
	03	80×25	16 色/8 色文本
	04	320×200	4 色图形（粗线、大字）
	05	320×200	黑白图形，4 级灰度（粗线、大字）
	06	640×200	黑白图形
	07	80×25	黑白文本
	08	160×200	16 色图形（MCGA）
	09	320×200	16 色图形（MCGA）
	0A	640×200	4 色图形（MCGA）
	0D	320×200	16 色图形（EGA/VGA）（粗线、大字）
	0E	640×200	16 色图形（EGA/VGA）
	0F	640×350	黑白图形（EGA/VGA）
	10	640×350	16 色图形（EGA/VGA）
	11	640×480	黑白图形（MCGA/VGA）
	12	640×480	16 色图形（VGA）
	13	320×200	256 色图形（MCGA/VGA）（粗线、大字）

注：未标注适配器的表示 CGA/MCGA/EGA/VGA 均可。

3. 读写屏幕像素

（1）写像素

格式：AH＝0CH

　　　AL＝颜色值

　　　BH＝页号

　　　DX＝像素行

　　　CX＝像素列

　　　INT 10H

功能：在给定的行列位置上画出一个带颜色的点。

（2）读像素

格式：AH＝0DH

　　　BH＝页号

　　　DX＝像素行

　　　CX＝像素列

　　　INT 10H

返回值：AL＝颜色值。

功能：读出像素点的颜色值。

4. 设置彩色调色板

格式：AH＝0BH

　　　BH＝01H

　　　BL＝0 或 1　　　0 号或 1 号调色板

　　　INT 10H

功能：设置彩色调色板。

说明：BH 为彩色调色板 ID。BH＝01H 为黑屏；在 0 号调色板下，4 色颜色值为绿、红、黄、黑（AL＝1～4）；在 1 号调色板下，4 色颜色值为浅蓝、紫、白、黑（AL＝1～

4）；BH=00H 为蓝屏（与 1 号调色板配合）。

示例 10-6　将示例 10-4 修改为在 640×480、16 色图形模式下显示紫色大字单词 Well。

设计思路：

1）用 INT 10H 的 0 号功能、AL=12H 设置图形显示模式；
2）字符块阵列每行以 0FFH 作为结束标志，最后以 00H 作为整个图形的结束；
3）清屏、置光标后调用 GRAPH_BLOCK 子程序写字符块；
4）用键盘输入功能等待按键后退出图形模式；
5）返回 DOS 之前要将显示模式设置回文本模式。

程序如下：

```
;10-6.asm  显示单词Well,显示模式640×480、16色图形
data segment
;字颜色:1 蓝,2 绿,3 浅蓝,4 红,5 紫,6 黄,7 灰白,8 灰
;==第1行======================================================
well_s  db 3 dup(0dch),20h,3 dup(0dch),2 dup(20h),3 dup(0dch),0ffh
;==第2~7行同示例10-4==========================================
        db  00H
;============================================================
    well_col db ?
data ends
code segment
  assume cs:code,ds:data
start:
    mov  ax,data
    mov  ds,ax
    mov  si,0
    mov  ah,0                       ;设置显示模式
    mov  al,12h                     ;640×480,16色图形
    int  10h
    mov  dh,2                       ;2 行
    mov  dl,4                       ;4 列
    mov  well_col,dl                ;保存起始列位置
    mov  bl,05h                     ;紫色
    mov  ah,2                       ;置光标2行4列
    mov  bh,0
    int  10h
    mov  si,offset well_s
    call graph_block                ;调用写字符块子程序
    mov  ah,1                       ;暂停,按任意键继续
    int  21h
    mov  ah,0                       ;设置返回后显示模式
    mov  al,03h                     ;80×25、16色标准文本模式
    int  10h
    mov  ah,4ch
    int  21h
;--------------------
graph_block  proc  near
write:
    mov  al,[si]                    ;取出well_s中的矩形块
    inc  si
    cmp  al,0ffh                    ;一行结束
    je   next1
    cmp  al,0                       ;所有行显示完了?
    jz   exit
```

```
        mov    ah,9                              ;写 AL 中字符块
        mov    bh,0
        mov    cx,1                              ;写 1 个字符
        int    10h
        inc    dl
        mov    ah,2
        mov    bh,0
        int    10h                               ;光标移到下一位置
        jmp    write
next1:
        inc    dh
        mov    dl,well_col                       ;下一行起始列位置
        mov    ah,2                              ;置光标
        mov    bh,0
        int    10h
        jmp    write
exit:
        ret
graph_block endp
   code ends
        end start
```

运行说明：

执行后进入全屏图形模式，显示紫色大字 Well，按回车键后退回到纯 DOS 下，按 Windows 窗口键返回到 Windows 下。

示例 10-7 在 320×200、256 色图形模式下显示一行红色字串横向移动的动画效果。

设计思路：

1）用 INT 10H 的 0 号功能、AL = 13H 设置图形显示模式；
2）用 INT 10H 的 9H 号功能显示带颜色的字符；
3）移动光标位置使字符左移，同时对尾部字符消隐；
4）返回 DOS 之前要将显示模式设回文本模式。

程序如下：

```
;10-7.asm  在 320×200、256 色图形模式下显示彩色字符横向移动动画效果
    cursor macro row,rank                       ;置光标
      mov ah,2
      mov dh,row                                ;row 行 rank 列
      mov dl,rank
      mov bh,0
      int 10h
    endm
    displd macro opr                            ;字母显示消隐宏。在当前光标位置写空格
      mov ah,0ah                                ;无颜色属性
      mov al,opr
      mov bh,00h
      mov cx,01h
      int 10h
    endm
    show_c macro opr1,opr2                      ;显示带颜色字符宏
      mov ah,09h                                ;有颜色属性
      mov al,opr1                               ;字符
      mov bh,00h
      mov bl,opr2                               ;颜色
      mov cx,01h
```

```
        int 10h
      endm
  delay macro                              ;延时宏
      local rept1,rept2
      mov cx,3000
rept1:push cx
rept2:loop rept2
      pop cx
      loop rept1
      endm
;------------------------------------------------
data segment
   mess0 db 'A miss is as good as a mile.'
   mess1 db '$'
   m_row db 6
   m_col db 30
   m_width dw ?
   cont1 dw ?
   cont2 dw ?
data ends
;------------------------------------------------
code segment
   assume cs:code,ds:data
start:
       mov   ax,data
       mov   ds,ax
       mov   ah,0
       mov   al,13h                        ;320×200、256 色图形
       int   10h
       mov   di,0
       mov   bx,mess1-mess0
       mov   m_width,bx                    ;获得字串长度
       call  m_move                        ;调用字串移动子程序
       mov   ah,0                          ;设置返回后显示模式
       mov   al,03h                        ;80×25、16 色标准文本模式
       int   10h
       mov   ah,4ch
       int   21h
;------------------------------------------------
;子程序
m_move proc near
       mov cx,m_width                      ;移动次数
       mov cont2,cx
       mov cont1,cx
let1:                                      ;循环左移一串字符
       delay
       cursor  m_row,m_col                 ;在 6 行 30 列
       show_c  mess0[di],04h               ;显示字母,红色字
       mov     dl,m_col
       inc     dl
       cursor  m_row,dl
       displd  20h                         ;消隐
       dec     m_col                       ;左移光标
       dec     cont1
       jnz     let1                        ;一个字符移动
       mov     m_col,30
       inc     di                          ;取下一个字符
```

```
        sub   cont2,1
        mov   bx,cont2
        mov   cont1,bx
        jnz   let1
        ret
m_move endp
code ends
    end start
```

思考：若要显示出字符下落的动画效果，程序如何编写？

示例 10-8　在 320×200、4 色彩色图形模式下画出浅蓝色线的正方体。

设计思路：

1）用 INT 10H 的 0FH 号功能测试当前的显示模式并保存；
2）用 INT 10H 的 4 号功能设置图形显示模式；
3）用 INT 10H 的 0BH 号功能设置调色板；
4）用 INT 10H 的 0CH 号功能画像素点；
5）调用 3 个子程序分别画横线、竖线、斜线；
6）返回 DOS 之前要将显示模式恢复为原模式。

程序如下：

```
;10-8.asm 在 320×200、4 色彩色图形模式下画浅蓝色线的正方体
.model small
.data
    lie dw ?
    hang dw ?
.code
start:
    mov ax,@data
    mov ds,ax
main proc far
    mov ah,0fh                          ;测试当前显示模式
    int 10h
    push ax                             ;保存当前显示状态
    mov ah,00h
    mov al,04h                          ;设置 320×200 彩色图形模式
    int 10h
    mov ah,0bh                          ;设置彩色调色板
    mov bh,01h
    mov bl,01h                          ;1 号调色板
    int 10h
    ;---------------------------------------------------
    mov lie,180                         ;第 1 条横线
    mov cx,120                          ;(60,120)～(60,180)
    mov dx,60
    call dot_draw1                      ;调画点子程序 1
    mov lie,160                         ;第 2 条横线
    mov cx,100                          ;(80,100)～(80,160)
    mov dx,80
    call dot_draw1
    mov lie,160                         ;第 3 条横线
    mov cx,100                          ;(140,100)～(140,160)
    mov dx,140
    call dot_draw1
    mov hang,140                        ;第 1 条竖线
```

```
        mov dx,80                      ;(80,100)~(140,100)
        mov cx,100
        call dot_draw2
        mov hang,140                   ;第2条竖线
        mov dx,80                      ;(80,160)~(140,160)
        mov cx,160
        call dot_draw2
        mov hang,120                   ;第3条竖线
        mov dx,60                      ;(60,180)~(120,180)
        mov cx,180
        call dot_draw2
        mov hang,80                    ;第1条斜线
        mov dx,60                      ;(60,120)~(80,100)
        mov cx,120
        call dot_draw3
        mov hang,80                    ;第2条斜线
        mov dx,60                      ;(60,180)~(80,180)
        mov cx,180
        call dot_draw3
        mov hang,140                   ;第3条斜线
        mov dx,120                     ;(120,180)~(140,160)
        mov cx,180
        call dot_draw3
        mov ah,1                       ;暂停,待按下任意键
        int 21h
        pop ax                         ;恢复原设置
        mov ah,00h
        int 10h
        mov ah,4ch
        int 21h
main endp
;--------------------
dot_draw1 proc                         ;画点子程序1,横线
  back1:
        mov ah,0ch
        mov al,1                       ;颜色
        mov bh,0                       ;0 页
        int 10h
        inc cx                         ;下一个像素点
        cmp cx,lie
        jnz back1
        ret
dot_draw1 endp
dot_draw2 proc                         ;画点子程序2,竖线
  back2:
        mov ah,0ch
        mov al,1
        mov bh,0
        int 10h
        inc dx                         ;下一个像素点
        cmp dx,hang
        jnz back2
        ret
dot_draw2 endp
dot_draw3 proc                         ;画点子程序3,斜线
  back3:
        mov ah,0ch
```

```
        mov al,1
        mov bh,0
        int 10h
        inc dx
        dec cx
        cmp dx,hang
        jnz back3
        ret
dot_draw3 endp
        end start
```

思考：要画出正方体内部的虚线，程序如何修改？

10.4 磁盘文件读写实验

在计算机系统中，保存在磁盘上的程序和数据都是以文件形式存放的，I/O 设备也采用文件形式进行管理。操作系统对文件最基本的操作包括创建文件、删除文件、读文件、写文件等。在打开文件后通过读/写指针访问磁盘文件，结束时要关闭文件。而对于标准 I/O 设备不需要打开就可直接使用系统为其配置的文件句柄。本节介绍 DOS 中断 INT 21H 提供的一系列对文件进行操作的系统调用，然后以示例程序介绍磁盘文件的读写。

10.4.1 文件操作的 DOS 系统调用

1. 创建文件

格式：AH = 3CH
　　　DS = 文件名的段地址
　　　DX = 文件名的偏移地址
　　　CX = 文件属性
　　　INT 21H

返回值：CF = 0 创建成功，AX = 文件句柄；CF = 1 创建失败，AX = 出错代码。

说明：
- 文件名——包括盘符、路径、文件名和扩展名，并以 0 结尾。例如："C：\ HB \ ABC. ASM"，0。若磁盘上有该文件，则覆盖。
- 文件属性——00 普通，01 只读，02 隐藏，03 只读隐藏，04 系统，08 卷标，10H 子目录，20H 归档。可通过 DOS 的 43H 号功能改变文件属性。
- 文件句柄——即文件代号，用于标识该文件，读写文件时需要给出。系统配备的标准设备默认的文件代号：0 输入设备（键盘），1 输出设备（显示器），2 错误设备，3 辅助设备（串口），4 打印设备（打印机）。
- 出错代码——01 非法功能号，02 文件未找到，03 路经未找到，04 同时打开文件过多，05 拒绝存取，06 非法文件代号，07 内存控制块被破坏，08 内存不够。

2. 打开文件

格式：AH = 3DH
　　　DS = 文件名的段地址
　　　DX = 文件名的偏移地址
　　　AL = 打开方式
　　　INT 21H

返回值：CF = 0 成功，AX = 文件句柄；CF = 1 失败，AX = 出错代码。

说明：打开方式——0 只读，1 只写，2 读写。

3. 关闭文件

格式：AH = 3EH
　　　BX = 文件句柄
　　　INT 21H

返回值：CF = 0 成功，AL = 0；CF = 1 失败，AX = 出错代码。

4. 读文件/设备

格式：AH = 3FH
　　　DS = 缓冲区的段地址
　　　DX = 缓冲区的偏移地址
　　　BX = 文件句柄
　　　CX = 读取的字节数
　　　INT 21H

返回值：CF = 0 成功，AX = 实际读入的字节数；CF = 1 出错，AX = 出错代码。
说明：读入的文件存放在缓冲区中。如果设置 BX = 0 则可从键盘输入文件。

5. 写文件/设备

格式：AH = 40H
　　　DS = 字符串的段地址
　　　DX = 字符串的偏移地址
　　　BX = 文件句柄
　　　CX = 写入的字节数
　　　INT 21H

返回值：CF = 0 成功，AX = 实际写入的字节数；CF = 1 出错，AX = 出错代码。
说明：要写入文件的内容以字符串形式在数据段中定义。如果设置 BX = 1，则将字符串输出到显示器显示。

6. 删除文件

格式：AH = 41H
　　　DS = 文件名的段地址
　　　DX = 文件名的偏移地址
　　　INT 21H

返回值：CF = 0 成功，AX = 0；CF = 1 失败，AX = 出错代码。

7. 移动文件指针

格式：AH = 42H
　　　BX = 文件句柄
　　　CX = 位移量的高位
　　　DX = 位移量的低位
　　　AL = 移动方式
　　　INT 21H

返回值：CF = 0 成功，DX：AX = 新指针位置；CF = 1 失败，AX = 出错代码。
说明：移动方式——0 绝对移动，文件起始位置 + 位移量；1 相对移动，当前指针位置 + 位移量（正/负）；2 绝对迁移，文件尾部 + 位移量（正/负）。

8. 设置文件属性

格式：AH = 43H

DS = 文件名的段地址
DX = 文件名的偏移地址
AL = 00 读取文件属性
AL = 01 设置文件属性
CX = 新属性
INT 21H

返回值：CF = 0 成功，CX = 文件属性；CF = 1 出错，AX = 出错代码。

10.4.2 磁盘文件读写示例

1. 读入文件并显示

示例 10-9 打开 C 盘 HB 子目录下的文本文件并显示出来，文件名从键盘输入。

设计思路：
1）用小模式将数据段、附加段和代码段定义在一起；
2）用 10 号功能从键盘输入文件名，并用 N2 单元存放路径、N3 单元存放文件名；
3）用 3DH 号功能打开文件，若打开出错则显示出错号和出错信息；
4）用 42H 号功能移动指针到文件尾得到文件长度；
5）用 2 号功能循环显示读入的文件内容。

程序如下：

```
;10-9.asm 从键盘输入文件名,并将c:\hb\路径下的文件显示出来
.model small
.code
    emess1 db 0ah,'read error!','$'
    emess2 db 0ah,'error2! file no find.','$'
    emess3 db 0ah,'error3! path no find.','$'
    mess1 db 'file name:','$'
    fname db 41,?,40 dup(?)
    n2 db   'c:\hb\'
    n3 db   40 dup(0)
    count dw ?
    handle dw ?                         ;文件句柄
    leng equ 8000h                      ;文件长度 8000H = 32768
    buff db leng dup(0)                 ;文件暂存区
    ;------------------------------------
start:
    mov ax,@code
    mov ds,ax
    mov es,ax
    mov dx,offset mess1                 ;提示输入
    mov ah,9
    int 21h
    mov dx,offset fname
    mov ah,10                           ;输入文件名
    int 21h
    lea si,fname + 2                    ;输入的字符
    lea di,n3
    mov ch,0
    mov cl,fname + 1                    ;实际输入的个数
    rep movsb                           ;串传送文件名到n3
    ;------------------------------------
    mov dx,offset n2                    ;路径名、文件名
    mov al,0                            ;只读
```

```
        mov ah,3dh                      ;打开文件
        int 21h
        jnc let0
        jmp erro                        ;打开出错,转 erro
let0:
        mov handle,ax                   ;保存文件句柄
        mov bx,ax                       ;bx = 文件句柄
        mov ah,42h                      ;移动指针
        mov cx,0                        ;位移量 = 0
        mov dx,0
        mov al,2                        ;移到尾部
        int 21h
        mov count,ax                    ;ax = 长度
        mov ah,42h
        mov al,0                        ;指针指向头部
        int 21h
        mov cx,count
        mov dx,offset buff
        mov ah,3fh                      ;从文件中读出 cx 字节→buff
        int 21h
        jc error                        ;读出错,转 error
        mov cx,ax                       ;实际读入的字符数送入 cx
        mov ah,2
        mov dl,0ah                      ;换行
        int 21h
        mov bx,offset buff
let1:
        mov dl,[bx]                     ;用 2 号功能循环显示文件内容
        int 21h
        inc bx
        loop let1
        mov bx,handle
        mov ah,3eh
        int 21h                         ;关闭文件
        jnc out1                        ;关闭无错,转到 out1 处返回 dos
erro:
        cmp ax,2
        jnz err3
        mov dx,offset emess2            ;错误 2 提示
        mov ah,9
        int 21h
        jmp out1
err3:
        cmp ax,3
        jnz error
        mov dx,offset emess3            ;错误 3 提示
        mov ah,9
        int 21h
        jmp out1
error:
        mov dx,offset emess1            ;读出错提示
        mov ah,9
        int 21h
out1:
        mov ah,4ch
        int 21h
            end   start
```

运行结果：

```
C:\hb>10-9
file name:4-1.asm
;program 4-1.asm
data segment
x dw 12,34,56
y dw 3 dup(?)
data ends
code segment
assume cs:code,ds:data
start: mov ax,data
       mov ds,ax
       push x
       push x+2
       push x+4
       pop y
       pop y+2
       pop y+4
       mov ah,4ch
       int 21h
code ends
    end start

C:\hb>
```

运行说明：从键盘输入的文件名不需要输入路径，文件应该是源程序或 ASCII 码文本文件。文件的大小不要超过 32KB（8000H）。

2. 创建文件并写入

示例 10-10 创建一个新文件 C:\HB\NEWFILE.ASM，并写入文件内容。

设计思路：

1) 用 3CH 号功能建立带有路径名的新文件；
2) 新文件的内容（一段汇编源程序）用字节单元定义；
3) 用 40H 号功能将该段源程序文本写入新文件中；
4) 利用 9-4.MAC 宏库清屏、置光标；
5) 写入成功后将文件句柄设置为 1，再用 40H 号功能将文件内容显示出来。

程序如下：

```
;10-10.asm  创建文件并写入文件内容
include 9-4.mac
data segment
  filename db 'c:\hb\newfile.asm',0              ;创建的文件名
  asmfile db '.model small',0ah,0dh              ;新文件的内容
        db '.data',0ah,0dh
        db 'infor db "create a new file.$"',0ah,0dh
        db '.code ',0ah,0dh
        db 'start:',0ah,0dh
        db 'mov ax,@data',0ah,0dh
        db 'mov ds,ax',0ah,0dh
        db 'mov dx,offset infor',0ah,0dh
        db 'mov ah,9',0ah,0dh
        db 'int 21h',0ah,0dh
        db 'mov ah,4ch',0ah,0dh
        db 'int 21h',0ah,0dh
        db 'end start'
  emess db 'error !$',0ah,0dh                    ;出错提示
  message db 'ok ! newfile.asm:',0ah,0dh,'$'     ;创建成功后的提示
  handle dw ?                                    ;保存文件句柄
data ends
code segment
  assume cs:code,ds:data,es:data
```

```
start:
    mov ax,data
    mov ds,ax
    mov es,ax
    mov dx,offset filename
    mov cx,0                        ;普通文件属性
    mov ah,3ch                      ;创建文件
    int 21h
    jc error                        ;创建出错,转 error 处
    mov handle,ax                   ;保存文件句柄
    mov bx,ax
    mov cx,emess－asmfile            ;写入的字节数
    mov dx,offset asmfile            ;写入内容
    mov ah,40h
    int 21h
    jc error                        ;写出错,转 error 处
    mov bx,handle                   ;文件句柄
    mov ah,3eh                      ;关闭文件
    int 21h
    jc error                        ;关闭文件出错,转 error 处
    clearsc                         ;清屏宏
    cursor 0,0                      ;置光标宏
    mov dx,offset message           ;显示操作成功提示
    mov ah,9
    int 21h
    ;------------------
    mov bx,1                        ;句柄为1,写到显示器
    mov cx,emess－asmfile            ;字符个数
    mov dx,offset asmfile            ;显示的内容
    mov ah,40h
    int 21h
    jmp out1
    ;------------------
error:
    mov dx,offset emess
    mov ah,9
    int 21h                         ;显示错误提示
out1:
    mov ah,4ch
    int 21h
code ends
    end start
```

运行结果：

```
ok ! newfile.asm:
.model small
.data
infor db "create a new file.$"
.code
start:
mov ax,@data
mov ds,ax
mov dx,offset infor
mov ah,9
int 21h
mov ah,4ch
int 21h
end start
C:\hb>
```

运行说明：示例 10-10 运行之后，也可以用示例 10-9 来打开 NEWFILE.ASM，检验一下文件的写入。

10.5 综合实验题目

本节给出 8 个综合实验题目,通过学习与训练,归纳、总结前面各章的知识,进一步提高汇编语言程序设计的能力。

10.5.1 实验一 CMOS 时间和日期

实验目的

通过编写读取 CMOS 实时钟程序,加深对接口芯片的了解,掌握输入/输出指令的用法。对比中断调用获取日期和时间,总结多种获取系统时间的方法,达到举一反三的目的。综合复习菜单程序,置光标、开窗口、颜色设置等屏幕功能。

实验内容

1) 用 I/O 指令读取 CMOS 实时钟值,并清屏、置光标,在窗口中显示日期、时间。
2) 用 DOS 日期和时间功能调用提供修改时间和日期的功能。
3) 设计一个 60 秒倒计时器。

实验要求

1) 编写出菜单,可对实验内容作选择。
2) 在不同窗口中显示日期、时间,修改日期、时间。
3) 能够显示出变化的时间。
4) 选做:60 秒倒计时器(带颜色),时间到响铃。

设计思路

1) 参考示例 10-1、示例 9-4 及 9.4.3 节。
2) 变化的时间。可在示例 10-1 中再加一层循环,达到重复显示。但要注意:由于指令执行时间非常快,需要在两次循环中加入延迟程序段或者按键控制,否则看不到时间的改变。
3) 60 秒倒计时器参考 9.3.3 节及示例 9-5。

实验报告要求

1) 写出设计思路、画出程序框图。
2) 列出源程序。
3) 用截图形式记录实验结果。
4) 写出实验结果分析。

10.5.2 实验二 英文打字练习软件

实验目的

编写英文打字练习软件,综合复习字符输入和显示,置光标、开窗口、颜色设置等屏幕功能;掌握分支程序中字符比较及统计的程序设计方法、循环及排序程序设计方法;加入中断调用的计时功能。通过上述综合性训练,进一步加深对汇编语言的理解,提高程序设计技能。

实验内容

1) 屏幕出现打字练习菜单(格式如字体、字号、颜色自定)。
2) 菜单项目为 4 项:照打、覆盖打、名次、退出。

实验要求

1) 屏幕显示一段文字,在下面照打。统计并显示打对和打错的个数以及正确率或成绩。
2) 显示一段文字,在原文上覆盖打,打错时该字反显并响铃。统计并显示打对和打错的个数以及正确率或成绩。
3) 选做:建立一个数组,用于保存打字者的名字和成绩,并能显示目前打字者的名次。
4) 选做:上述操作可加入计时功能,时间显示在右上角。

设计思路
1) 在窗口内输入可参考示例 9-3，菜单程序参考示例 5-8。
2) 文字显示及打字参考示例 9-3。
3) 判断及统计参考示例 5-3 和示例 6-3。
4) 名次排序参考示例 6-5 和示例 7-6。
5) 计时参考示例 9-5。

实验报告要求
1) 写出设计思路、画出程序框图。
2) 列出源程序。
3) 用截图形式记录实验结果。
4) 写出实验结果分析。

10.5.3　实验三　英文填字游戏软件

实验目的
　　编写英文填字游戏软件，增加趣味性游戏功能。综合复习菜单程序，置光标、开窗口、颜色设置等屏幕功能；掌握字符串扫描、比较指令，分支循环程序设计方法以及中断调用的计时功能。通过综合性编程训练，进一步加深对汇编语言的理解，提高程序设计技能。

实验内容
1) 屏幕出现英文填字游戏菜单。
2) 菜单项目为 4 项：填字、奖励、名次、退出。

实验要求
1) 设计菜单及彩色显示界面，在窗口内显示单词。
2) 每次给出缺了若干字母的英文单词，光标跳到空缺处，等待输入。如果填对了，跳到下一个空位置；全对，出现下一个单词。如果错了，统计并显示错误次数，三次为限。并给出正确答案。按 ESC 键退出并打印出正确的单词个数。
3) 正确个数超过一定比例后，给予 n 个五星奖励，并有鼓励字样。
4) 选做：填字后，按 F1 键可给出该单词的英文解释。
5) 选做：上述操作可加入计时功能，时间显示在右上角。

设计思路
1) 菜单程序参考示例 5-8。
2) 在窗口内文字显示及填字参考示例 9-3。
3) 查找空缺参考示例 6-4，调光标参考示例 9-4。
4) 判断对错及统计参考示例 6-3 和示例 5-3。
5) 名次排序参考示例 6-5 和示例 7-6。
6) 计时参考示例 9-5。

实验报告要求
1) 写出设计思路、画出程序框图。
2) 列出源程序。
3) 用截图形式记录实验结果。
4) 写出实验结果分析。

10.5.4　实验四　设计一个小计算器

实验目的
　　通过编写小计算器程序，复习十进制数的输入和输出、子程序设计，掌握中断程序调用和编写方法。通过综合性训练，进一步加深对汇编语言的理解，提高程序设计技能。

实验内容
1）设计一个计算器，可做 +、–、×、/运算。
2）清屏、开窗口，在窗口内计算。

实验要求
1）从键盘输入一个多位十进制数，按加号"+"，再输入另一个十进制数，按等号"="后显示结果。
2）其余运算同上。
3）结果为负时，显示成带负号"–"的十进制数形式。
4）选做：除 0 出错处理，调用除零中断程序处理。
5）选做：结果溢出处理，自编一个溢出中断，发生溢出时，显示提示信息后退出。

设计思路
1）键盘输入十进制数，运算后显示十进制数，参考示例 7-7。
2）显示带负号的十进制数，参考示例 8-4 和实验 7-2b. ASM。
3）除 0 中断程序参考示例 9-2。
4）自编一个溢出中断，当溢出标志 OF = 1 时，触发中断，参考示例 9-1。
5）在窗口内显示和输入可参考示例 9-3。

实验报告要求
1）写出设计思路、画出程序框图。
2）列出源程序。
3）用截图形式记录实验结果。
4）写出实验结果分析。

10.5.5　实验五　小学生算术练习软件

实验目的
通过编写算术练习软件，复习算术运算程序设计、子程序设计方法，中断调用获取计数值产生随机数，十进制数运算方法等，达到顺利完成综合性设计性实验的目的。

实验内容
1）屏幕出现菜单选择项，包括两位数的加减运算、一位数的乘除运算。
2）随机产生算式。判断输入的计算结果正确与否。

实验要求
1）在屏幕上显示相关算式，等待输入计算结果。
2）随机产生两个两位以内的十进制数用于加减运算。
3）随机产生两个一位的十进制数用于乘除运算。
4）判断计算结果是否正确，正确给出鼓励；错误重新计算，两次不对给出答案。
5）选做：显示有色彩的计算时间值。

设计思路
1）加减乘除计算程序参考示例 4-6 和示例 7-7。
2）产生随机数参考示例 9-6 和示例 10-3。
3）在窗口内显示和输入可参考示例 9-3。
4）选做题，参考示例 9-4 和示例 9-5。

实验报告要求
1）写出设计思路、画出程序框图。
2）列出源程序。
3）用截图形式记录实验结果。

4）写出实验结果分析。

10.5.6　实验六　进制及编码转换工具

实验目的

　　进制转换、编码转换是汇编语言中的重要内容，自始至终贯穿在本书中。由于键盘输入、屏幕输出要用 ASCII 码；人们习惯用十进制表示，而 BCD 码就是替代品；二进制、十六进制又是机器的需求。因此几种进制、码制之间势必要做转换，这项工作系统没有提供，是需要编写程序实现的。进制、码制的转换程序在前几章中已经介绍了，通过本实验，将其综合起来，使之形成一个方便实用的小工具。

实验内容

　　1）设计菜单，可多次选择。
　　2）几种进制转换、编码转换。
　　3）屏幕右上角开窗口显示日期和时间。

实验要求

　　1）输入十进制数，转换成二进制数显示。
　　2）输入十进制数，转换成十六进制数显示。
　　3）输入带符号十进制数，转换成十六进制补码数显示。
　　4）输入十六进制数，转换成二进制数显示。
　　5）输入十六进制数，转换成十进制数显示。
　　6）输入十六进制补码数，转换成带符号十进制真值显示。
　　7）输入二进制数，转换成十进制数显示。
　　8）输入二进制数，转换成十六进制数显示。

设计思路

　　1）参考示例 7-1、实验 7-2b.ASM、示例 7-7、示例 8-2、示例 8-4、实验 8-6.ASM。
　　2）用 BCD 码表示十进制数，计算时要用十进制调整指令作调整。
　　3）BCD 码加上 30H 就是相应十进制数的 ASCII 码，可用于显示。
　　4）键盘输入的数字去掉 30H，即将 ASCII 码变为二进制数。
　　5）日期和时间参考示例 9-4，开窗口参考示例 9-5。

实验报告要求

　　1）写出设计思路、画出程序框图。
　　2）列出源程序。
　　3）用截图形式记录实验结果。
　　4）写出实验结果分析。

10.5.7　实验七　绘制图形动画

实验目的

　　通过编写图形绘画程序，了解并掌握 BIOS 中断对屏幕显示模式的设置、利用像素点绘制线段的方法。在文本模式下和图形模式下利用控制光标移动和字符消隐方法产生动画效果。综合复习菜单程序、置光标、开窗口、颜色设置、图形绘制等功能。

实验内容

　　1）在文本模式下绘制大写字母 ASM，或者绘制学校 LOGO。
　　2）在大写字母的下方从屏幕左右边分别移动出两行字符串。
　　3）在图形模式下绘制一个一笔连线图形。
　　4）在文本模式下先在屏幕第一行显示字符串，再让每个字符自由下落。

实验要求

1) 清屏、开窗口。在窗口内显示菜单。
2) 实验内容 1)、2) 在同一画面上。
3) 实验内容 3) 画线时按一笔连线顺序画出。
4) 选做：字符下落。下落速度可更改。
5) 选做：键盘打字，如果输入的字符与下落字符相同，字符消失；否则不变。

设计思路

1) 参考示例 10-4、示例 10-5、示例 10-8，开窗口菜单参考示例 9-3。
2) 学校 LOGO 只选择可绘制部分，或者自选一个简单 LOGO。
3) 一笔连线图形任选；可以先画出原图，再用另一种颜色按一笔画形式描出。
4) 改变光标行列位置控制字符下落，字符可按排列顺序下落也可随机选择下落。
5) 键盘输入可用 INT 21H 的 1 号功能，或者参考 9.3.2 节 BIOS 的键盘中断 INT 16H。

实验报告要求

1) 写出设计思路、画出程序框图。
2) 列出源程序。
3) 用截图形式记录实验结果。
4) 写出实验结果分析。

10.5.8　实验八　磁盘文件

实验目的

磁盘文件管理是操作系统的重要功能，通过编写磁盘文件程序，了解文件句柄、文件指针、文件缓存区等概念，掌握文件最基本操作功能的 DOS 系统调用的用法。综合复习菜单程序，置光标、开窗口、颜色设置等功能。

实验内容

1) 将从键盘输入的一串字符存入新建的文件 CHARKEY.TXT 中。
2) 打开 CHARKEY.TXT 文件，将其倒序写入另一文件中。
3) 打开示例 10-9 源程序，将其每次显示 20 行/页，按回车键显示下一页，直至结束。

实验要求

1) 编写出菜单窗口，可对实验内容作选择。
2) 能显示出倒序后的文件。
3) 分页显示的文件名从键盘输入。
4) 选做：清屏、开窗口后，在窗口内分页显示。

设计思路

1) 文件操作参考示例 10-10，开窗口参考 9.3.1 节。
2) 倒序文件可考虑移动指针，参考示例 10-9。
3) 分页显示可采用判断回车符 0DH，累计值为 20 次代表 20 行。
4) 开窗口菜单设置参考示例 9-3。

实验报告要求

1) 写出设计思路、画出程序框图。
2) 列出源程序。
3) 用截图形式记录实验结果。
4) 写出实验结果分析。

附录 A

8086指令系统表

1. 数据传送指令

指令	格式	功能	操作数	时钟周期数	字节数
传送	MOV dst, src	(dst) ← (src)	mem, reg	9 + EA	2~4
			reg, mem	8 + EA	2~4
			reg, reg	2	2
			reg, imm	4	2~3
			mem, imm	10 + EA	3~6
			seg, reg	2	2
			seg, mem	8 + EA	2~4
			mem, seg	9 + EA	2~4
			reg, seg	2	2
			mem, acc	10	3
			acc, mem	10	3
数据交换	XCHG opr1, opr2	(opr1) ↔ (opr2)	reg, mem	17 + EA	2~4
			reg, reg	4	2
			reg, acc	3	1
进栈	PUSH src	(SP) ← (SP) − 2 ((SP) + 1, (SP)) ← (src)	reg	11	1
			seg	10	1
			mem	16 + EA	2~4
出栈	POP dst	(dst) ← ((SP) + 1, (SP)) (SP) ← (SP) + 2	reg	8	1
			seg	8	1
			mem	17 + EA	2~4
查表转换	XLAT	(AL) ← ((BX) + (AL))		11	1
字节扩展为字	CBW	(AL) 符号扩展到 (AH)		2	1
字扩展为双字	CWD	(AX) 符号扩展到 (DX)		5	1
有效地址传送	LEA reg, src	(reg) ← src	reg, mem	2 + EA	2~4
数据段地址传送	LDS reg, src	(reg) ← src (DS) ← (src + 2)	reg, mem	16 + EA	2~4

㊀ 参考文献 [8]

(续)

指令	格式	功能	操作数	时钟周期数	字节数
附加段地址传送	LES reg, src	(reg) ← src (ES) ← (src+2)	reg, mem	16+EA	2~4
标志位→AH	LAHF	(AH) ← FLAGS(0-7)		4	1
AH→标志位	SAHF	FLAGS(0-7) ← (AH)		4	1
标志位进栈	PUSHF	(SP) ← (SP) -2 ((SP)+1,(SP)) ← FLAGS(0-7)		10	1
标志位出栈	POPF	FLAGS(0-7) ← ((SP)+1,(SP)) (SP) ← (SP)+2		8	1
输入	IN acc, port IN acc, DX	(acc) ← (port) (acc) ← ((DX))		10 8	2 1
输出	OUT port, acc OUT DX, acc	(port) ← (acc) ((DX)) ← (acc)		10 8	2 1

2. 算术运算指令

指令	格式	功能	操作数	时钟周期数	字节数
加法	ADD dst, src	(dst) ← (dst) + (src)	mem, reg reg, mem reg, reg reg, imm mem, imm acc, imm	16+EA 9+EA 3 4 17+EA 4	2~4 2~4 2 3~4 3~6 2~3
带进位加	ADC dst, src	(dst) ← (dst) + (src) + CF	mem, reg reg, mem reg, reg reg, imm mem, imm acc, imm	16+EA 9+EA 3 4 17+EA 4	2~4 2~4 2 3~4 3~6 2~3
加1	INC opr	(opr) ← (opr) +1	reg mem	2~3 15+EA	1~2 2~4
减法	SUB dst, src	(dst) ← (dst) - (src)	mem, reg reg, mem reg, reg reg, imm mem, imm acc, imm	16+EA 9+EA 3 4 17+EA 4	2~4 2~4 2 3~4 3~6 2~3
带借位减	SBB dst, src	(dst) ← (dst) - (src) - CF	mem, reg reg, mem reg, reg reg, imm mem, imm acc, imm	16+EA 9+EA 3 4 17+EA 4	2~4 2~4 2 3~4 3~6 2~3

指令	格式	功能	操作数	时钟周期数	字节数
减1	DEC opr	（opr）←（opr）－1	reg mem	2～3 15＋EA	1～2 2～4
求补	NEG opr	（opr）←0－（opr）	reg mem	3 16＋EA	2 2～4
比较	CMP opr1，opr2	（opr1）－（opr2）	reg，reg reg，imm mem，imm	3 4 10＋EA	2 3～4 3～6
无符号数乘法	MUL src	（AX）←（AL）×（src 字节） （DX,AX）←（AX）×（src 字）	8 位 reg 8 位 mem 16 位 reg 16 位 mem	70～77 (76～83)＋EA 118～133 (124～139)＋EA	2 2～4 2 2～4
带符号数乘法	IMUL src	（AX）←（AL）×（src 字节） （DX,AX）←（AX）×（src 字）	8 位 reg 8 位 mem 16 位 reg 16 位 mem	80～98 (86～104)＋EA 128～154 (134～160)＋EA	2 2～4 2 2～4
无符号数除法	DIV src	（AL）←（AX）/（src 字节）的商 （AH）←（AX）/（src 字节）的余数 （AX）←（DX,AX）/（src 字）的商 （DX）←（DX,AX）/（src 字）的余数	8 位 reg 8 位 mem 16 位 reg 16 位 mem	80～90 (86～96)＋EA 144～162 (150～168)＋EA	2 2～4 2 2～4
带符号数除法	IDIV src	（AL）←（AX）/（src）的商 （AH）←（AX）/（src）的余数 （AX）←（DX,AX）/（src）的商 （DX）←（DX,AX）/（src）的余数	8 位 reg 8 位 mem 16 位 reg 16 位 mem	101～112 (107～118)＋EA 165～184 (171～190)＋EA	2 2～4 2 2～4
压缩 BCD 码加法调整	DAA	AL 的低 4 位大于 9，则 AL 加 6； AL 的高 4 位大于 9，AL 加 60H		4	1
压缩 BCD 码减法调整	DAS	AL 的低 4 位大于 9，则 AL 减 6； AL 的高 4 位大于 9，AL 减 60H		4	1
非压缩 BCD 码加法调整	AAA	AL 的低 4 位大于 9，将 AL 加 6、 AH 加 1，AL 的高 4 位清零		4	1
非压缩 BCD 码减法调整	AAS	辅助进位 AF 为 1，将 AL 减 6、AH 减 1，AL 的高 4 位清零，CF 置 1		4	1
非压缩 BCD 码乘法调整	AAM	将乘积 AX 调整为 2 个非压缩的 BCD 码。AL 除以 0AH，得到的商送 AH，余数送入 AL。即乘积的高位数在 AH、低位数在 AL 中		83	2
非压缩 BCD 码除法调整	AAD	在做除法之前，将被除数 AX 中的 2 个非压缩的 BCD 码调整为二进制数 （AL）=（AL）+（AH）×10，AH 清零。除法之后，商在 AL、余数在 AH 中		60	2

3. 逻辑运算指令

指令	格式	功能	操作数	时钟周期数	字节数
逻辑与	AND dst,src	(dst)←(dst)∧(src)	mem, reg reg, mem reg, reg reg, imm mem, imm acc, imm	16+EA 9+EA 3 4 17+EA 4	2~4 2~4 2 3~4 3~6 2~3
逻辑或	OR dst,src	(dst)←(dst)∨(src)	mem, reg reg, mem reg, reg reg, imm mem, imm acc, imm	16+EA 9+EA 3 4 17+EA 4	2~4 2~4 2 3~4 3~6 2~3
逻辑非	NOT opr	(opr)←¬(opr)	reg mem	3 16+EA	2 2~4
逻辑异或	XOR dst,src	(dst)←(dst)⊕(src)	mem, reg reg, mem reg, reg reg, imm mem, imm acc, imm	16+EA 9+EA 3 4 17+EA 4	2~4 2~4 2 3~4 3~6 2~3
测试指令	TEST opr1,opr2	(opr1)∧(opr2)	mem, reg reg, mem reg, reg reg, imm mem, imm acc, imm	9+EA 9+EA 3 4 17+EA 4	2~4 2~4 2 3~4 3~6 2~3
算术左移	SAL opr,1 SAL opr,CL	操作数左移,最高位移入CF,最低位补0	reg mem reg mem	2 15+EA 8 20+EA	2 2~4 2 2~4
算术右移	SAR opr,1 SAR opr,CL	操作数右移,最低位移入CF,最高位右移的同时保持不变	reg mem reg mem	2 15+EA 8 20+EA	2 2~4 2 2~4
逻辑左移	SHL opr,1 SHL opr,CL	操作数左移,最高位移入CF,最低位补0	reg mem reg mem	2 15+EA 8 20+EA	2 2~4 2 2~4
逻辑右移	SHR opr,1 SHR opr,CL	操作数右移,最低位移入CF,最高位补0	reg mem reg mem	2 15+EA 8 20+EA	2 2~4 2 2~4
循环左移	ROL opr,1 ROL opr,CL	操作数循环左移,最高位移入CF同时移入最低位	reg mem reg mem	2 15+EA 8 20+EA	2 2~4 2 2~4

(续)

指令	格式	功能	操作数	时钟周期数	字节数
循环右移	ROR opr, 1 ROR opr, CL	操作数循环右移,最低位移入 CF 同时移入最高位	reg mem reg mem	2 15 + EA 8 20 + EA	2 2~4 2 2~4
带进位的循环左移	RCL opr, 1 RCL opr, CL	操作数和进位一起循环左移, CF 移入最低位,同时最高位 移入 CF	reg mem reg mem	2 15 + EA 8 20 + EA	2 2~4 2 2~4
带进位的循环右移	RCR opr, 1 RCR opr, CL	操作数和进位一起循环右移, CF 移入最高位,同时最低位 移入 CF	reg mem reg mem	2 15 + EA 8 20 + EA	2 2~4 2 2~4

4. 串处理指令

指令	格式	功能	操作数	时钟周期数	字节数
串传送	MOVSB MOVSW 与 REP 连用	((DI)) ← ((SI)) (SI) ← (SI) ±1, (DI) ← (DI) ±1 ((DI)) ← ((SI)) (SI) ← (SI) ±2, (DI) ← (DI) ±2	mem, mem	26/次	1 1
串比较	CMPSB CMPSW 与 REPZ/E 或 REPNZ/NE 连用	((DI)) - ((SI)) (SI) ← (SI) ±1, (DI) ← (DI) ±1 ((DI)) - ((SI)) (SI) ← (SI) ±2, (DI) ← (DI) ±2	mem, mem	31/次	1 1
串扫描	SCASB SCASW 与 REPZ/E 或 REPNZ/NE 连用	(AL) - ((DI)) (DI) ← (DI) ±1 (AX) - ((DI)) (DI) ← (DI) ±2	acc, mem	26/次	1 1
串获取	LODSB LODSW	(AL) ← ((SI)) (SI) ← (SI) ±1 (AX) ← ((SI)) (SI) ← (SI) ±2	acc, mem	22/次	1 1
串存入	STOSB STOSW	((DI)) ← (AL) (DI) ← (DI) ±1 ((DI)) ← (AX) (DI) ← (DI) ±2	mem, acc	19/次	1 1
重复前缀	REP string_ instruc	(CX) = 0 退出重复,否则 (CX) ← (CX) -1 并执行其后的串指令		2	1
相等则重复	REPE/REPZ string_instruc	(CX) =0 或 (ZF) =0 退出重复,否则 (CX) ← (CX) -1 并执行其后的串指令		2	1
不相等则重复	REPNE/REPNZ string_instruc	(CX) =0 或 (ZF) =1 退出重复,否则 (CX) ← (CX) -1 并执行其后的串指令		2	1

5. 控制与转移指令

指令	格式	功能	操作数	时钟周期数	字节数
无条件转移指令	JMP SHORT opr JMP NEAR PTR opr JMP WORD PTR opr JMP FAR PTR opr JMP DWORD PTR opr	（IP）←（IP）+位移量 opr （IP）←opr 的偏移地址 （CS）←opr 的段地址	reg mem	15 15 11 15 18 + EA 24 + EA	2 3 2 5 2~4 2~4
结果为 0（或相等）则转移	JZ/JE opr	ZF = 1 则转移到 opr		16/4	2
结果不为 0（或不相等）则转移	JNZ/JNE opr	ZF = 0 则转移到 opr		16/4	2
结果有进位则转移	JC opr	CF = 1 则转移到 opr		16/4	2
结果无进位则转移	JNC opr	CF = 0 则转移到 opr		16/4	2
结果为负则转移	JS opr	SF = 1 则转移到 opr		16/4	2
结果为正则转移	JNS opr	SF = 0 则转移到 opr		16/4	2
结果溢出则转移	JO opr	OF = 1 则转移到 opr		16/4	2
结果不溢出则转移	JNO opr	OF = 0 则转移到 opr		16/4	2
结果为偶数个 1 则转移	JP/JPE opr	PF = 1 则转移到 opr		16/4	2
结果为奇数个 1 则转移	JNP/JPO opr	PF = 0 则转移到 opr		16/4	2
低于则转移	JB/JNAE opr	CF = 1 且 ZF = 0 则转移		16/4	2
低于等于则转移	JBE/JNA opr	CF = 1 或 ZF = 1 则转移		16/4	2
高于则转移	JA /JNBE opr	CF = 0 且 ZF = 0 则转移		16/4	2
高于等于则转移	JAE/JNB opr	CF = 0 或 ZF = 1 则转移		16/4	2
小于则转移	JL/JNGE opr	SF $\oplus$ OF = 1 则转移		16/4	2
小于等于则转移	JLE/JNG opr	SF $\oplus$ OF = 1 或 ZF = 1 则转移		16/4	2
大于则转移	JG/JNLE opr	SF $\oplus$ OF = 0 且 ZF = 0 则转移		16/4	2
大于等于则转移	JGE/JNL opr	SF $\oplus$ OF = 0 则转移		16/4	2
CX 值为 0 则转移	JCXZ opr	（CX）= 0 则转移		18/6	2
循环	LOOP opr	（CX）≠ 0 则循环		17/5	2
结果为 0 或相等则循环	LOOPZ/LOOPE opr	（CX）≠ 0 且 ZF = 1 则循环		18/6	2
结果不为 0 或不相等则循环	LOOPNZ/ LOOPNE opr	（CX）≠ 0 且 ZF = 0 则循环		19/5	2
子程序调用	CALL dst	段内直接： （SP）←（SP）- 2 （（SP）+ 1,（SP））←（IP） （IP）←（IP）+ D16 段内间接： （SP）←（SP）- 2 （（SP）+ 1,（SP））←（IP） （IP）← EA 段间直接： （SP）←（SP）- 2 （（SP）+ 1,（SP））←（CS） （SP）←（SP）- 2 （（SP）+ 1,（SP））←（IP） （IP）← 目的偏移地址 （CS）← 目的段基址 段间间接： （SP）←（SP）- 2 （（SP）+ 1,（SP））←（CS）	reg mem	19 16 21 + EA 28 37 + EA	3 2 2~4 5 2~4

(续)

指令	格式	功能	操作数	时钟周期数	字节数
子程序调用	CALL dst	(SP)←(SP)−2 ((SP)+1,(SP))←(IP) (IP)←(EA) (CS)←(EA+2)			
子程序返回	RET	段内:(IP)←((SP)+1,(SP)) (SP)←(SP)+2 段间:(IP)←((SP)+1,(SP)) (SP)←(SP)+2 (CS)←((SP)+1,(SP)) (SP)←(SP)+2		16 24	1 1
子程序返回（栈指针加exp）	RET exp	段内:(IP)←((SP)+1,(SP)) (SP)←(SP)+2+exp 段间:(IP)←((SP)+1,(SP)) (SP)←(SP)+2 (CS)←((SP)+1,(SP)) (SP)←(SP)+2+exp		20 23	3 3
中断调用	INT n	(SP)←(SP)−2 ((SP)+1,(SP))←FLAGS (SP)←(SP)−2 ((SP)+1,(SP))←(CS) (SP)←(SP)−2 ((SP)+1,(SP))←(IP) (IP)←(type×4) (CS)←(type×4+2)	n≠3 n=3	51 52	2 1
中断返回	IRET	(IP)←((SP)+1,(SP)) (SP)←(SP)+2 (CS)←((SP)+1,(SP)) (SP)←(SP)+2 FLAGS←((SP)+1,(SP)) (SP)←(SP)+2		24	1

6. 处理机控制指令

指令	格式	功能	操作数	时钟周期数	字节数
进位标志清0	CLC	CF 清 0		2	1
进位标志取反	CMC	CF 取反		2	1
进位标志置1	STC	CF 置 1		2	1
方向标志清0	CLD	DF 清 0		2	1
方向标志置1	STD	DF 置 1		2	1
中断标志清0	CLI	IF 清 0		2	1
中断标志置1	STI	IF 置 1		2	1
无操作	NOP	空操作		3	1
停机	HLT	停机			

附录 B

汇编出错提示信息

在对汇编语言源程序汇编的过程中，如果出现错误，MASM 会给出提示信息。MASM5.0 出错提示信息格式为：

源程序名（行号）：error/warning 错误号：错误类型描述

例如：

```
abc.asm <8>:error A2105:Expected:instruction or directive
```

表示 abc.asm 程序的第 8 行有 A2105 号错误，错误类型为缺少元素错误 Expected，是一个致命性错误。

错误号 A2105 含义为：A 表示为汇编源程序，2 致命性（4 严重警告、5 建议性警告），后三个数字为错误编号。

MASM5.0 出错提示信息：

编号	英文	中文
0	Block nesting error	嵌套出错。嵌套内外层缺少结束
1	Extra characters on line	一行有多余字符。有可能该行有不可见字符
2	Internal error – Register already defined	内部错误。寄存器被定义为符号
3	Unknown type specifier	未知的类型说明符
4	Redefinition of symbol	符号定义了两次。例如，同一标号在两个位置上被定义
5	Symbol is multi – defined	符号定义多次
6	Phase error between passes	二义性语句引起一个标号在两次扫描时得到不同的地址值
7	Already had ELSE clause	条件汇编块中 ELSE 语句过多
8	Must be in conditional block	条件汇编块中缺少 IF 语句
9	Symbol not defined	符号未定义。在程序中引用了未定义的标识符
10	Syntax error	语法错误。例如，语句拼写错误
11	Type illegal in context	类型说明符非法
12	Group name must be unique	组名与其他符号相同
13	Must be declared during pass 1：symbol	符号应先定义后引用
14	Illegal public declaration	非法的 PUBLIC 说明符
15	Symbol already different kind	符号已被定义为不同种类的符号
16	Reserved word used as symbol：name	标识符使用了汇编语言规定的保留字。警告性错误
17	Forward reference illegal	符号非法提前引用
18	Operand must be register	操作数必须是寄存器
19	Wrong type of register	寄存器类型错
20	Operand must be segment or group	操作数必须是段名或组名
21	Symbol has no segment	符号无段属性

22	Operand must be type specifier	操作数必须是类型说明符
23	Symbol already defined locally	符号已经定义为内部的标识符
24	Segment parameters are changed	段参数被改变。同名段说明不同
25	Improper align/combine type	段定义时的定位类型/组合类型使用出错
26	Reference to multi-defined symbol	引用了多重定义的符号
27	Operand expected	缺少操作数
28	Operator expected	缺少操作码
29	Division by 0 or overflow	表达式除以 0 或结果溢出
30	Negative shift count	移位操作的移位次数为负数
31	Operand type must match	操作数类型不匹配
32	Illegal use of external	外部符号使用非法
33	Must be record field name	必须是记录字段名。在记录字段名位置上出现另外的符号
34	Must be record name or field name	必须是记录名或域名
35	Operand must be size	应指明操作数的长度
36	Must be variable, label, or constant	必须是变量名、标号或常数
37	Must be structure field name	在结构字段名位置上出现了其他符号
38	Left operand must segment	目的操作数必须是段寄存器
39	One operand must constant	一个操作数必须是常数
40	Operand must be in same segment or one constant	操作数必须在相同段中,或者有一个为常数
41	Normal type operand expected	缺少正常类型操作数
42	Constant expected	缺少常数
43	Operand must have segment	操作数必须有段属性
44	Must be associated with data	必须与数据段相关
45	Must be associated with code	必须与代码段相关
46	Multiple base registers	同时使用了多个基址寄存器
47	Multiple index registers	同时使用了多个变址寄存器
48	Must be index or base register	必须是基址寄存器或变址寄存器
49	Illegal use of register	非法使用寄存器出错
50	Value is out of range	数值超出允许值
51	Operand not in current CS ASSUME segment	操作数不在当前代码段 ASSUME 指定的范围
52	Improper operand type	操作数类型非法
53	Jump out of range by number bytes	转移指令跳转超出了范围
54	Index displacement must be constant	变址寻址的位移量必须是常数
55	Illegal register value	非法的寄存器值
56	Immediate mode illegal	不允许使用立即数寻址
57	Illegal size for operand	操作数大小(字节数)非法
58	Byte register illegal	指令中不能用字节型寄存器
59	Illegal user of CS register	指令中非法使用了段寄存器 CS
60	Must be accumulator register	指令中必须用累加器 AX 或 AL
61	Improper user of segment register	不允许使用段寄存器
62	Missing or unreachable CS	ASSUME 语句中缺少 CS 与代码段相关联
63	Operand combination illegal	操作数非法组合
64	Near JMP/CALL to different CS	NEAR 属性的 JMP/CALL 指令非法跳转到其他段中
65	Label cannot have segment override	标号不允许使用段超越前缀
66	Must have instruction after prefix	在重复前缀 REP、REPE、REPNE 后面必须有指令
67	Cannot override ES for destination	必须用 ES 作为串操作指令中的目的操作数段寄存器
68	Cannot address with segment register	操作数所在段没有在 ASSUME 语句中标明
69	Must be in segment block	伪指令没有在段内使用
70	Cannot use EVEN or ALIGN with byte alignment	在段定义伪指令的定位类型中选用 BYTE,不能使用 EVEN 或 ALIGN 伪指令

编号	英文	中文
71	Forward reference needs override or FAR	提前引用其他段的符号要用 FAR PTR 说明
72	Illegal value for DUP count	伪操作 DUP 的重复次数表达式值非法
73	Symbol is already external	已被定义为 EXTERN 的外部符号又定义为内部符号
74	DUP nesting too deep	操作数 DUP 的嵌套太深
75	Illegal use of undefined operand（?）	不定操作符"?"使用不正确
76	Too many values for structure or record initialization	定义结构变量或记录变量的初始值过多
77	Angle brackets required around initialized list	定义结构体变量时，初始值未用尖括号 < > 括起来
78	Directive illegal structure	在结构体定义中的语句非法
79	Override with DUP illegal	在预置结构变量时非法使用 DUP
80	Field cannot be overridden	在预置结构变量时企图预置不能预置的字段
81	Override is of wrong type	在预置结构变量时类型出错
83	Circular chain of EQU aliases	用 EQU 等值语句定义的符号名指向其自身
84	Cannot emulate coprocessor op code	仿真器不能支持的 8087 协处理器操作码
85	End of file，no END directive	源程序文件无 END 伪指令
86	Data emitted with no segment	语句没有在段内
87	Forced error – pass1	用 .ERR1 伪指令强制形成的错误
88	Forced error – pass2	用 .ERR2 伪指令强制形成的错误
89	Forced error	用 .ERR 伪指令强制形成的错误
90	Forced error – expression true（0）	用 .ERRZ 伪指令强制形成的错误
91	Forced error – expression false（not 0）	用 .ERRZ 伪指令强制形成的错误
92	Forced error – symbol not defined	用 .ERRNDEF 伪指令强制形成的错误
93	Forced error – symbol defined	用 .ERRDEF 伪指令强制形成的错误
94	Forced error – string blank	用 .ERRB 伪指令强制形成的错误
95	Forced error – string not blank	用 .ERRNB 伪指令强制形成的错误
96	Forced error – string identical	用 .ERRIDN 伪指令强制形成的错误
97	Forced error – string different	用 .ERRDIF 伪指令强制形成的错误
98	Wrong length for override value	结构域的重设置太大以致不能适合这个域
99	Line too long expanding symbol: symbol	使用 EQU 伪指令定义的等式太长
100	Impure memory reference	不合适的存储器参考，数据存到代码段
101	Missing data；zero assumed	缺少操作数，假定是 0
102	Segment near（or at）64K limit	当一个代码段接近 64KB 边界时，产生转移错误
103	Align must be power of 2	ALIGN 伪指令必须用 2 的幂的数
104	Jump within short distance	JMP 语句的转移范围在短转移内
105	Expected element	缺少元素，如标点符号或操作符等
106	Line too long	源行超过 MASM 允许的最大长度 128 个字符
107	Illegal digit in number	常数内出现不允许的数字
108	Empty string not allowed	不允许出现空串
109	Missing operand	语句中缺少操作数
110	Open parenthesis or bracket	语句中缺少一个圆括号或方括号
111	Directive must be in macro	该语句必须在宏定义体里
112	Unexpected end of line	语句行不完整

附录 C

DEBUG的用法

DEBUG 是 DOS 系统下的一个非常有用的调试工具，可提供侦错、跟踪程序运行、检查系统数据、读写磁盘扇区等功能，在 DOS 界面下以单字符命令方式执行。

DEBUG 命令有 20 多个，主要有以下功能：
1）查看和修改寄存器。
2）查看和修改内存单元。
3）写入汇编指令并执行。
4）对 .EXE（.COM）可执行文件反汇编后进行跟踪、调试、运行。
5）内存单元的比较、传送、查找。
6）读入文件和写入磁盘扇区。
7）I/O 端口输入/输出读写。

1. DEBUG 的调用

（1）进入 DEBUG

在 DOS 的提示符下，输入命令：

C > DEBUG [d:] [Path] [filename.exe] [Parm1] [Parm2]

其中，filename.exe 文件名是被调试文件的名字。如输入文件名，则 DEBUG 将指定的文件装入存储器中，可对其进行调试。如果未输入文件名，则进入当前系统内存。进入后可用 DEBUG 命令 N 和 L 把需要的文件装入存储器后再进行调试。d: 指定驱动器，Path 为路径，Parm1 和 Parm2 为运行被调试文件时所需要的命令参数。

（2）DEBUG 命令列表

进入 DEBUG 后，出现提示符"-"，在此提示符后输入 DEBUG 命令来调试程序。"-?"，在提示符"-"后用问号显示出命令列表。

2. DEBUG 的主要命令

DEBUG 命令中可带有参数，命令和参数之间可以不用空格分隔。如 address 参数指定内存位置，由段地址（可省略）和偏移地址指出。命令 A、C、G、L、T、U 和 W 的默认段是 CS，所有其他命令的默认段是 DS。range 参数指定了内存的范围。range 有两种格式：起始地址和结束地址，或者起始地址和长度范围（由 L 指出）。list 列表中的各项可以用空格也可以用逗号分隔。

在 DEBUG 下所有数值均为十六进制表示，不必输入 H。命令符用大小写均可。

（1）R ——查看和修改寄存器

格式：R [register]
- r 显示所有寄存器
- r ax 修改寄存器 ax

```
-r ax
AX 0000
:1234
-r
AX=1234  BX=0000  CX=0000  DX=0000  SP=FFEE  BP=0000  SI=0000  DI=0000
DS=0AF0  ES=0AF0  SS=0AF0  CS=0AF0  IP=0100     NV UP EI PL NZ NA PO NC
```

- rf 显示和修改标志寄存器 FLAGS

回车后先显示当前系统标志值，在短横线-后输入字母表示的标志值（可多个，顺序任意），如下代码将进位标志改为 CY：

```
NV UP EI PL NZ NA PO NC-CY
```

（2）D ——查看内存单元

格式：D [address] [range]

说明：如果不指定 range，DEBUG 程序将从以前 D 命令中所指定的地址范围的末尾开始显示 128 字节单元的内容。

- d 显示出 128 字节单元的内容
- d 0af2：5a 显示出 0AF2H 段从 5A 单元开始的 128 字节单元的内容
- d 0050 006f 查看当前数据段 0050 单元到 006F 单元的内容
- d 0050 L3 查看当前数据段 0050 单元到 0052 三个单元的内容
- d es：0100 010f 查看附加段 0100 单元到 010F 单元的内容

（3）E ——修改内存单元

格式：E address [list]

- e 0020 数据段 0020 单元的原值后面输入新值

例如回车后显示：

0AF0：0020 FF.64 在 FF. 后面输入 64 回车，如直接回车则不修改退出。若不按回车按空格键可以接着修改下一单元内容。

- e 0050 30,31,32,33 将数据段 0050 单元开始的 4 个单元分别存入 30H~33H
- d 0050 0053 查看刚存入的 0050~0053 单元的内容

（4）F——填充内存单元

格式：F range list

说明：可以用十六进制或 ASCII 码数据。填充后以前存储在指定位置的数据将会丢失。如果 list 中的字节数少于指定的范围，则重复用 list 列表中的值填入，直到填满指定的所有单元为止。

- f ds：0100 L6 2a,10,35 将数据段 0100 单元开始的 6 个单元重复填入三个数
- f es：0020 'abc' 将附加段 0020 单元开始的 128 个单元重复填入'abc'

（5）U ——反汇编，将机器指令变为汇编指令

格式：U [range]

说明：若不指出范围，U 命令默认对代码段中 IP 指令指针寄存器指出的地址开始的 20H 个字节单元的机器指令进行反汇编，多次输入 U 命令则连续显示出后面的汇编指令。

- u 从当前 CS：IP 地址开始反汇编，一屏显示 10 条指令
- u 0100 L30 从 CS 段 0100 单元开始反汇编 30H 个字节单元的指令

（6）T——单步跟踪执行

格式：T [= address] [value]

说明：T 命令在单步跟踪时从指定地址起执行一条指令后停下来，显示所有寄存器内容及标

志位的值；指定地址前面要加上等号（=）。如未指定地址，则从当前的 CS：IP 开始执行。多条指令跟踪执行时从指定地址起执行［value］条指令后停下来。

  -t   单条指令跟踪执行
  -t 5   连续跟踪执行 5 条指令
  -t=0009 3   从偏移地址为 0009H 的指令开始连续执行 3 条

（7）P——进程执行

格式：P［=address］［number］

说明：P 命令与 T 命令一样都可以单步执行汇编指令。在遇到中断调用指令 INT n 时必须用 P 命令执行，执行后会返回到 DEBUG 系统下显示出所有寄存器内容及标志位的值；此时如果用 T 命令则不能正确返回。P 命令在执行子程序调用 CALL 指令、循环指令、串处理指令时可以一次执行完毕，简化了跟踪过程。其余操作同 T 指令。

  -p=0 2   执行 0 号单元开始的 2 条指令
  -p 4   从 CS：IP 所指单元开始连续执行 4 条

（8）G——连续执行程序

格式：G［=address］［addresses］

说明：连续执行程序直至达到断点时停止，显示出所有寄存器内容及标志位的值。断点地址由［addresses］指出，程序的起始地址由等号（=）引出。如果没有给出起始地址，则从当前 CS：IP 指出的地址处开始执行。

  -g 0009   从当前 IP 指针指出的地址开始执行到断点地址为 0009 处停下来
  -g=15 1d   从偏移地址为 0015H 执行到 001DH 处停下来
  -g   从当前 IP 处执行到整个程序结束

（9）A——输入汇编指令

格式：A［address］

说明：若没有指定地址，第一次使用 A 命令时，输入的汇编指令被放入 CS：0100 开始的内存中。一条指令输入完，回车后可继续输入下一条指令，再次按回车退出输入。输入之后可用 U 命令查看。

  -a   输入指令
  0AF0：0100 MOV AH，1
  0AF0：0102 INT 21
  0AF0：0104
  -u 100 102   查看输入的指令

（10）C——内存单元比较

格式：C range address

说明：用于比较两个内存区中的内容是否相同，若不相同则显示其地址和内容。range 代表源地址范围，address 代表目的地址。

  -c 100 101，102   比较 CS：0100 到 0101 单元的内容与 CS：0102 开始的 2 个单元是否相同，不同给出如下结果：
  0AF0：0100 B4 CD 0AF0：0102
  0AF0：0101 01 21 0AF0：0103

这是上例（9）中用 A 命令输入的在 0100 单元两条指令的对比情况。0100 和 0101 单元存放的是 B4 01，是 MOV AH，1 的机器码；0102 和 0103 存放的是 CD 21，是 INT 21 的机器码。两条指令不同，则显示出 4 个单元的地址和内容。

（11）S——查找字串

格式：S range list

说明：在指定范围内查找 list 表示的字串，找到显示其地址，否则返回。字串可以是数值或字符。

  -s 0 1f 21   在当前数据段 0 单元到 1FH 单元查找数值 21H

0B48：0002	找到后显示其单元地址 0002	
-s 0 30 'a'	在当前数据段 0 单元到 30H 单元查找字母 a	
0B48：0011	找到两个单元有 a	
0B48：0052		
-s cs：0100 010f f6	在代码段 100H 单元到 10FH 单元查找 F6H	
0B49：0106	在 0106 单元找到	

（12）M——内存块复制

格式：M range address

说明：将一块内存区域复制到另一个内存区中。range 指出要复制块的起始地址和结束地址（或长度），address 指出目的区的起始地址。

  -m 0 0f 50　　　　　　　　　将数据段 0 号单元到 0FH 单元共 16 个数据复制到 50H
  　　　　　　　　　　　　　号单元开始的 16 个单元中

  -m 0b48：80a3 L5 0b38：0　　将 0B48：80A3 单元开始的 5 个单元数据复制到 0B38：
  　　　　　　　　　　　　　0 单元开始的单元中

（13）H——十六进制运算

格式：H value1 value2

说明：对指定的两个参数做十六进制加减运算。value 的取值范围为 0～FFFFH。先做加法，再做减法，运算值显示在下一行。

  -h 15 7　　　　　　　　　先做 15H + 7 = 1CH，再做 15H - 7 = 0EH
  001C　000E
  -h 3 4　　　　　　　　　 运算 3 + 4 和 3 - 4
  0007 FFFF

（14）N——文件打开/命名

格式：N [pathname] [arglist]

说明：N 命令可以同时打开两个文件，如果该文件不存在则建立/命名新文件。将两个文件名分别保存在 CS：5CH 和 CS：6CH 处，这两处是 DOS 的文件控制块 FCB 区。在 CS：80H 处保存输入的文件名长度值，从 CS：81H 处开始存放在 N 命令中写出的文件名所有字符。文件打开后可以和 L 和 W 命令合用。arglist 为参数列表。

  -n 4-1. exe　　　　　　　　将 4-1. EXE 打开
  -d cs：5c　　　　　　　　　查看 CS：5CH 处已经存入文件名 4-1. EXE，CS：80H 处为 07H，即
  　　　　　　　　　　　　　n 后共输入了 7 个字符
  -n 4-1. exe 3-1. exe　　　　 将 4-1. EXE 打开，由于 3-1. EXE 不存在，新命名该文件
  -d cs：5c　　　　　　　　　可看到 CS：5CH 和 CS：6CH 处分别保存了两个文件名，CS：80H
  　　　　　　　　　　　　　处为 10H，即 n 后共输入了 16 个字符（包含 2 个空格）
  -n c：\ hb \ 5-1. asm　　　　打开 C 盘 HB 子目录下的 5-1. ASM 源程序文件

（15）L——加载/装入磁盘文件

格式：L [address] [drive] [firstsecter] [number]

说明：将指定文件或指定磁盘扇区内容加载到内存。如果指定文件是 .EXE 可执行文件加载到 CS：0000 处；如果指定文件是 .COM 可执行文件或者汇编源程序等其他文本文件，则加载到 CS：0100 处，指令长度由 BX、CX 指出。

1）不带参数的 L 命令，将已存在的 .EXE 文件加载到 CS：0000 开始的存储区中。此时 CS、DS、ES、SS 均改为指向用户区，IP 指针为 0。

  -n 4-1. exe　　　　　　　　打开 4-1. EXE
  -L　　　　　　　　　　　　将 CS：5CH 指定的文件加载到 CS：0000 处
  -u 0　　　　　　　　　　　可看到从 0 单元开始保存了 4-1. EXE 程序指令

```
-n 3-1.exe              新建 3-1.EXE
-L                      加载
File not found          提示该文件不存在
```

2）加载文本文件 4-1.ASM。

```
-n 4-1.asm              打开文本文件
-L                      装入 CS：0100 开始的单元中
-d cs：100              从 CS：0100 显示该文本文件
```

3）带全部参数的 L 命令，把磁盘上指定扇区范围的内容装入存储器从指定地址开始的区域中。[drive] 参数 A 盘 =0，B 盘 =1，C 盘 =2。

```
-L 0af0：100 0 0 4      ；将 A 盘（0 号）的 0 扇区开始的 4 个扇区装入内存 0AF0：100 开
                         始的单元中
```

（16）W——写文件/扇区

格式：W [address] [drive] [firstsecter] [number]

说明：把数据写入指定的文件中或磁盘的指定扇区，指定的文件必须是 .COM 文件。

例 1 将 4-1.EXE 调入内存并转存为 3-1.COM。

```
-n 4-1.exe              ;将 4-1.EXE 打开
-L                      ;加载到内存
-n 3-1.com              ;新建 3-1.COM
-W0                     ;将 CS：0000 单元开始的程序写入 3-1.COM 中,内容和指令长度与 4-1.EXE
                         相同
```

例 2 写入一段程序保存到 3-2.COM。

```
-a                      ;输入一段程序(4 条指令)
0AF0：0100   MOV AH,1
0AF0：0102   INT 21
0AF0：0104   MOV AH,4C
0AF0：0106   INT 21
0AF0：1018
-r cx                   ;修改 CX
CX 0000
:8                      ;CX=8,长度为 8 字节
-n 3-2.com              ;建立新文件
-w 100                  ;从 CS：0100 单元开始写入
Writing 00008 bytes     ;写成功
```

例 3 将从 0100 单元开始的上述程序写入 A 盘 0 扇区开始的 1 个扇区中。

```
-w 100 0 0 1
```

（17）I——端口输入

格式：I port

说明：从指定的 I/O 端口读入并显示一个字节，端口地址可为 16 位。

（18）O——端口输出

格式：O port byte

说明：将一个字节从指定的 I/O 端口输出，端口地址可为 16 位。

（19）Q——退出 DEBUG

格式：Q

说明：退出 DEBUG，返回 DOS。本命令并无存盘功能，如需存盘应先使用 W 命令。

附录 D

各章测验答案

测验一
1~5 BDACA 6~10 BCBAB 11~15 BCDDC
测验二
1~5 CACCB 6~10 AACCA 11~15 BADBB 16~20 BDDAC 21~25 BDABA
测验三
1~5 BCDCA 6~10 DCBAC 11~15 DDBAC
测验四
1~5 BBACB 6~10 BDABC 11~15 BCABC
16~20 CAABD 21~25 BCADB 26~30 BCADB
测验五
1~5 BADBC 6~10 CDABA 11~15 CABCC 16~20 ABBCD
测验六
1~5 BDAAC 6~10 DAACB 11~15 CBDBA
测验七
1~5 DCBBA 6~10 CACDA 11~15 CBCDA
测验八
1~5 CABBD 6~10 BDADC 11~15 DBAAD
测验九
1~5 ADCBC 6~10 ACABA 11~15 BBCAD

各章习题答案和实验程序部分答案参考汇编语言精品课网站：
http：//wlkc. lnnu. edu. cn/hbyy
用户名：visitor
密码：visitor
也可以参考"实验楼网站"的汇编语言课程（免费）实验列表中：
http：//www. shiyanlou. com

参考文献

[1] 周学毛. 汇编语言程序设计——方法、技术、应用[M]. 北京：高等教育出版社，2005.
[2] 钱晓捷. 新版汇编语言程序设计[M]. 北京：电子工业出版社，2006.
[3] 王爽. 汇编语言[M]. 北京：清华大学出版社，2003.
[4] 林邦杰，陈明. 汇编语言程序设计[M]. 北京：中国铁道出版社，2003.
[5] 杨季文. 80X86汇编语言程序设计教程[M]. 北京：清华大学出版社，1998.
[6] 沈美明，温冬婵. IBM-PC汇编语言程序设计[M]. 2版. 北京：高等教育出版社，2001.
[7] 葛洪伟，刘红玲，赵雅群. 汇编语言程序设计习题与解析[M]. 北京：人民邮电出版社，2004.
[8] 蔡启先，王智文，黄晓璐. 汇编语言程序设计实验指导[M]. 北京：清华大学出版社，2008.

推荐阅读

程序设计导论：Python语言实践（英文版）

作者：[美] 罗伯特·塞奇威克 等 定价：139.00
中文版：978-7-111-54924-6 定价：79.00 英文版：978-7-111-52401-4

Java语言程序设计（第10版）

作者：[美] 梁勇 中文版书号：978-7-111-50690-4 定价：85.00
英文版书号：978-7-111-57169-8 定价：99.00

Java语言程序设计（第10版）

作者：[美] 梁勇 中文版书号：978-7-111-54856-0 定价：89.00
英文版书号：978-7-111-57168-1 定价：99.00

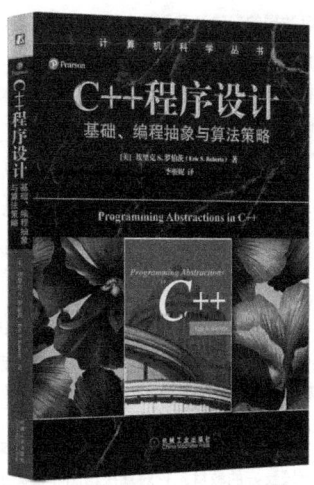

C++程序设计：基础、编程抽象与算法策略

作者：[美] 埃里克 S. 罗伯茨 中文版书号：978-7-111-54696-2 定价：129.00
英文版书号：978-7-111-56149-1 定价：139.00

推荐阅读

数据结构与算法分析：Java语言描述（原书第3版）

作者：[美] 马克·艾伦·维斯（Mark Allen Weiss）著 ISBN: 978-7-111-52839-5 定价：69.00元

本书是国外数据结构与算法分析方面的经典教材，使用卓越的Java编程语言作为实现工具，讨论数据结构（组织大量数据的方法）和算法分析（对算法运行时间的估计）。

随着计算机速度的不断增加和功能的日益强大，人们对有效编程和算法分析的要求也不断增长。本书将算法分析与最有效率的Java程序的开发有机结合起来，深入分析每种算法，并细致讲解精心构造程序的方法，内容全面，缜密严格。

算法导论（原书第3版）

作者：Thomas H.Cormen 等 ISBN: 978-7-111-40701-0 定价：128.00元

"本书是算法领域的一部经典著作，书中系统、全面地介绍了现代算法：从最快算法和数据结构到用于看似难以解决问题的多项式时间算法；从图论中的经典算法到用于字符串匹配、计算几何学和数论的特殊算法。本书第3版尤其增加了两章专门讨论van Emde Boas树（最有用的数据结构之一）和多线程算法（日益重要的一个主题）。"

—— Daniel Spielman，耶鲁大学计算机科学系教授

"作为一个在算法领域有着近30年教育和研究经验的教育者和研究人员，我可以清楚明白地说这本书是我所见到的该领域最好的教材。它对算法给出了清晰透彻、百科全书式的阐述。我们将继续使用这本书的新版作为研究生和本科生的教材及参考书。"

—— Gabriel Robins，弗吉尼亚大学计算机科学系教授

在有关算法的书中，有一些叙述非常严谨，但不够全面；另一些涉及了大量的题材，但又缺乏严谨性。本书将严谨性和全面性融为一体，深入讨论各类算法，并着力使这些算法的设计和分析能为各个层次的读者接受。全书各章自成体系，可以作为独立的学习单元；算法以英语和伪代码的形式描述，具备初步程序设计经验的人就能看懂；说明和解释力求浅显易懂，不失深度和数学严谨性。